中国东北地区短波低槽型对流性暴雨

袁美英　徐南平　周秀杰　赵广娜　著

内容简介

本书作者通过多年天气预报业务实践与科学研究发现，有一种很难预报的突发性暴雨（强对流）天气类型，并撰写了这部学术专著。全书共分 8 章，第 1 章绪论，第 2 章统计分析了东北地区中尺度对流系统与暴雨的关系，并从中发现最难预报的一类突发性暴雨类型——东北冷涡引发的短波低槽型对流性暴雨。第 3 章到第 8 章系统地阐述了该类型暴雨的大尺度环流背景、造成该类暴雨的中尺度对流系统的生长环境条件、发生发展过程、多尺度结构及触发机制，最后给出该类暴雨的预报思路和预报着眼点。本书适合预报业务及科研人员学习借鉴。

图书在版编目(CIP)数据

中国东北地区短波低槽型对流性暴雨/袁美英等著
. —北京：气象出版社，2020.7
ISBN 978-7-5029-7230-1

Ⅰ.①中… Ⅱ.①袁… Ⅲ.①强对流天气—暴雨预报—研究—东北地区 Ⅳ.①P457.6

中国版本图书馆 CIP 数据核字(2020)第 126546 号

中国东北地区短波低槽型对流性暴雨
ZHONGGUO DONGBEI DIQU DUANBO DICAOXING DUILIUXING BAOYU
袁美英 徐南平 周秀杰 赵广娜 著

出版发行：气象出版社
地　　址：北京市海淀区中关村南大街 46 号　　邮政编码：100081
电　　话：010-68407112(总编室)　010-68408042(发行部)
网　　址：http://www.qxcbs.com　　E-mail：qxcbs@cma.gov.cn
责任编辑：杨泽彬　　终　　审：吴晓鹏
责任校对：王丽梅　　责任技编：赵相宁
封面设计：北京时创广告传媒有限公司
印　　刷：北京中石油彩色印刷有限责任公司
开　　本：787 mm×1092 mm　1/16　　印　　张：11.5
字　　数：300 千字　　彩　　插：3
版　　次：2020 年 7 月第 1 版　　印　　次：2020 年 7 月第 1 次印刷
定　　价：48.00 元

本书如存在文字不清、漏印以及缺页、倒页、脱页等，请与本社发行部联系调换。

前　言

突发性暴雨和强对流天气因为其发生时间短、强度大、灾害性强，而预报能力有限，成为天气预报中的重点和难点。作者在近30年天气预报业务实践中发现有一种类型的突发性暴雨强对流天气很难预报，即中国东北地区短波低槽型对流性暴雨，是由东北冷涡引发的短波低槽型对流性暴雨。本书是对这类天气比较系统深入的技术总结。但愿此书对预报员有所裨益，能提高对这类天气的认识和预报能力。

全书共分8章。第1章绪论部分，简单回顾我国暴雨研究的进展、梳理中尺度对流系统国内外研究进展，分析东北地区暴雨预报业务面临的主要问题，介绍了本书主要研究内容及所用资料及方法等。第2章东北地区暴雨与中尺度对流系统，统计分析东北地区暴雨与中尺度对流系统的关系，并从中提炼出东北冷涡引发的短波低槽型对流性暴雨这一很难预报的突发暴雨类型。第3章东北冷涡引发的短波低槽型暴雨大尺度环流背景，针对这一类暴雨典型个例进行对比分析，归纳出该类暴雨发生的大尺度环流背景。第4章“060810”环境条件与α中尺度结构诊断分析，对2006年8月10日的暴雨云团（中尺度对流复合体，MCC）从初生、成熟到消散阶段的云团空间分布、水汽条件、热力、动力条件进行诊断分析，也对暴雨云团的形成机理进行了探讨。第5章“060810”β中尺度对流系统发生发展过程卫星云图分析，利用高分辨率卫星云图、TBB云图、常规观测资料和逐时、逐分自动站资料，研究了2006年8月10日 泰来等地百年一遇短历时特大暴雨β中尺度对流系统（MCS）的发生发展过程及其中尺度环境与触发机制。第6章“060810”β(γ)中尺度对流系统结构雷达图分析，进一步利用雷达、卫星和逐时、逐分自动站资料对β(γ)中尺度对流系统过境前后气象要素特征、由γ发展为β中尺度的升尺度过程和结构进行比较深入的分析，以加深对东北暴雨β(γ)中尺度的认识，并期望为短时临近预报提供科学依据。第7章“060810”β中尺度对流系统数值模拟和分析，利用WRF模式对“060810”MCC对流性暴雨过程进行数值模拟试验，在验证模拟结果符合观测事实的基础上，进一步讨论β中尺度对流系统动力、热力结构和发生发展的物理成因，并揭示前低压、雷暴高压和尾流低压的结构特点。第8章是结论和讨论，给出该类暴雨的预报着眼点和预报思路。

本书虽然是在东北地区暴雨统计归纳中发现提炼出来的，但也适合我国其他地区，在具有东北冷涡和短波低槽相互配合的形势下使用，有些结论具有可移植性。

本书写作的目的在于把对这种类型暴雨的研究成果奉献给读者，希望读者和作者在暴雨预报思路和认识上相互交流，互相启发，提高预报暴雨准确率和提前量，为防灾减灾做出应有的贡献。

本书的写作得到了李泽椿院士、张小玲博士、陶祖钰教授的指导和帮助；在数值预报模式、计算软件调试、资料获取及使用过程中得到多位同事或朋友的帮助，特别是国家气象中心邓莲堂博士、国家卫星气象中心许健民院士、张晓虎高工、海南省气象局李勋博士、泰来市气象局王德敏副局长、齐齐哈尔市气象局李治民副局长及杜蒙、龙江的同仁、吉林省气象局刘实副局长、美国威斯康星（Wisconsin）大学李俊博士等朋友和同事的帮助，在此衷心感谢！

本书的完成得到中国气象局气象新技术推广项目预报员专项“中国东北地区短波低槽型对流性暴雨研究”、黑龙江省科技攻关项目“极端灾害天气预报技术方法研究”、黑龙江省气象局重点项目“黑龙江省精细化预报业务系统”、科技部气象行业专项“异常强降水概念模型及诊断方法研究”的共同资助。在出版过程中，也得到黑龙江省气象局项目“东北冷涡暴雨中尺度概念模型及预报技术”“黑龙江省气象局暴雨预报技术创新团队”的资助，特别得到黑龙江省气象台曲成军台长的大力支持和帮助，在此一并致谢！

袁美英
2020 年 2 月于哈尔滨

目 录

摘 要

本书通过对东北地区业务预报中最难预报的一类突发性暴雨——东北冷涡引发的短波低槽型对流性暴雨的典型个例研究，在该类暴雨的环境场特征、多尺度结构和发生、发展过程及可能的触发机制方面获得了新的认识，并对如何在预报中建立该类暴雨的预报思路和预报着眼点展开了讨论。通过本书对该类暴雨典型个例的认识和讨论，及其今后进一步的研究和实践，将有助于该类暴雨的预报。

东北冷涡引发的短波低槽型暴雨是作者近 30 年预报生涯中遇到的很难预报的一类暴雨，由于它的影响天气系统不明显，以往缺乏对该类暴雨的研究和认识，又因为它的发生、发展伴随 MCC 的强烈发展，具有突发性强、历时短、雨强大等中尺度对流天气特征，而数值预报模式对其预报能力有限，预报中常常漏报。本书在对东北暴雨与中尺度对流系统的关系进行统计分析的基础上，对近年发生的三次典型东北冷涡引发的短波低槽型暴雨过程的大尺度环流背景进行诊断分析，重点对资料最为详尽的 2006 年 8 月 10 日百年一遇短历时大暴雨过程(以下简称“060810”)，利用逐分钟自动站、雷达和卫星、常规和加密观测及 NCEP 再分析资料，对该类暴雨的环境场特征、多尺度结构、发生及发展过程进行了诊断分析，用 WRF 非静力中尺度数值模式对其进行了数值模拟，并对突发性暴雨的可能触发机制进行了研究。主要结论有：

1. 东北地区强暴雨与 MCC 关系密切，且发生频数与地理位置有关。 通过对东北中尺度对流系统的统计分析，获得其时空分布特征及其与东北暴雨的关系。近十几年的 10 个东北强暴雨 60%以上都伴随着 MCC 的发生、发展。有 MCC 的强暴雨，约 50%是东北冷涡引发的短波低槽型暴雨，且北部多于南部，并具有对流性暴雨特征，发生暴雨的同时，常伴随着冰雹、大风、龙卷等强对流天气出现。

2. 东北冷涡引发的短波低槽型暴雨与以往总结的暴雨的典型环流形势特征不同。 通过对该型三例暴雨环流背景的对比分析，发现：暴雨发生前数小时，与冷涡相伴随的低槽及与之对应的地面冷锋已东移出东北地区；500～700 hPa 上 40°—50°N 附近的中蒙边界有低槽发展；暴雨区上空缺乏高低空急流耦合的有利动力条件，且对流层中低层处于干舌的前沿；地面上内蒙古和东北地区受高压控制。业务数值模式对于此类突发的对流性暴雨预报能力有限。

3. “060810”对流暴雨过程中 MCC 发生、发展的不同阶段具有不同的动力、热力条件。 MCC 发生前，对流层中下层辐合和对流层上层辐散都较弱；对流层中上层和低层各有一个暖中心。MCC 成熟阶段，对流层高层的辐散迅速增强，散度与涡度同量级且略大于涡度，强烈的抽吸作用使对流层中上层上升运动速度迅速增大，对流层中层出现较强气旋性涡度；500 hPa 以下变为冷性气团，对流层中上层暖心加强，近地面出现冷中心。MCC 消亡阶段，高层辐散、低层辐合的动力条件不再维持，近地面冷中心仍然存在，高层暖心消散。

4. “060810”暴雨中尺度对流系统在云图上表现为椭圆形的 MCC，在雷达图上是一条飑线，降水强度在其生命期不同阶段差异显著。 在 MCC 或飑线形成前，是一个 β 中尺度对流系统形成过程。在 MCC 成熟或飑线形成阶段，逗点状 β 中尺度对流系统发展为钩状，随后，又由于强的西北风后侧入流形成弓形，在弓形回波南端出现不连续的线状对流风暴强回波带。MCS 在 MCC 形成之前主要向东传播，成熟阶段主要向西南传播，传播路径由北、西两条辐合线的移动方向和速度决定，它们的交汇点位置随时间的变化决定了 MCS 的传播方向。在交汇点，云团合并、辐合增强，雨峰最强，最大雨强可以达到 4.9 mm/min，而飑线形成前的 MβCS 最强为 2.8 mm/min。

5. 利用逐分钟自动站资料和卫星、雷达探测资料可以获得 MCC 的多尺度概念模型。 成熟的 MCC 冷云盖内，在长轴方向，南部由多个排列成线的 β 中尺度对流风暴强回波带组成，并不断有新的对流风暴生成并入其中，北部具有层状云分布，其中包裹着次强回波云带。β 中尺度对流风暴有前低压、雷暴高压和尾流低压，而 β 中尺度雷暴高压中又包含着多个与 γ 中尺度降水峰值相对应的 γ 中尺度气压涌升。

6. 从东北冷涡扩散南下的冷空气可能是暴雨初始对流的触发机制。 利用观测资料和 WRF 数值模式模拟结果都证实，从东北冷涡中扩散南下的偏北冷气流增强了地面的辐合，并迫使低层的暖湿空气抬升，这可能是暴雨初始对流的触发机制。初始对流发展为暴雨云团后，其强下沉气流沿近地面涌出，加强了其传播方向的近地层辐合，触发新的对流发展。

7. 数值模拟验证了“060810”暴雨过程中基于观测资料的中尺度对流系统的多尺度结构和发生、发展特征分析结果及其触发机制的推测。 利用 WRF 模式成功模拟了“060810”短历时暴雨过程，进一步揭示了 β 中尺度对流系统的前低压、雷暴高压和尾流低压，以及它的流场、动力、热力和云雨的更细致的结构特征。

该书最后，在分析总结的基础上，提出了东北冷涡引发的短波低槽型对流性暴雨的预报思路和预报着眼点。通过对该类暴雨的继续深入研究、数值模式水平的提高，以及预报人员的经验积累，将能够预报该类型暴雨天气，提高暴雨的预报能力。

关键词：东北冷涡 MCC 飑线 触发机制 多尺度结构 对流性暴雨

第1章 绪论

中国东北地区地处中高纬度，包括黑龙江、吉林、辽宁三省以及内蒙古自治区东部地区。该地区地理位置独特，西接大兴安岭和燕山山脉，北靠小兴安岭和俄罗斯的布列亚山，东邻锡霍特山脉，东南连长白山脉和朝鲜半岛，南面渤海、黄海，西、北、东三面为错落的山脉环绕，中部为广阔的东北平原。东北平原由三江平原(黑龙江、乌苏里江、松花江)、松嫩平原(松花江、嫩江)和辽河平原组成，是我国较大的平原之一。该地区水系发达，主要河流有黑龙江、松花江、乌苏里江、嫩江、鸭绿江和辽河等(图1.1)。东北地区地上有沃土千里，森林茂密，地下蕴藏着大量的石油、煤炭以及其他矿产资源，独特的地理位置和丰富的自然资源，使得这里成为国家重要的粮食、林业、牧业、能源和重工业基地。

东北地区位于东亚季风的最北端。每当夏季来临，受西风带、副热带和热带环流的影响，极地冷空气频繁入侵，加之大小兴安岭、长白山脉等地形动力、热力的作用，使得东北暴雨具有次数少、强度大、时间集中、地形影响大等气候特征。同时，东北暴雨的突发性和局地性更为显著，且越往北越明显。

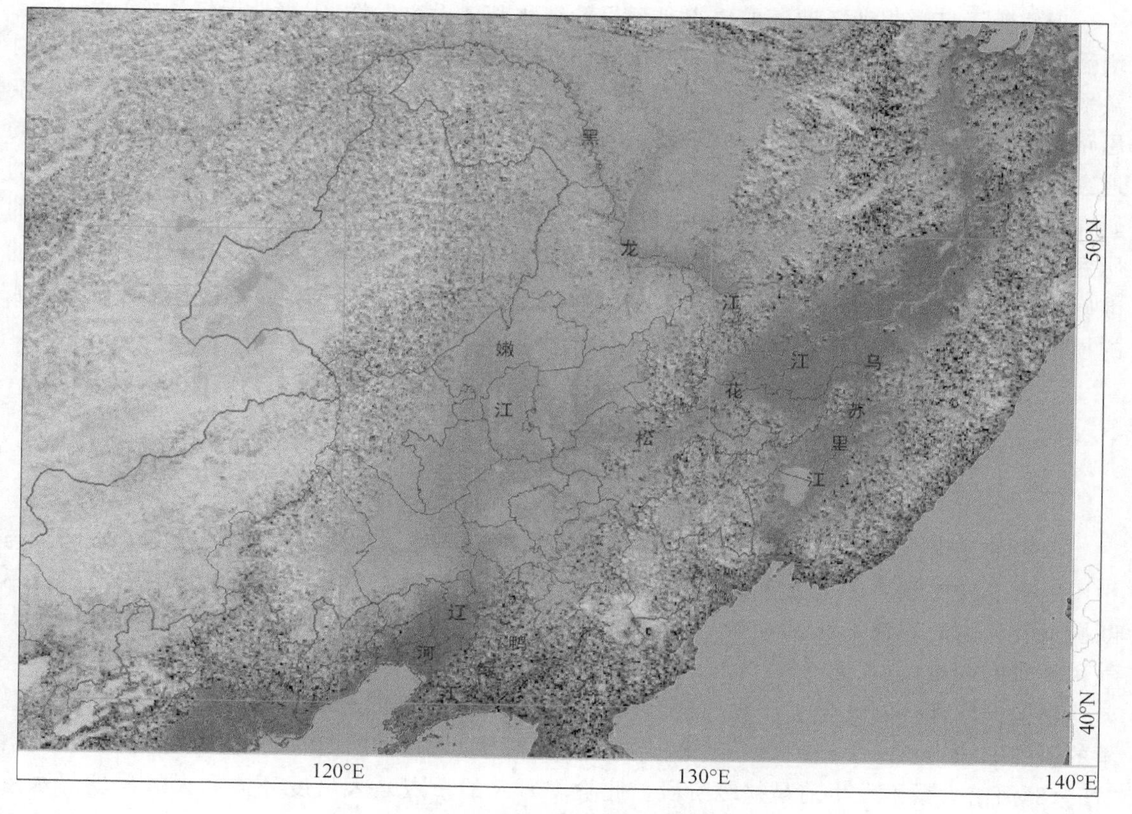

图1.1 中国东北地区地形(彩图见书后)

暴雨是我国东北地区的主要灾害性天气之一。20 世纪 90 年代以来，东北地区相继发生过若干次不同等级的大范围致洪暴雨灾害，如 1991 年松花江洪水、1994 年东北严重洪涝、1995 年东北东南部大洪水、1998 年夏季嫩江流域和松花江流域特大洪水以及 2005 年东北大部洪涝等。除了这种大范围致洪暴雨，还有区域性和局地性暴雨，其中，局地性暴雨在东北暴雨中占多数，在 60%以上，其次是区域性暴雨，占 20%左右，大范围暴雨最少，只占不到 10%(郑秀雅 等,1992)。

在预报业务中，根据主要影响系统，东北暴雨可划分为以下几类：台风暴雨、冷涡暴雨、辐合气流型暴雨、西风带冷槽与副热带高压相结合型暴雨和东北冷涡引发的短波低槽型暴雨。在预报上有的难，有的则相对来说比较有把握。有的类型是从多次失败的教训中总结出来的，已经被预报员普遍地接受和认识，如辐合气流型暴雨、东北冷涡型暴雨。但有的暴雨却很难预报，如东北冷涡引发的短波低槽型暴雨，常伴随着中尺度对流系统的强烈发生发展，具有突发性强的特征，预报中经常失败。2006 年 8 月 10 日东北中西部的突发暴雨，伴随着中尺度对流复合体(MCC)的发生发展，在泰来造成 1 h 90 多毫米的降水。2005 年 7 月 15 日和 16 日东北地区连续两天的突发暴雨和强对流天气，并伴有 MCC 的强烈发展。这两次暴雨过程发生的前一天(2005 年 7 月 14 日和 2006 年 8 月 9 日)，东北冷涡(或深槽)及其相配合的冷锋过境所造成的暴雨是可以预报出的，至少可以预报出大雨量级，但第二天以后，由于东北冷涡少动并再度旋转加强，其后部下滑的冷空气在冷涡南部平直环流中出现短波低槽型，这种短波低槽的暴雨则很难预报。2002 年 7 月 11—15 日在沈阳连续 5 d 出现的由东北冷涡引发的强对流天气，也是这种情况。对这种类型暴雨，目前预报能力有限。

近些年天气预报业务改革的重点是预报精细化和建设突发性、灾害性天气预报预警体系，增强对突发性气象灾害事件的气象应急保障能力，提高局地突发暴雨的监测预报能力，满足日益增长的社会需求，这个方向是非常正确的。应该看到，目前，在暴雨的预报分析方法、手段及思路上，我们还停留在空间尺度上粗线条、时间尺度上大跨度、天气系统上大尺度的阶段，对局地突发性暴雨缺乏精细化的预报思路，对日益加密的观测资料、雷达、卫星等资料缺少大量的研究成果和熟练使用经验。因此，加强对这类暴雨及伴随的中尺度对流系统发生、发展规律的研究，增强对中尺度对流系统多尺度结构的认识，对提高暴雨预报，特别是突发性暴雨预报的准确率，满足日益增长的社会需求和预报精细化要求，预防并减轻暴雨、洪涝等自然灾害造成的损失具有重要的科学意义。

1.1 暴雨研究回顾

中国的暴雨问题由来已久，见诸文字的致灾暴雨记录可以追溯到两千多年前，暴雨问题与中国的历史发展和人民生活息息相关。作为一个古老的气象问题，千百年来人们孜孜以求，不断探索着暴雨的奥秘。暴雨的形成机制、发展演变、预报预测、防灾减灾等领域，一直是当代大气科学研究的难点(王元 等,2002)。

中国气象部门和气象工作者长期以来都十分重视对暴雨问题的研究，做了大量工作，使暴雨的研究和预报水平不断提高。近 60 年来，我国对暴雨的研究工作大致可划分为四个阶段：“75 · 8”河南大暴雨发生前是初级阶段。此阶段研究的重点是大尺度环流和天气尺度降水系统，降水预报主要是经验和定性的。第二阶段是在“75 · 8”暴雨以后。此阶段全国各级气象部门对暴雨的研究和预报都十分重视，专门组织了暴雨研究协作组(如华北、长江中下游、华南前汛期等)，在“七五”期间，通过国家攻关项目还建立了京、津、冀，长江三角洲，长江中游，珠江三角洲等四个中尺度基地，研究重点从天气尺度转向了中尺度。在降水业务预报上，研制运行了全国性的区域降水数值预报模式(LAFS)和武汉的有限区域暴雨模式。同时，不少台站还研制和使用了暴雨诊断方法和专家预报系统，使暴雨预报向客观定量化方向转变，从而使暴雨的研究和预报上了一个新的台阶。第三个阶段是从1991年开始，以江淮大暴雨的发生为标志。此次大暴雨对中国暴雨研究提出了新的挑战，使得暴雨监测技术和信息收集传输系统进一步现代化成为迫在眉睫的大问题。此阶段研制了更准确的客观定量的暴雨预报方法，并尽可能延长其预报时效，研究了暴雨成灾的原因、评估方法和防灾对策(丁一汇，1994)。第四个阶段为1998年长江、嫩江松花江流域大洪水以后。1999年启动的国家重点基础研究发展规划项目——“我国重大天气灾害形成机理与预测理论研究”，主要是针对长江中下游梅雨锋暴雨开展研究，其中包括华南前汛期暴雨的试验与研究、长江中下游梅雨锋暴雨的试验与研究，以及目前正在实施的研究范围更为广泛的我国南方致洪暴雨的试验与研究。通过上述项目的实施，在华南前汛期暴雨与长江流域梅雨锋暴雨的三维结构、形成机理、遥感监测与探测中尺度暴雨的理论和方法以及自主发展配有三维同化系统的中尺度暴雨数值模式系统等方面均取得重要的研究成果(倪允琪 等，2006)。

在国际上，日本和美国对于暴雨的研究和预报也相当重视。

每年6—7月，日本都深受梅雨暴雨灾害的威胁。为了有效地防御暴雨灾害，从20世纪70年代起日本就专门组织了梅雨的观测试验和专题研究，获得了许多有关梅雨锋性质与特征及天气尺度与中尺度扰动特征的结果。在此基础上，日本发展了细网格的区域降水预报模式，并在业务上使用，具有一定的暴雨预报能力。近年来，日本又把暴雨的研究与亚洲季风的问题联系起来，试图从更广泛的时空尺度来研究暴雨问题(丁一汇，1994)。1998年10月至2003年10月，还开展了为期5年的，由日本气象厅等14个单位参加编制，由日本科学和技术联合会(JST)资助，以“中尺度对流系统(MCSs)的结构发生、发展机制研究”为科技开发核心(GREST)的项目研究(程麟生 等，2002)。观测试验于1999年、2001年和2002年6—7月在中国东海和日本九州进行(试验分别命名为X-BAIU-99，X-BAIU-01和X-BAIU-02)，利用多普勒雷达资料深入研究该地区的梅雨锋结构和β、γ中尺度系统的结构(Yoshizaki et al.，2002)。

在美国，突发性暴雨占有相当大比重。突发性暴雨常常在几小时内在局部地区骤降大量降水，从而造成重大灾害。为了解决暴雨和强风暴天气的监测与预报问题，美国专门制定了耗资巨大、为期10年的风暴计划。同时也积极发展超短期预报系统和中尺度数值模式，并在这些方面取得了显著进展(丁一汇，1994)。近期美国制定的“美国天气研究计划(USWRP)”中，把具体的研究活动分为如下四组多学科综合的科学问题：中尺度天气系统、多尺度相互作用过程、水文气象影响以及物理过程和生物地球化学过程的相互作用，并把中尺度天气系统摆在首位。该计划的目标是：提高天气监测能力、加深对天气过程机理的理解，并以其成果改进数值预报业务，提高天气预报服务水平，奠定全球大气中尺度预报的科学、技术基础，以满足21世纪对天气信息的需要。具体目标是加强对中尺度天气系统观测分析研究、概念化和预报模拟以及开展业务预报。核心问题是对中尺度系统本身的物理机制有一个深刻的认识(李柏，2005)。

国外暴雨研究的进展及暴雨研究计划表明，产生暴雨的中尺度系统的研究是暴雨研究的核心和难点，也是我国暴雨预报需要解决的首要问题。

下面，对暴雨和强对流天气的主要制造者——中尺度对流系统的国内外相关方面研究进展进行评述，主要包括中尺度对流系统的尺度划分、在卫星和雷达图上的定义和分类、发生发展机理，尤其对其中的中尺度对流复合体的定义、时空分布、在卫星及雷达图上的表现、环境特征和中小尺度结构进行重点的梳理。

1.2　中尺度对流系统研究进展

1.2.1　中尺度对流系统尺度划分

为了便于研究复杂的大气现象，气象学家把大气运动定义为不同的尺度。Ligda(1951)创造了中尺度(mesoscale)一词来描述那种介于常规观测网和雷达的观测能力之间的一种中间尺度的现象。因为它不是以观测事实为依据的，可以说是从实用出发而定义的(张玉玲，1999)。

Austin 和 Houze(1972)对降水中尺度的定义为：大的中尺度区为 1300～2600 km^2，持续时间为 2～5 h，降水强度为 2～4 mm/h，天气尺度区内有几个大的中尺度区；小的中尺度区为 250～400 km^2，持续时间 1 h，降水强度为 4～8 mm/h，在大的中尺度区中有 3～6 个小的中尺度区；对流单体为 5～10 km^2，持续时间 0.1～0.5 h，降水强度为 8～80 mm/h，在小的中尺度区内有 1～7 个对流单体。

Orlanski(1975)根据天气尺度系统的水平范围也将中尺度细分为 α、β 和 γ 中尺度，α 中尺度为 200～2000 km，β 中尺度为 20～200 km，γ 中尺度为 2～20 km，这种划分在国内被广泛使用。

1.2.2　中尺度对流系统定义和分类

(1)根据卫星云图分类

卫星在中尺度对流系统的监测和研究方面具有得天独厚的优势，高时空分辨率的静止卫星观测可以用作识别大气中正在发生的动力和热力过程的有效手段，可以监测出小到单个对流云团、大到行星尺度天气系统的发生、发展和演变。利用卫星云图监测和研究暴雨最成功的先例就是发现了 MCC。在静止卫星出现以前，人们对这种造成 80%以上灾害性天气事件的高度有组织的中尺度对流系统基本上没有认识。

MCC 的定义首先由 Maddox(1980)提出，指的是一种近椭圆形、生命史较长的 α 中尺度对流系统，这是根据卫星红外云图给出的形态上的定义(表 1.1)。

在以后的研究中，逐渐认为红外亮温≤－32 ℃面积或最大范围时偏心率≥0.7 的条件限制不是必需的。Augustine 等(1988)认为很少有≤－52 ℃冷云盖面积达到 Maddox(1980)的标准时而≤－32 ℃冷云面积达不到标准的情况。Cotton 等(1989)分析 1997—1984 年的 134 个个例时，将≤－52 ℃的冷云盖面积≥50000 km^2修改为≤－54 ℃的冷云盖面积≥50000 km^2，进一步修改了 MCC 动力学定义，把相关的水平尺度变为 Rossby 变形半径。

表 1.1　MCC 的定义

项目	物理特征
尺度	A:连续云罩红外亮温≤−32 ℃A 和 B 的冷云盖面积≥10^6 km^2 B:内部红外亮温≤−52 ℃的冷云面积≥5×10^4 km^2
开始时间	条件 A 和 B 第一次满足的时间
生命史	同时满足条件 A 和 B 的时间≥6 h
最大范围	连续的冷云盖(红外亮温≤−32 ℃)达到最大时的面积
外形	椭圆形,在最大范围时刻偏心率≥0.7
结束时间	条件 A 和 B 满足不再满足的时间

李玉兰等(1989)参考 Maddox(1980)的标准,将 MCC 定义为 TBB≤−33 ℃的冷云区≥100000 km^2,TBB≤−54 ℃的冷云区≥50000 km^2,生命史≥6 h,外形为椭圆形或近似椭圆,但不限定偏心率。

Miller 等(1991)没有考虑≤−32 ℃的面积,同时还用≤−56 ℃冷云面积代替≤−52 ℃的面积。

项续康等(1995)将 Maddox(1980)标准中的偏心率改为≥0.6。

马禹等(1997)用 1993—1994 年 GMS-4 卫星的逐小时红外云图数值资料和 1995 年 GMS-5 卫星逐小时红外云图数值资料对我国及其邻近地区的中尺度对流系统(MCS)做了全面普查,他们将 α 中尺度对流系统的标准定义为:≤−32 ℃冷云盖的短轴超过 3.0 个纬距(半径为 3 个纬距的圆形面积为 87092 km^2),(≤−32 ℃冷云盖的短轴介于 1.5～3.0 的 MβCS),偏心率为 0.5,未规定≤−54 ℃或≤−52 ℃冷云盖的面积。这个标准要比 Maddox(1980)和 Cotton 等(1989)的标准宽得多,不过马禹等(1997)研究的是 MCS。

姚学祥(2004)把 MCC 定义为:发生在中纬度地区的具有近似圆形或椭圆形的云砧的 α 中尺度对流系统。几个基本要素可以归纳为:发生在中纬度地区;具有近似圆形或椭圆形的云砧;空间上是 α 中尺度;成熟期维持数个小时;有多个对流系统组成。

继 Cotton 等(1989)修改了 MCC 的定义之后,另一个对 MCS 改进较大的划分是由 Anderson和 Arritt(1998)提出的持续拉长的中尺度对流系统(PECS),它是被认为是线状的 MCCs,MCCs 与 PECs 的区别只是形状上,PECS 有 0.2～0.7 的偏心率,而 MCCs 偏心率≥0.7。

Jirak 等(2003)把这种分类扩展到 β 中尺度上,如表 1.2 所示。

表 1.2　基于红外卫星资料的中尺度对流系统分类

类别	水平范围大小/km^2	持续时间/h	最大范围时偏心率
MCC	≤−52 ℃冷云顶≥50000	≥6	≥0.7
PECS	同上	同上	<0.7 且≥0.2
MβCC	≤−52 ℃冷云顶≥30000 且最大范围必须≥50000	≥3	≥0.7
MβPECS	同上	同上	<0.7 且≥0.2

注:MCC——Mesoscale Convective Complex,中尺度对流复合体;

PECS——Persistent Elongated Convective System 持续拉长状对流系统。

IR 云图上，云顶亮温 TBB≤－52 ℃且展现出持续、密合(coherent)结构的云系称之为 MCS(Jirak et al. ,2003)。

Jirak 等(2003)按以上分类，统计和分析了美国 1996—1998 年 4—8 月的全部 465 个 MCSs，发现：PECS 十分活跃(187 个)，远比 MCC(111 个)多，造成的降水也很强，平均最大面积也比 MCC 大；MβCC(71 个)也较活跃，面积虽比 MCC 小一个量级，但降水仍十分剧烈；MβPECS(96 个)虽只有 PECS 的一半，但其平均最大面积也比 MβCC 大，降水也很强；PECS 和MβPECS个数之和(285 个)占 MCS 的 60％以上，可见它们非常活跃和非常重要。在分析它们特征时，重点应考虑－52 ℃，－58 ℃，－64 ℃，－70 ℃所包围的云区面积变化。

过去 20 多年中，许多人对 MCC 做了大量分析研究，然而它只是 MCS 中最为典型的一种。现在这种分类，较为详细的分解了 MCS，这对研究和认识 MCS 各类系统的形成和发展机理、三维结构、移动和传播等关键问题很重要，十分有利于改进和提高暴雨和强对流天气的预报水平。

(2)根据雷达图分类

雷达图已经被用来研究更详尽的 MCSs(如：Bluestein et al. ,1985；Bluestein et al. ,1987；Houze et al. ,1990；Parker et al. ,2000)。

飑线的研究由来已久，在冷锋理论发现以前，任一发生强风的线，称之为线飑或飑线(Lempfert et al. ,1910；Bjerknes,1919)，冷锋是包括在这种现象中，后来表述为与冷锋无关的对流线(Byers et al. ,1949)。20 世纪 50 年代后期(Huschke,1959)，飑线重新定义为任何非锋面的或狭窄的活跃的雷暴带(一个成熟的不稳定线)，不稳定线不久被国际气象组织承认，并把飑线看作成熟的不稳定线(Huschke,1959)。但因为与锋面有联系和无联系的系统在观测方面很相似，Miller 等(1975)和 Lilly(1979)重新又推广了这个定义，将它包括任何雷暴线，无论它与锋面或风向突变有没有联系。Houze 等(1977)和 Zipser(1977)将非对流(层状)区也包括在飑线中。Maddox(1980)把线状的中尺度对流系统定义为飑线，在这个意义上它和圆形的 MCS 即 MCC 是有联系的。Browning(1977)并不强调飑线的“线”的方面，而强调飑线是由怎样的结构构成的。

综上所述，飑线是一个狭长的活跃雷暴带，并包括层状云区。

Bluestein 和 Jain(1985)根据国家风暴实验室 10 cm 的 Norman，Oklahoma 11 年春季的雷达资料，将 4 种严重的中尺度线识别出来，主要有：断线型(broken line)、后部扩建型(back building)、碎块型(broken areal) 和嵌入层状云区型(embedded areal)，前两类曾有过记录，后两类是新的，并对每一种线的环境特征进行了研究(Bluestein et al. 1985)。

Bluestein 等(1987)又对非严重飑线进行了研究。Houze 等(1990) 用 6 个春季的雷达反射率和降水资料划分了 Oklahoma 州与主要降水事件有关的类型。这些雨区由深对流和成层雨区组成一个连续的中尺度结构。大于 25 mm 的降水，有 2/3 是移动的线，而且后面跟着层状云降水，对应分类是前导对流拖着成层降水结构，再进一步划分又分为相对于中心轴(或中心点)对称和不对称。不对称是指在上风方(或西南线的末端)有更强、更离散的对流结构，或在下风方(北或东北)有更强的成层降水。有 1/3 的强天气没有明显的对流和成层降水区排列。

Parker 等(2000)利用合成反射率资料，分析了美国 1996—1997 年 5 月具有线性特征的中尺度对流系统 88 例，把它们分成三种类型：TS(拖着的成层降水)、LS(前导成层降水)和 PS(平行成层降水)。三种类型中 TS 占 60％，LS 大约 20％，PS 大约 20％。TS 的初始阶段是一条对流云线，发展阶段在对流云线的后部是成层降水，成熟阶段在成层降水中出现最大反射率的核。前面的对流云线可能是对称结构也可能是非对称结构,非对称结构向一个方向发展,一般向西南方向发展,在对流云线的前方出现强的反射率梯度,一般维持3~4 h,通常与冷锋关系密切。LS,在对流云线的前方(MCS传播的方向)出现成层降水,一般维持2~3 h。PS成层降水在对流云线的北部与移动方向平行,大多数情况下反射率两侧比较大,一般维持2~3 h。

1.2.3 中尺度对流复合体

(1)空间分布

由于标准的不同,对MCC的时空分布的研究不完全一致。在美国,落基山脉东部平原地区MCC发生最为频繁,其次在阿巴拉锲亚山脉;初夏MCC在美国南部中心,中夏向北移,晚些时间又回到南部(Augustine et al.,1988)。在我国的中东部地区也发现了MCC,如方宗义(1986)的研究。Velasco等(1987)对美洲、Miller等(1991)对西太平洋、Laing等(1993a,1993b,2000)对非洲、澳大利亚、南美洲等进行的普查和研究表明,MCC遍及全球中纬度地区,并且多发生在大山脉的下游。

李玉兰等(1989)指出,我国的MCC不论时间尺度或空间尺度均比美国的小,带来的天气以降水为主,有时伴有雷暴天气。

项续康等(1995)对南方10个MCCs生成源地的统计发现有8个生成在25°—31°N,103°—108°E的小区域中,另外两个MCC的生成源地也类似,一个在云贵高原东侧的坡地,另一个形成在500~1000 m小型山地的东侧背风坡。

石定朴等(1996)发现,1992年8月1—4日在110°E以东的35°—40°N区域连续发生了9个水平尺度达到300 km的MCS。

马禹等(1997)对1993年7—8月,1994年5月下半月到8月底和1995年6—8月,中国及其邻近地区中尺度对流系统的普查和时空分布特征研究中发现,首先有三个大的分布中心,一个是100°—115°E,15°—35°N我国西南地区及其比邻的越南北部;第二个中心是110°—130°E,28°—40°N黄河和长江中下游地区及其东部沿海;第三个中心是东北中北部。除了以上两个MαCS集中区外,在普查中还发现MαCS的发生纬度可高达55°N,特别值得指出的是在我国西部和蒙古国这些相当干旱的地区和西藏高原上也发现了MαCS的云图。MαCS的分布特点可以代表MCC的分布特点。其次MβCS差不多是MαCS的两倍。

陶祖钰等(1998)统计了1995年6—8月发生在中国及其沿海共102个α中尺度的对流系统(MαCS)。它们主要分布在以下3个地区,华南西部,四川盆地附近和黄河及长江中下游地区。东北中北部地区一年中发生了7次,这也是一个不小的比例,值得我们进一步的关注。与美国在1985年、1986年和1987年3年中分别发生了59个、58个和44个MCC(McAnelly et al.,1986,1989)相比,中国1995年发生的MαCS比美国的年MCC发生数要多一倍。其原因当然与定义的MαCS的条件比MCC更宽有关,它反映了中国与MCC水平尺度大体相当的MαCS的椭圆率较小,生命史较短。

(2)时间分布

Cotton等(1989)从134个MCC的卫星云图得到以下统计分析结果,第一次雷暴出现在下午,傍晚发展成有组织的MCC,组织化的α中尺度系统持续存在时间为10.5 h,主要在夜间。

Miller等(1991)利用1983—1985年GMS增强红外云图对西太平洋区域的MCC的普查

表明，西太平洋 MCC 具有夜发性，其持续时间比美国的 MCC(10 h)长 1 h。特别是中纬度 MCC 发生的峰值在晚春和初夏(5—6 月)，而低纬度 MCC 在整个暖季都有发生。

项续康等(1995)研究了我国南方地区 MCC 的时间分布特征，发现 10 个 MCC 分别出现在 5 月到 7 月中旬，其中 7 月上旬 6 个。这 10 个 MCC 的生命史和持续时间大体与美国的 MCC 相近，尤其是它们都活动在夜间。前期 β 中尺度对流云团，有 8 个是在北京时间 15—22 时生成和发展，平均生命史为 18 h 左右，其中最长的达 22 h，最短的也有 11 h；有 9 个是在 18 时至次日 05 时之间发展成 MCC，并且大多数(70%)在 07—14 时消散，平均持续时间长达 12.6 h，最长达 18 h，最短为 9 h，比美国的(10 h 左右)略长。

(3)MCC 发生发展的大尺度环境特征

在国外，Maddox(1980)总结了美国中部 MCC 的生命史和环流。把 MCC 的生命史分为四个阶段：发生、发展、成熟、消散。

发生阶段：很多单体雷暴在某个区域发展，这个区域的特点是在对流层低层弱的上升运动、条件不稳定层结，还有一些小尺度如地形和局地加热对风暴初始起很重要的作用。邻近环境的潜热释放和压缩增温都有可能产生 β 中尺度异常增温。由于中层潜在冷空气的卷入、下曳气流驱动、水汽蒸发，边界层内产生中高压系统和冷空气外流。

发展阶段：大尺度环境开始回应存在的异常变暖区，中对流层(750～400 hPa)在气压梯度力的作用下有空气的流入，地面由于单体风暴的出流产生了中高压和阵风锋。强的低层暖湿空气流入，持续的不稳定空气使系统迅速增长甚至达到 MCC 的标准。最强的对流发生在由出流边界和底层流入交界处的辐合区。相应于雷暴产生的暖空气，使对流层中层辐合，并成为平均中尺度上升区域的中心，这个区域甚至将变成饱和的湿绝热暖核。

成熟阶段：使对流加强的要素继续形成，低层暖湿空气持续流入提供不稳定能量，使强对流单体继续发生，并有对应－52 ℃云层区的大范围降水。中尺度环流的暖核性质可以产生一个中低压，正好在与地面冷空气相联系的中高压之上。当这个中低压进一步加强进入系统时，一个大尺度的中高压位于该系统的高层。

消散阶段：其显著特征是加强的对流单体不再发展，这个系统的能量提供已经切断或已改道，它失去了中尺度组织能力，出现了 IR 图像上的混沌，MCC 开始消散。因为，在系统下的冷空气堆变得如此强大，以至于地面辐合区离开平均的中尺度上升区进入中层和高层的下沉区，即这个系统可能已进入一个不同的大尺度环流，以至于相对气流区域改变和低层湿空气辐合明显减少，或者它可能已进入了一个干燥的、更稳定的大尺度环境中。虽然 MCC 迅速失去 α 中尺度组织能力，但地面冷空气和出流边界，中高云碎片和小雨可能仍维持很多小时。

Maddox(1983)对 1975—1978 年 4—8 月 10 个 MCC 的气象条件进行了客观合成分析。分析结果揭示出了 MCC 大量特征和与大尺度环境场的相互作用特征。系统出现与向东移动的中层短波槽有关。主要的强迫因子是低层的暖湿平流，在低层暖湿平流强迫下的中尺度辐合上升区开始出现雷暴。MCC 系统在短波槽前东移中组织起来。绝热加热产生中层暖核和高层冷核。当对流系统移到暖湿空气以东时，MCC 即将衰减。同时也指出，MCC 发生在高空西风急流右侧出口区。

Cotton 等(1989)对 1977—1984 年 6—8 月的 134 个 MCC 用类似于 Maddox(1983)的方法进行了合成分析。他们将 MCC 整个生命史分成七个阶段：MCC 前阶段、开始阶段、增长阶段、成熟阶段、衰减阶段、消散阶段和 MCC 后阶段。MCC 前阶段主要为对流层低层的被加热中心区域和辐合及垂直运动。开始阶段 850 hPa 上有一湿舌自南向北伸展到 MCC 的产生区，而且在MCC的发展过程中向MCC区的湿度平流始终维持。成熟阶段前期，弱上升运动和加热达到对流层顶，成熟后期，高对流层辐散、上升运动和反气旋达到最大并维持。成熟阶段在MCC的西南部湿度达到最强。从湿度场的分析可看出，在MCC产生区有从低层到高层的暖平流，开始阶段大尺度暖平流在MCC区最强，成熟阶段则集中在MCC的西南侧。

Miller等(1991)认为太平洋区域MCC发生在高θ_e的低空急流区，高层是辐散区。

Laing等(2000)对世界上MCC多发的5个大尺度环境区(非洲、澳大利亚、中国、南美洲和美国)的平均生成环境进行了研究，发现它们非常相似，显示出许多与美国本土系统相同的动力和热力结构。特别是MCC大多发生在明显的斜压区内，该区以对流层低层强的风垂直切变和高值的对流有效位能(CAPE)为特征。典型情况是：一支静力稳定度低而相当位温高的低空急流，沿几乎与斜压区垂直的方向切入MCC生成区域，被迫沿相对较浅的地面冷气层抬升。叠置在地面冷气层上的明显暖平流在对流层低层伴有强的顺转。局地绝对湿度最大和静力稳定度最小成为适宜对流系统生成的标志。低空辐合、高空辐散和中层涡度趋于最大，并与弱短波槽相伴都是典型的生成环境特征。

在国内，方宗义(1986)从多个个例分析总结出发生MCC的大尺度环流背景的概念模型。李玉兰等(1989)和项续康等(1995)对我国西南和华南地区的MCC，吕艳彬等(2002)对华北平原，杨本湘等(2005)对青藏高原东南部的MCC发生环境研究也得出了与方宗义(1986)相类似的结论。

方宗义(1986)在研究我国长江流域中间尺度云团发展的大尺度云型特征时，曾概括出了模型图，中间尺度云团发生在静止锋切变线的西端、西南季风云系的东北端和沿西藏高原北缘向东移动的高空槽云系的前方，在交点处有利于中间尺度云团发生。项续康等(1995)在此基础上进一步指出，我国南方的MCC的形成和发展是在对流层中低层特定有利的天气形势下出现的。活跃的西南季风云系自西南方伸入，并伴随有高温高湿的舌状θ_e带；12～16 m/s的西南风低空急流伸抵该区的东南侧；该区位于近东西走向的切变线的西端，并常伴有低涡。500 hPa上，移经青藏高原的短波槽伴随的盾状云区移入MCC产生区西北部。在对流层上部的200 hPa上，有时还在产生区内西侧出现副热带急流分支现象。MCC的形成和发展，就出现在对流层中低层这种多个系统的叠加处，辐合很强，高层有较强的辐散区相对应。这种形势实质上反映了中低纬系统和对流层高低层系统的相互作用。

吕艳彬等(2002)对华北平原中尺度对流复合体发生的环境进行了研究。研究表明，它们与我国南方及北美的MCC有相同的地方，如多发生具有对流不稳定的高温高湿的大气中，并有充足的水汽输送等，但也有不同的地方，如华北平原的MCC发生在移动性冷锋的暖区中，而不像南方的MCC常发生在静止锋的西端。华北平原的纬度虽然和北美MCC集中发生区的纬度相当，都在40°N附近，但它们并不发生在对流层上部大尺度的长波脊中。

杨本湘等(2005)研究了在青藏高原的东南部(25°—35°N，95°—107°E)的中尺度对流系统。他们按照TBB≤−54 ℃的云区范围，东西向和南北向跨度均在2个经纬度以上，生命史在3 h以上(这个划分在范围上基本符合MCC的定义，但时间上达不到MCC的要求，因此可以称为中尺度对流系统)进行普查，把2001—2002年两年16个个例分为东、西两型，东部型满足以往中国南部MCC研究的范围。两类型MCC有如下特点：有两个MCC的集中区域，一个位于西部的横断山脉地区，一个位于东部的四川盆地附近，前者出现的少，后者出现的多；形成时间主要在上半夜，形成于傍晚和下半夜的较少，具有生消迅速，发展变化快，生命史较短，空间尺度较小的特点；东部型MCC的降水较多，其发生的环流背景和成熟期的结构与国内外大多数 MCC 很相像，而西部型 MCC 的降水较少，并且具有与强风暴相类似的特征，这种东西差异与两地非常大的海拔差异有关。

(4)MCC 中小尺度结构特征

Johnston(1981)最先用观测资料揭示了 MCC 中层的气旋性环流，指出对流产生的中尺度涡旋(mesoscale convectively generated vortex，MCV)在其上空的云砧残余消散或被平流出去之后才在卫星云图上明显起来。后来观测研究(Smull et al.，1985)和数值模拟(Zhang et al.，1988a)都指出气旋环流是在 MCC 层云降水区发展的。Bartels 等(1991)研究表明，有许多 MCV 是在 MCC 中产生的，但也有不少出现在尺度较小、生命期较短的对流系统中。MCC 有一个近于圆形的冷云盖，这可能意味着中尺度涡是它的主要组织特征。在 MCC 系统处于惯性稳定阶段，暖心气旋性涡旋可向下扩展到地面，如果有适当的大尺度环境，MCC 可能发展成热带气旋(Velasco et al.，1987)。

Menard 等(1988)总结前人研究的成果概括为，成熟的 MCC 存在三个中 α 环流形势，高层对流层冷核反气旋，中对流层暖核气旋涡度，低对流层带有中气旋的出流，有时还伴有一个尾部低压。

Cotton 等(1989)将合成场在以 MCC 为中心的 44000 km^2 面积内(6 经度×6 纬度)取平均，用这平均值来描述 MCC 的 α 中尺度特征和演变。基于合成分析的结果给出了各阶段的概念模型。开始阶段，对流层低层的辐合、垂直运动、中心被加热。成熟阶段，上升运动达到峰值，加热达到对流层顶，维持最大的辐合，高层反气旋(在成熟阶段的后期)。

陶祖钰等(1996)用 1992 年 7 月 23—24 日华北的例子也揭示了 MCC 环流和结构，对流层高层为一个带有辐散的反气旋环流；对流层下部为一个带有辐合的气旋式环流；地面为正负涡度系统(北部为负，南部为正)；热力结构为对流层中高层为一个暖心；850 hPa 以下有冷堆。垂直气流为暖湿空气沿着低空急流从近地面的前方入流、对流层低层的后方入流和暖心相联系的上升气流相联系。

用常规资料所做的合成分析只能表示 MCC α 中尺度的特征。由雷达资料可看出在 α 中尺度的 MCC 内包含着变化多样的 β 中尺度结构。

McAnelly 等(1986)基于美国的 MCC 的典型事件，描述了发生在 α 中尺度中 β 中尺度的时空特征：MCC 中的雷暴通常以 β 中尺度对流排列。大一些的 MCC 通常有强烈发展的 β 中尺度云团或带组成，它们倾向于沿着一条 α 中尺度特征线排列。这些较大的 MCC 加强发展是由那些 β 中尺度对流云团发展、合并、相互作用而完成的，而发展的位置位于排列成线邻近末端的切面上；整个成熟阶段，多个 β 中尺度对流单体可以在 α 中尺度云罩内持续演变发展为成层砧状降水。消散阶段是以 β 中尺度对流单体强度变弱和分散的传播为标志。

Smull 等(1985)分析了 1976 年 5 月 22 日出现在美国中部的拖着成层降水的飑线的特征和结构，揭示了 Oklahoma 地区飑线系统前导对流与尾部成层区雷达回波成熟阶段的特征。这个飑线在卫星云图上满足 MCC 定义。

Houze 等(1989)在以前工作的基础上给出了概念模型。

卫星和雷达观测已经揭示了中纬度飑线拥有加强的拖着成层降水的生命周期结构特征。卫星资料显示系统是一个中尺度对流复合体，同时，雷达资料显示是一个拖着成层降水的飑线，并观测到了飑线系统的环流特征，在风暴的锋前较深层有水平空气入流，并不断流向尾部，主导着内部环流，有一部分流向高层到达前部砧状云。由“V”型缺口进入尾部入流的下沉气流，在低层向下拖曳出流。

上面分析表明，中尺度对流复合体是中尺度对流系统的重要组成部分，是暴雨的重要影响系统。下面对包含中尺度对流复合体在内的中尺度对流系统的形成机理进行梳理。

1.2.4　中尺度对流系统发生发展机理和数值模拟研究

对于中尺度对流系统发生发展机理的研究始终是 MCS 研究的重点和难点。在许多中纬度 MCS 中，它们的起源包含着各种过程之间复杂的相互作用，包括较大尺度的环境条件、中尺度环流以及深厚积雨云对流。中尺度环流又受不同的增热条件驱动。在 MCS 起源问题、上游效应、稳定度与 MCS 的关系、MCS 生命维持及飑线与风切变动力学等方面都取得了一些进展。

MCS 起源的第一个阶段是与低空水汽辐合相联系的。低空水汽辐合源的形式是多种多样的，包括地形环流(Cotton et al.，1983；Tripoli，1986)、沿干线气团之间交界面上的辐合(Ross，1987)或沿锋面边界上的辐合(Ogura et al.，1977；Miller et al.，1980；Orlanski et al.，1984)、在中纬度气旋暖区中的对称不稳定(Ogura et al.，1982)或者从先前 MCS 中的外流气流(Fortune，1980；Wetzel et al.，1983)。无论哪一种低空水汽辐合源，MCS 形成的第一阶段是在附近伴随有深厚积雨云发展。MCS 发生的第一个信号往往是发源于相邻积雨云的砧状云之间的合并(Leary et al.，1979；McAnelly et al.，1986)。同时作为降水蒸发的一种后果，低层 β 中尺度大小的冷空气堆形成(Leary et al.，1979；Maddox et al.，1981)。还不清楚这些过程中的哪一种在对流系统尺度增长中起更重要的作用。

有证据表明，随着砧状云合并和高空层状云降水的形成，平均垂直运动向上移动了大约 200 hPa(Houze，1982；Johnson，1982；Gamache et al.，1982；Chen，1986；Dudhia et al.，1987)，最大增热高度也随之向上移动(Esbensen et al.，1984；Lin，1986)。CISK 模式(Yamasaki，1968；Ooyama，1969；Koss，1976)和波动-CISK 模式(Silva-Dias et al.，1984；Nehrkorn，1985)已经论证了 MCS 发展对最大增热高度的显著敏感性。Raymon(1987)利用一个具有下沉气流参数化的波动-CISK 模式得出结论，存在一个对流强度阈可以控制对流加热的高度和量值。他认为在某些环境中，对流加热必须达到一个临界强度才能使对流在中层干空气中强烈蒸发的后果中生存下来。

Anthes 等(1979)在中纬度气旋发展的数值模拟中指出，较大的增热使大气变稳定，因而增热高度向上移动应使 MCS 减弱。Hack 等(1986)利用数值模式和分析模式相结合，研究垂直廓线增热对热带气旋强度的影响，发现当增热的最大值移动到对流层上层时，动能的较大部分就发射到较大的水平运动尺度(即与 λ_R 接近的尺度)。他们发现，有高空增热产生的涡度是相当深厚的，而在对流层底层有相对的辐散；有低空增热产生的涡度是比较浅的，并且组织的更为紧密。因此，与砧状云合并及层状云降水发展相关联的对流加热向上移动，可以使一个初期阶段的 MCS 的总体对流强度减弱，而同时又有利于它向较大尺度增长到中尺度范围。对流强度减弱是中纬度 MCC 发展成熟的特征。

观测和概念模式、分析模式和数值模拟都已表明，对流尺度下沉和中尺度下沉中的蒸发和融化引起的低层冷却对于 MCS 的发动和维持是重要的。在 MCC 的发展过程中湿下沉冷丘起着十分重要的作用，湿下沉气流由于雨滴的蒸发使其温度低于周围环境温度，到达地面形成冷丘。在飑线中，蒸发冷却的空气形成一阵风锋，它随后类似于一个密度流向前传播，并对对流系统的继续再生有贡献。在潮湿的、切变较弱的环境中，阵风锋传播的重要性可能不如形成一个低空中高压的作用。Zhang 等(1986)以及 Song(1986)的数值试验，如同 Raymond(1984，

1987)的平流波动-CISK 模式，都认为蒸发冷却引起一中尺度斜压性，它建立了一个低空压力梯度的环境，其功能就像海陆温差在驱动海陆阵风锋中的作用一样。在一定的环境中，为了发展一个振幅和尺度足够大的中高压以产生一个能自我维持的中尺度系统，需要一个临界的雨水体积，或更恰当地说需要一种临界的蒸发冷却体积。

依照 Rotunno 等(1988)的分析，湿下沉气流附近，上升气流将向冷丘的后方倾斜，形成饱和的、上升速度较弱的倾斜环流。从对流云塔向尾随的空气中夹卷出大量的水滴，这就是尾随的层云区。随着层云降水区的发展，冷云盖面积迅速扩大，地面中低压形成，这同时也标志着中尺度暖心涡旋的迅速产生，这个过程将产生 MCC。

Rotunno 等(1988)使用两维和三维湿对流数值模式研究一个长生命期、线形、降水积云对流机制(飑线)时描述了中纬度和热带飑线的物理过程：在强的以某一角度对着飑线的深切变条件下，超级单体以它们各自的三维环流发展，彼此间不互相干扰。Thorpe 等(1982)和 Weisman 等(1988)的数值试验也获得同样的结果。

McAnelly 等(1992)，Nachamkin 等(1994)，McAnelly 等(1997)，以及 Blanchard 等(1998)研究了 MCC 如何从 γ 中尺度对流云发展成为 β 中尺度云系，直至成熟的 α 中尺度对流系统的过程，即所谓的升尺度增长(upscale growth)过程，指出：MCC 生命史的早期有一个 β 中尺度的对流过程，这个过程延续一个多小时，然后迅速向 α 中尺度对流系统发展。

大尺度热力学稳定度、适当的水分含量、风切变、产生低空辐合的一些机制、由抬高后的对流层高层的对流加热的发展引起的对流反馈机制以及降水蒸发引起的低空冷却等，对于 MCS 的起源都是起作用的。此外，受短波槽驱动的大尺度深厚对流层抬升(Maddox，1981)、急流(Uccellini et al.，1979；Matthews et al.，1983)、东风波或热带辐合带(McBride et al.，1980；Frank，1983；Dudhia et al.，1987)等在维持足够长时间的深对流，从而将系统从积雨云尺度转化成中尺度过程都是起关键作用的(Cotton et al.，1993)。

1.3 东北暴雨的研究现状和业务预报中面临的主要科学问题

1.3.1 东北暴雨的研究现状

东北暴雨的研究现状大致包括如下几个方面：在环流形势与气候背景研究方面较多，主要体现在东北暴雨和洪涝的分布特征及水汽条件研究；在影响暴雨的天气系统统计归类方面研究也较多；对暴雨中尺度方面研究较少，包括对东北暴雨中尺度对流系统的系统研究、东北暴雨中尺度观测事实的分析研究、在暴雨中尺度观测事实基础上的对暴雨中尺度系统的数值模拟研究。因此对东北暴雨中尺度系统的认识比较缺乏。

(1)东北暴雨的时空分布特征

郑秀雅等(1992)利用 1956—1987 年东北地区降水资料的统计结果，详细地对东北暴雨进行统计归类。按照暴雨笼罩区域的大小，东北地区暴雨可分为三类：局地暴雨、区域性暴雨和特大范围暴雨。划分标准为：以每一市(县)作为一个站点，统计一个省范围内日雨量超过 50 mm的站数(n)，如果 $n<5$，则为局地暴雨；如果 $5\leqslant n<10$，则为区域性暴雨；如果 $n\geqslant 10$，且其中至少有 4 个站的雨量超过 100 mm，或 $n\geqslant 18$，则为特大范围暴雨。

表1.3 东北地区各类暴雨出现频率统计

	特大范围暴雨			区域暴雨			局地暴雨		
	辽宁	吉林	黑龙江	辽宁	吉林	黑龙江	辽宁	吉林	黑龙江
汛期7—8月平均次数	1.94	0.44	0.16	4.88	2.47	1.69	10.03	10.97	10.19
年平均次数	2.09	0.44	0.16	5.94	2.81	1.81	14.81	14.78	13.63
7、8月集中度(%)	93	100	100	82	88	93	68	74	75
各类暴雨比例(%)	9	2	1	26	16	12	65	82	87

东北地区暴雨的时空分布有明显的规律性(表1.3)。暴雨以局地暴雨出现次数最多,且在三个省出现的次数相当,区域性暴雨及特大范围暴雨的地域分布差异较大,并有明显的南多北少趋势。暴雨出现有明显的季节变化,主要集中在7、8月两个月。从南到北(辽宁、吉林、黑龙江,下同),三个省7、8月两个月的暴雨次数占总次数的百分比分别为74%、77%和77%。暴雨在7、8月两个月的集中度(此期间暴雨次数占全年同类暴雨次数的比例),以特大范围暴雨最大,三个省分别为93%、100%和100%;区域性暴雨次之,各为82%、88%和93%;局地暴雨集中程度相对较小,分别为68%、74%和75%。局地暴雨占东北暴雨总次数的比例分别为65%、82%、87%,三个省比较,纬度越高,比例越大;其次是区域性暴雨,占26%、16%、12%;大范围暴雨最少,只占9%、2%、1%。

卢娟等(2004)利用辽宁51个台站的逐日降水资料,分别计算出1961—2002年51个台站的年降水量、年降水日数、年平均降水强度、年暴雨日数、年大暴雨日数、年最大连续降水量、年最长连续无降水日数的8个时间序列,用极值法对上述时间序列极端偏多和极端偏少2种情况的年际变化进行分析。结果表明,暴雨日数极端偏多年辽宁全省面积覆盖率表现为减少的年际变化趋势,而大暴雨日数极端偏多年全省面积覆盖率表现为增加的年际变化趋势,均表现出了10年左右的周期性。不难看出,在全球变暖的背景下,最近几年东北地区暴雨、大暴雨等极端天气异常偏多。

张继权等(2006)利用东北区1950—1990年洪涝灾害相关资料,统计分析了新中国成立以来东北地区洪涝灾害发生的时空特点和分布规律,指出东北地区各种等级暴雨出现的频次,总的来说是东南部略多,西北部略少。特别是特大洪灾,辽河中下游、鸭绿江下游沿海地区明显偏多。这是由于受地形影响,有利于气旋经过该地区加深加强的结果。

(2)东北暴雨水汽条件研究

孙力等(2000,2002,2003)和廉毅等(1997,1998)根据最近一些年的观测资料,对我国中高纬度地区旱涝的天气气候规律、大气环流异常特征和热带地区海气相互作用特别是ENSO事件的影响等又作了进一步的研究,他们认为,尽管该地区夏季降水异常有其自身独特的时空分布规律和大尺度环流配置,甚至与热带地区海气相互作用也存在着明显的相关,但能否形成大范围和持续性的旱涝灾害还取决于东亚季风的影响,即亚洲季风水汽输送是一个十分关键的因素。

廉毅等(2003)和孙力等(2003)还进一步分析了东亚季风在我国中高纬地区建立的标准、

日期及其主要的环流特征，并研究了东北亚地区夏季 850 hPa 南风异常与东北地区降水的密切关系，提出了东北亚地区夏季南风异常强度指标，探讨了东北亚地区夏季南风异常出现的前冬和前春海温和大气环流异常的前兆信号。

这些研究认为，东亚季风在我国中高纬度地区建立前(季风雨季开始前)该地区有一个水汽和能量的积累过程，这个积累过程不仅与低纬和热带地区水汽的向北输送有关，也与副热带地区的水汽“转运站”相联系，季风雨季的出现则是一个已积累的水汽和能量加以释放的过程，水汽与能量积累的减弱或消失，意味着季风雨季的结束(钟水新，2008)。

孙力等(2001，2002)、刘景涛等(2000)和白人海等(2001)在分析 1998 年松花江和嫩江流域洪涝灾害的成因时也指出，1998 年松嫩流域大洪水的出现除了是在东亚阻塞形势稳定和东北冷涡天气系统长期维持等特定的环流条件下形成的之外，甚至还与前期 El Nino 及青藏高原多雪等背景有密切关系。但造成大暴雨最关键的因素是由于亚洲季风水汽的输送和辐合。输送到松嫩流域的水汽来源于孟加拉湾和西太平洋副热带高压南侧低纬热带地区。前者甚至可以追溯到印度洋赤道以南洋面，这支水汽先沿着马斯克林高压东侧经索马里急流穿越赤道进入印度季风槽，再沿着西南气流进入我国西南地区向东北输送；后者水汽沿西太平洋副热带高压西侧偏南气流转向北输送。有时，这两支水汽在我国南海(110°E，20°—30°N)合并后向北输送。降水的阶段性和持续性变化还受到低纬和副热带地区暖湿大气低频振荡向北传播的影响。

Simmonds 等(1999)利用 1980—1996 年的 ECMWF 一天两次的资料计算了中国东南(110°—120°E，25°—35°N)和中国东北(120°—130°E，40°—50°N)两片范围内大气中时间平均的水平水汽通量和辐合辐散。结果显示，南亚和印度季风环流从南海和孟加拉湾带来了丰富的水汽，同时在东北中高纬度的偏西气流，对水汽输送也起着主导作用。

东北暴雨研究除了在环流形势与气候背景方面研究较多外，对影响东北暴雨的天气系统统计归类方面研究也较多，也比较成熟，并被广大预报员接受和应用。

(3)东北暴雨天气系统统计归类研究

20 世纪 80 年代，黑龙江省预报业务人员根据多年的预报经验和实践，把影响东北暴雨的高空形势分为：低涡型、辐合气流型、西风带冷槽与副热带高压相结合(冷槽贴副高)型。地面形势分为气旋型和台风型。气旋型暴雨又根据产生的地点和移动路径分为南来气旋(江淮气旋、河套或华北气旋)、西来、北来气旋(蒙古气旋与贝加尔湖低压)和东北新生低压。台风型暴雨又分为直接北上影响的台风和北上减弱台风与西风带系统相互作用的暴雨。

低涡也称为东北冷涡，按地理位置可分为北涡(50°—60°N)、中涡(40°—50°N)和南涡(35°—40°N)，经度都在 115°—145°E 范围内。北涡主要影响黑龙江和吉林，主要是涡下面的槽(切变)和冷锋云带的影响；中涡，由于涡中心在影响区内，在涡的不同部位都可以产生降水，要看冷暖空气交汇和锋区的位置。在冷涡的不同阶段因冷暖空气交汇位置不同，暴雨落区不同。一般开始阶段在低涡的前部，即西南风与东南风的暖切变处，后期在低涡的西北部，当暖空气势力较强，低涡强烈发展时，东风暖平流明显向西扩张，在低涡的西北象限，即倒暖平流或锢囚锋上产生暴雨。南涡主要影响辽宁省。

在天气形势分析方面对东北冷涡的研究比较多(孙力 等，1994，1995，2002；孙力，1997；闫玉琴 等，1995；王晓明 等，2003)，他们揭示了东北冷涡的时空分布特征和天气学特征。1991 年和 1998 年的松嫩流域大洪水是东北冷涡的中涡造成的。

辐合气流型也称北脊南槽型或阶梯槽型。北脊南槽是指在同一经度上，北部是脊南部是槽，脊前冷平流与槽前暖平流交汇，锋区在交汇处明显加强。阶梯槽也称北涡(槽)南槽，北涡(槽)比南槽偏东，北涡(槽)后的冷平流与南槽前暖平流交汇，锋区在交汇处明显加强。1994年的三次暴雨过程属于这一类(1994年7月5日、1994年7月8—9日和1994年7月12—13日)，其中第三次过程在前期环流基础上再加上南来北上台风的影响，在松嫩流域形成大范围暴雨。

西风带冷槽与副热带高压相结合(冷槽贴副高)，是指盛夏时节西太平洋副热带高压比较活跃，位置也比较偏北偏西，若此时西太平洋副热带高压能够处于比较稳定并加强的状态，则会阻挡西风带上东移向其靠近的弱冷槽，使弱冷空气与副热带高压西北侧的暖湿气流相遇，出现一种较稳定的辐合场，由于低层切变辐合，冷空气的触发，会产生明显的呈横向带状分布的暴雨天气。

乔枫雪(2007)对1990—2005年的东北夏季暴雨过程(日降雨量大于或等于50 mm的站点数至少为10个)进行了统计分析，16年间共有30个大暴雨个例，1990—2005年6—8月发生大暴雨共35 d，平均每年2 d以上。发生最多的是1994年和1995年，均为5 d，其次是1991年、1998年和2005年，均为4 d，然后是1996年，为3 d，最后是1997年、2001年和2003年，年均为2 d，1990年、1992年和1999年均为1 d。东北大部分地区有暴雨发生，在吉林南部到辽宁省暴雨发生的频次最高，并有从南向北递减的趋势。分析30个暴雨个例天气形势，考虑热带、副热带和西风带之间的相互作用，根据每次暴雨过程的主要影响系统大致分为六类：①台风与西风带系统(西风槽、东北低涡)的远距离相互作用(9例)；②登陆台风(或低涡)北上与西风带系统(西风槽、东北低涡)相互作用(7例)；③台风直接暴雨(1例)；④槽前暴雨(6例)；⑤副高后部切变型暴雨(3例)；⑥东北低涡暴雨(4例)。其中，台风的远距离水汽输送或是登陆台风北上与西风带系统相互作用，仍是东北地区产生大暴雨或持续性大暴雨的重要环流条件之一。

(4)东北暴雨中尺度对流系统的研究

给东北地区造成强暴雨的中尺度对流系统通常为MCC。MCC在美国及中国的华南、华北研究得比较多，东北地区研究得较少。

东北暴雨中尺度对流系统的研究主要集中在个例分析、云图特征和预报探讨方面。如孙力等(1992)研究了东北夏季副热带高压后部一次MCC暴雨的诊断分析。他们发现温度平流、积云对流加热和大尺度凝结加热是系统发生、发展的主要物理因子；谢静芳等(1995)分析了东北地区中尺度对流复合体的卫星云图特征，认为MCC的形成与以往分析的影响东北地区的大尺度降水系统关系不明显，主要影响系统为大范围强不稳定区内的中尺度切变和弱的短波槽，MCC与一般中尺度对流云团相比中心强度偏大，而且云团边缘的温度梯度明显偏强；白人海等(1998)对东北冷涡中的飑线进行分析，发现飑线发生在冷涡发展的较强阶段且在温压场结构不对称性较强的锋区上，层结不稳定低层水汽输送与辐合、强烈的上升运动是必要的天气尺度条件，地面有明显的中尺度系统，并且飑线发生时天气尺度动能明显向中尺度转换；李兰等(1999)影响吉林的MCC特征分析及预报探讨，总结了MCC天气形势特征；崔立国等(2006)、张晰莹等(2007)分析了盛夏期间东北地区两次MCC活动的云图和环境场特征。

(5)东北暴雨中尺度对流系统观测事实的分析

关于东北暴雨中尺度对流系统观测事实的研究，由于常规气象观测网的限制，尤其是高空观测网，测站间距一般在300 km以上，探测时间间隔12 h，即使在观测时间上加密，由于测站比较稀疏很难全面反映生命史短和水平尺度小的中尺度系统活动。另外，以往也缺少像江淮和华南等地大量的中尺度观测试验资料，对中尺度对流系统的观测研究缺少基础数据，因此这方面研究很少。

历史上曾有过2～3次针对东北冷涡的加密观测，对1998年嫩江、松花江特大暴雨过程的云团和雨团做过分析，也曾对沙兰镇大暴雨过程做过分析，但与华南、长江流域相比，对暴雨中尺度对流系统的观测分析和研究很少。

白人海等(1998)曾利用观测资料并采用一些方法还是发现了一些东北冷涡中的一些中尺度特征，如飑线过境时，往往会出现单站气压涌升，气温骤降、湿度急升和风向突变、风速急增的现象。根据12次飑线过境时自记记录的统计，气温平均下降7.3 ℃，相对湿度平均上升19% ，气压平均变化2.2 hPa。飑线发生在冷涡发展阶段，大多发生在冷涡的3、4象限。

1995年6月23—25日东北三省一市全部地面观测站和探空站对1995年6月下旬的一次东北冷涡进行了一次加密观测，发现了一些东北冷涡的某些中尺度特征。

王东海等(2007)利用国家自然科学基金重点项目“我国东北强降水天气系统的动力过程和预测方法的研究”对2007年出现在东北的东北冷涡过程进行过时间加密观测。

许秀红等(2001)、王晓明等(2001)利用每小时的降水量和GMS5静止卫星红外云图和雷达回波，分析1998年嫩江松花江流域大暴雨过程，认为暴雨尤其是突发性暴雨是在有利的大尺度环境条件下由多个中尺度云团、中尺度雨团造成的，并与中尺度切变线辐合关系密切，地形对中尺度切变的形成、稳定维持和对降水的增幅作用也不可忽视。

寿亦萱等(2007)利用卫星和新一代多普勒雷达和常规资料研究了沙兰镇暴雨过程，研究结果表明，导致2005年6月10日黑龙江省沙兰河上游暴雨的中尺度对流系统是一个具有多单体风暴结构特征的孤立对流系统，对流系统中个别对流单体的强烈发展导致了沙兰河上游的雷暴等剧烈天气过程。

(6)东北暴雨中尺度对流系统的数值模拟

在用中尺度对流系统数值模拟方法，对东北冷涡背景下东北暴雨的研究方面有过一些工作，尤其对1998年松嫩流域的大洪水过程。

张玲等(2003)利用中尺度滤波、高分辨率数值模拟和诊断分析对1998年8月9—11日嫩江流域的甘南和白城大暴雨的成因进行了初步探讨。结果表明：中尺度天气系统是大暴雨的主要影响系统。地形抬升、纬向次级环流和小股弱冷空气共同作用是大暴雨产生的重要因素。敏感性试验结果表明：凝结潜热释放对中尺度天气系统的形成起决定作用。中尺度地形对中尺度天气系统维持和发展也起作用，影响暴雨落区、强度，且有增幅作用。改变初始湿度场对雨区和雨量的模拟影响随积分时间增长逐渐减小，东北地区水汽不是完全由初始时刻大气中的水汽含量所决定的，而是不断地来自低纬向东北地区的水汽输送。

姜学恭等(2001)利用MM 5非静力模式成功地模拟了1998年8月8—9日一次东北冷涡切变型暴雨过程。发现：本次过程中低涡区与切变线上的上升运动有着不同的特点，低涡西北象限的强降水中心的产生是由于高层形成的强辐散，切变降水的产生是由于偏南急流与偏东急流的交汇，切变线上升运动层次明显低于低涡。同时，通过对比试验发现，偏南急流是本次过程主要水汽输送带，且对切变降水影响较大。偏南急流区水汽的减弱对系统(低涡、切变)的降水强弱有直接影响；西路冷空气加强主要使大气斜压作用增强导致低涡强度及降水增强；东西路冷空气在此次暴雨过程中扮演着不同的角色，西路冷空气主要影响系统斜压性，从而影响低涡强度及降水强弱；东路冷空气主要通过阻挡偏南气流形成辐合抬升从而主要对切变强度及降水产生影响。

陈力强等(2005)对东北冷涡诱发的一次MCS结构特征进行数值模拟,较成功模拟了2002年7月12日强对流风暴的MCS结构,MCS强风暴发生在东北冷涡南部锋区,锋区扰动及有利的潜在不稳定层结为其产生提供了环境条件,MCS发展是中尺度强上升气流突破中层稳定层结,使不稳定能量释放的结果,成熟阶段地面气压场有明显的雷暴高压,并有弱的前导低压和尾随低压配合。

1.3.2 东北暴雨预报面临的困难和主要科学问题

东北暴雨是东北夏季主要气象灾害之一。在暴雨预报业务中,预报员根据实践经验把影响东北暴雨的天气系统主要分为4种类型:台风暴雨、低涡暴雨、辐合气流暴雨、冷槽与副高相结合型。这几种类型的暴雨都存在难点和科学问题,但是从近几年频繁出现的强暴雨个例中,发现了另外一种强暴雨类型,即由东北冷涡引发的短波低槽型暴雨,这种类型暴雨因其突发性,给暴雨预报带来很大困难。下面,将对这几种暴雨的特征简述如下:

台风暴雨。对东北地区来说,直接北上的台风历史上也曾出现过,但是很少,大部分是北上台风减弱成热带风暴或热带低压后与西风带系统结合,或者是台风外围云系影响。热带气旋是造成东北地区夏季大暴雨的主要天气系统之一,对于第二松花江、松花江南岸支流、辽河、浑河、太子河、鸭绿江等东北的东南部地区影响尤大。据统计,在上述地区发生的20年一遇以上级的大洪水中,有50%左右的暴雨洪水与热带气旋有联系。热带气旋生成后,一般要经过7 d以上才能影响到东北,即使热带气旋已移至琉球群岛或菲律宾开始北上,也许3～5 d才能影响到东北,因此,台风暴雨会在5～7 d以前就引起很大的关注,它引发的暴雨一般不会漏掉,往往会报的偏大。但对台风影响路径的估计仍是预报的难点,因而暴雨落区会有些误差。

低涡暴雨。在6月一般不会出现区域以上的暴雨,因为水汽供应不充足,但局地和单点暴雨会出现。7、8月低涡暴雨往往要和副热带高压、远距离台风共同影响才能出现暴雨。由于低涡是天气尺度或次天气尺度系统,在天气图上和数值预报产品中都能看到它的发生和发展,从宏观上,能比较准确预报它的天气过程,暴雨落区部位也基本准确。但暴雨往往发生在低涡的初生阶段,属于爆发性低压发展类暴雨,爆发性低压发展一般和中尺度对流系统的新生联系在一起,这类暴雨,预报难度很大。这是一个难点。低涡暴雨的另一个难点是在低涡系统中,中尺度系统出现部位和时机的预报。这直接关系到暴雨的落区。第三个难点是低涡何时移出,以及低涡后面副冷锋强对流天气的具体落区和时机的预报。

辐合气流型暴雨。此类暴雨如果只考虑北部系统,在高脊前(或涡后)西北气流控制下应该是晴好天气,往往会产生暴雨漏报,所以同时还要注意河套低槽的分析和预报,把握好南北系统的相互作用,一般不会漏掉。

副热带高压(以下简称副高)和西风带冷槽相结合型暴雨。7月中、下旬当副高第二次北跳后,副高脊线位于28°—30°N ,588线达到35°N以北,雨带由江淮流域移到黄河流域以北,华北和东北进入雨季,东北区域性暴雨增多。当副高处于活跃期,且偏北偏西时,特别要关注西风带上西风槽的移动、有没有弱冷空气与副高西北部西南暖湿气流的交汇、台风能否北上以及副高的短期跳跃和日变化。一旦有西风槽东移,或弱冷空气与副高西北部高温高湿不稳定能量湿空气交汇,则在副高的西北边缘可以产生强烈的对流扰动,引发强度很大的特大范围暴雨。预报中的难点:一是对副高的短期跳跃把握不准,二是弱冷空气交汇的时机何时出现,归结为一点就是切变线雨带中,中尺度系统的出现时机和部位还不能很好的预报出来,在预报中只能从宏观上把握,宏观把握有一定的准确性。

值得注意的是，对在近几年暴雨个例中频发的东北冷涡引发的短波槽型暴雨，研究得很少，预报能力很弱，但这种天气造成的灾害却很大。

如2002年7月11—15日东北冷涡引发的辽宁天气过程，沈阳连续5 d出现强对流天气，过程雨量239 mm，降水非常集中，1 h雨量达56.9 mm，伴有大风等强对流天气，最大风力达10～12级，造成严重损失。业务预报仅1 d报了大雨，其余为雷阵雨（张立祥，2008）。

再如2005年7月15日和16日东北冷涡引发的黑龙江的天气过程，黑河、伊春等地连续两天出现暴雨和强对流天气，伊春近4 h降雨量达112 mm，其中1 h雨量为54.4 mm，预报业务中很难提前预报，造成历史上罕见的灾害（张晰莹 等，2007；崔立国 等，2006）。

又如2006年8月10日东北冷涡引发的东北中西部天气过程，给泰来等地造成百年一遇暴雨和强对流天气，1 h雨量达90.8 mm，造成严重损失。在其前一天由东北冷涡云带东移给哈尔滨附近带来的暴雨，可以提前报出降水过程，具体的落区和强度可以用临近预报来订正，但第二天由东北冷涡引发的更强暴雨过程，预报员很难提前预报。

目前，对这种类型的暴雨，还缺乏较强的预报能力。因为在一个东北冷涡云系东移后，常常会以为系统已结束，不会再有暴雨发生，后面也没有出现像以往的暴雨天气形势，虽然有短波低槽移来，但很弱，而且短波低槽出现时间也比较晚，短波低槽一旦出现，很快出现暴雨，其突发性和短历时性，使得这类暴雨很难预报，常常出现漏报。因此，在东北冷涡引发的短波低槽型暴雨天气预报方面，不论降水强度、还是落区，均达不到社会对天气预报精度的需求。究其原因主要是缺乏对东北冷涡诱发中尺度系统的发生发展及其演变规律的认识。分析预报难点和问题主要有两点：①中尺度系统发展速度特别快；②多个雨峰接连再生，具有复杂多尺度结构特征。

由上可以看出，东北冷涡引发的短波低槽型暴雨和强对流天气是目前亟待解决的强暴雨类型之一，而这种类型暴雨是最难预报的。以往对它的研究很少，尤其受观测资料分辨率及观测工具的限制，对暴雨中尺度观测事实分析更少，缺乏对暴雨中尺度的认识，因此，本书拟对这种类型的暴雨中尺度对流系统进行研究。

1.4 主要研究目的和研究内容

1.4.1 研究目的

东北冷涡背景下的对流性暴雨系统是东北夏季灾害性天气系统的一个重要成员。由于东北冷涡引发的短波低槽型暴雨的影响系统不明显，又因为暴雨过程伴随着MCC的强烈发展，具有突发性强、历时短、雨强大、结构复杂等中尺度对流天气特征，而数值模式对其预报能力有限。以往对这类天气的研究和认识不够，往往漏报，预报业务中该类型暴雨成为很难预报的一类暴雨。

对这种类型的暴雨，有许多有待我们认识或需进一步揭示的问题。比如：东北冷涡引发的短波低槽对流性暴雨的大、中尺度环流背景是什么，系统之间的配置关系如何，发生、发展规律是怎样的，暴雨的水汽从哪里来，暴雨中尺度对流系统的触发机制是什么，暴雨落区与中尺度对流系统发生、发展关系如何，怎样能够对一个快速移动、生命周期短暂的中尺度对流系统进行准确诊断，找出它的有预报指示意义的规律，等等。

本研究的目的就是从上述预报中的困难和问题出发，结合东北冷涡引发的短波低槽型暴雨类型对MCC进行研究，通过分析力求揭示MCC发生、发展的大尺度环流背景、中尺度环境、暴雨中尺度对流系统发生、发展过程和多尺度复杂结构，试图对解决这类暴雨的预报提供有益的研究成果。

1.4.2 主要研究内容

由于东北冷涡引发的短波低槽型暴雨具有影响系统不明显、中尺度系统发展迅速、雨峰强和结构复杂的特征，预报上有很多困惑。因而，有必要对其中的中尺度发生、发展特征及其可能的机理进行探讨。为此，书中拟深入研究下面几方面内容：一是大尺度环流特征，二是中尺度特征，三是数值模拟。

在筛选东北强暴雨环流类型的基础上，最终选择了东北冷涡引发的短波低槽强暴雨的三个典型样本(2005年7月15日、2005年7月16日和2006年8月10日)，它们都具有典型的MCC特性，其中把“060810”暴雨过程作为重点研究对象。这是因为：

(1)“060810”过程比另外两次过程资料丰富。在这次过程中，泰来等6个市(县)暴雨发生在白天，高分辨率的可见光云图、齐齐哈尔和白城两部新一代多普勒天气雷达都观测到了暴雨发生、发展的整个过程。

(2)结构复杂，含有多个雨峰，并且雨峰强，1 h降水量(90.8 mm)超过历史极值。中尺度降水区中含有多个β中尺度降水峰值，多个站点1 h降水量为百年一遇水平。

(3)此次过程中产生的MCC在雷达和卫星云图上表现出不同的特征。在卫星云图上是椭圆形的冷云盖，在雷达图上为一条飑线。

(4)“060810”暴雨过程发展迅速，暴雨路径异常。从发现对流到暴雨结束只有不到2 h，而且暴雨区自北向南发展，和一般情况的自西向东或者自南向北不一样。

以上这些说明了该过程是一次非常难得的个例，无论在预报业务，还是中尺度理论方面，都具有深入研究的价值。

根据以上分析，本书共安排以下主要研究内容：

第1章 绪论；

第2章 东北地区暴雨与中尺度对流系统的关系；

第3章 东北冷涡引发的短波低槽暴雨大尺度环流背景；

第4章 “060810”环境条件与α中尺度结构诊断分析；

第5章 “060810”β中尺度对流系统发生发展过程卫星云图分析；

第6章 “060810”β(γ)中尺度对流系统结构雷达图分析；

第7章 “060810”β中尺度对流系统数值模拟和分析；

第8章 结论与讨论。

1.5 选用资料、研究方法及研究特色

1.5.1 选用资料

(1)NCEP/NCAR每天4个时次1°×1°再分析资料(00 UTC、06 UTC、12 UTC、18 UTC)；

该资料用来分析暴雨个例环流形势和诊断热力、动力条件，也用来作为中尺度模拟的背景场和侧边界。

(2)FY-2C 卫星云图资料：利用 2005—2007 年 6—8 月每半小时一次的红外云图资料统计分析东北中尺度对流系统的时空分布；东北中尺度对流系统与暴雨的关系；利用 0.1°×0.1°分辨率云顶亮温 TBB 资料和可见光、红外圆盘资料分析暴雨个例中尺度对流系统的发生和发展；利用水汽圆盘图像分析暴雨个例对流层中高层水汽输送。

(3) 每日两次常规探空资料和每日 8 次地面观测资料：利用 2005—2007 年 6—8 月东北地区 350 个观测站点统计分析东北地区降水分布；还用于分析这三年中东北暴雨雨区分布，以便与中尺度对流系统对照分析；另外还针对历史上最强 10 个中尺度对流系统，分析环流背景和划分环流类型。

(4)逐时和逐分钟自动站资料：利用 2006 年东北区域逐时加密资料分析暴雨个例的中尺度特征；利用 2006 年 8 月 6 个暴雨站点（黑龙江省的龙江、齐齐哈尔、泰来、杜尔伯特蒙古自治县和吉林省的镇赉和洮南）每分钟降水和气象要素资料分析暴雨过程中的 β 和 γ 中尺度特征。

(5)两部雷达资料：使用由安徽四创电子有限公司生产的，位于黑龙江省齐齐哈尔和吉林省白城的两部 CINRAD/CC 5 cm 新一代多普勒天气雷达基数据和反演产品，分析 2006 年 8 月 10 日暴雨过程中尺度对流系统发展演变和 β(γ) 中尺度特征和结构。

(6)欧洲中心目前业务中使用的 TL799L91 资料：这种资料，欧洲中心在 2006 年刚开始投入业务应用，目前国内较少使用。该资料精度较高，水平网格为 0.25°×0.25°经纬度，模式的垂直层数由原来的 60 层增加到 91 层，最大的增加在对流层顶附近，模式顶从 0.1 hPa（～65 km）增加到 0.01 hPa（～80 km），从地面一直到 0.01 hPa（约 80 km），产品输出有 27 个要素，包括各层的水平风 uv 风量、比湿、温度、云中冰水含量、液态水含量、云量，地面上有丰富的产品，地面温度、地面气压、地面云柱水汽含量、地面风向风速等。此资料在分析过程中，主要用于了解平流层情况，并与使用其他资料分析的结果验证和对比。

1.5.2 研究方法

首先用气象统计方法，分析东北中尺度对流系统和东北暴雨特征，统计分析东北强暴雨环流类型并分类，从多种强暴雨环流类型中选择预报能力最弱的东北冷涡引发的短波低槽型暴雨进行研究。针对这种类型暴雨的三个个例，对比分析它们环流背景的共同点和差异，概括出该类型暴雨大尺度环流特征。针对其中的资料最为详尽的“060810”暴雨过程，进行动力、热力条件诊断分析和暴雨中尺度观测分析，揭示 MCC 发生、发展过程和多尺度结构特征，尤其 β 中尺度特征和结构。最后，利用现有较完善的、包含较复杂的物理过程的 WRF 非静力中尺度数值模式输出的高时空分辨率模拟结果进行再诊断、再分析，在模拟暴雨的主要特点与实况相似、动力学理论合理的情况下，对暴雨中尺度系统发生、发展过程、触发机制和 β 中尺度动力热力细致结构再进行分析，从而弥补观测资料中未能揭示出的 β 中尺度动力热力细微结构特点。在对东北冷涡引发的短波低槽型暴雨进行充分的诊断和模拟研究基础上，对该类暴雨中尺度对流系统的环境特征、发生发展规律、多尺度结构有了认识以后，概括出未来该类型暴雨的业务预报着眼点和预报思路。

1.5.3 研究特色

过去，一些研究者对东北暴雨问题进行过研究，但本研究工作与他们不同，主要在以下几方面具有创新性：

1. 研究对象很特殊，是从预报业务中总结而出，提出预报业务中最难预报的东北冷涡引发的短波低槽强暴雨类型，并针对这种类型深入研究。

2. 收集了目前能得到的详尽的中尺度观测资料，包括逐6 min雷达资料、逐分钟地面多要素自动站资料。

3. 获取了基于观测事实的MCC(飑线)β(γ)中尺度结构特征，揭示了其发生发展的详细过程及可能的触发机制。

4. 实现了对"060810"突发对流暴雨β中尺度发生、发展过程和结构观测事实的数值模拟，揭示了其内在更细微的结构特征。

5. 通过对东北地区近几年中尺度对流系统与东北暴雨关系的统计分析，尤其是对东北冷涡引发的短波低槽型暴雨典型个例中尺度观测分析，增加了对东北地区暴雨特点、发生及发展规律和多尺度结构的认识。

6. 从预报中来，又回到预报中去，提出了预报思路、预报着眼点。

第 2 章　东北地区暴雨与中尺度对流系统

东北地区地处中高纬度，夏季受西风带、副热带和热带环流系统及极地冷空气的影响，东北暴雨是东北地区夏季主要灾害性天气之一。在东北地区特殊的地理环境和地形的影响下，导致暴雨的中尺度对流系统(MCS)频繁发生，常造成突发性局地强对流天气和暴雨山洪，给人民生命财产造成重大损失。过去的研究表明，东北暴雨与 MCS 关系密切，但是，东北地区的 MCS 的特征是怎样的，MCS 与东北暴雨之间存在何种密切的关系等，尚不清楚。本章利用 2005—2007 年夏季逐 0.5 h 的 FY-2C 资料对东北及其邻近地区的 MCS 进行了统计分析，为了不漏掉可能的 MCS，定义了三种尺度两种形态的 MCS，并对它们进行时空分布统计分析。

在对三种尺度两种形态的 MCS 时空统计分析的基础上，利用常规观测资料结合 FY-2C 逐 0.5 h 红外云图，对东北地区三年夏季的总降水量、49 d 成片暴雨、41 d 单站暴雨、46 d 单站不成片暴雨与 MCS 的关系进行了统计分析。通过逐站逐对流系统对比分析发现，49 d 成片暴雨与中尺度对流系统的关系最为密切。对这 49 d 成片暴雨进行追踪调查后发现，成片暴雨有 71%以上是由 β(α)中尺度对流系统造成的，尤其对东北中部和北部地区这个比例更高，其中 43%由 α 中尺度对流系统造成，29%由 β 中尺度对流系统造成，α 中尺度对流系统中持续拉长形占多数，椭圆形占 1/3，β 中尺度对流系统中两种形状各占一半。

最后，在以上成片暴雨个例所对应的 α 中尺度对流系统中，挑选出 10 个范围最大、造成东北地区最强暴雨的中尺度对流系统，并对影响它们的环流背景和主要影响系统进行分析，发现有 3 例是东北冷涡引发的短波低槽型，有 2 例是冷槽与副高相结合型，有 3 例是东北冷涡型，还有 2 例是贝加尔湖低涡和蒙古低涡影响。从环流型和中尺度对流系统的形状关系上看，东北冷涡引发的短波槽型和冷槽与副高相结合型的中尺度对流系统经常是圆形或者是椭圆形，而直接由冷涡产生的中尺度对流系统往往是持续拉长形。研究发现，东北强暴雨与圆形或椭圆形的 MCC 关系密切，特别是东北冷涡引发的短波低槽型暴雨，都伴随着 MCC 的强烈发展。在分析它们的预报难度并对比实际业务中的预报情况看，东北冷涡引发的短波低槽型强暴雨是最难预报的，预报中常常失败。尤其在近些年来，MCS 出现异常偏多，因此，有必要对近几年东北中尺度对流系统的分布特点及其与暴雨的关系进一步深入认识。

2.1　东北中尺度对流系统的标准

2.1.1　研究所用资料和研究范围

由于 MCS 的空间尺度小，生命史较短，只有数小时或十几小时，因此，具有较高分辨率的地球同步卫星是监测和研究中尺度对流系统最有效的工具之一。本研究中所使用的资料为 2005—2007 年三年夏季 6—8 月每半小时一次的 FY-2C 红外卫星云图及反演的云顶辐射亮温

(TBB)资料(其中2005年6月1—27日为1 h一次)。

对2005—2007年三年6—8月出现在115°—140°E,38°—58°N范围内的中尺度对流系统时空分布特点进行了统计分析。该研究范围以东北为中心,西部包括内蒙古和蒙古国部分地区,东到日本岛,南到辽东半岛,北到俄罗斯境内。

2.1.2 东北中尺度对流系统的统计标准

根据目前通用的Orlanski(1975)尺度划分标准,中尺度天气系统的水平尺度是从2～2000 km。其中200～2000 km为α中尺度,20～200 km为β中尺度,2～20 km为γ中尺度。对于γ中尺度的MCS,由于尺度太小,生命史只有1 h或更短,目前FY-2C卫星云图时空分辨率还难以对它进行追踪分析,故只对α和β中尺度系统进行统计分析。为了能和已有的MCC结果相比较,本书将其从α中尺度中划分出来,单独进行研究。

Jirak等(2003)在Maddox(1980)定义中尺度对流复合体(MCC)基础上,把中尺度对流系统定义为椭圆形和持续拉长形,当≤−52 ℃的冷云顶面积≥50000 km^2并持续6 h以上,达最大范围后,偏心率≥0.7时,定义为中尺度对流复合体(MCC);而0.2≤偏心率<0.7时定义为持续拉长形的中尺度对流系统(PECS);当≤−52 ℃的冷云顶面积≥30000 km^2,最大面积>50000 km^2,如果持续3 h以上,达最大范围后,偏心率>0.7时,定义为β中尺度对流复合体(MβCC);如表2.1所示。而0.2≤偏心率<0.7,则定义为β中尺度持续拉长形的中尺度对流系统(MβPECS)。

本研究的东北中尺度对流系统参照Jirak等(2003)的定义,但是云团的面积在目前的业务中不方便计算,所以采用马禹等(1997)关于中尺度对流系统的计算方法,即根据纬距来定义MCS的大小。

本研究的范围内一个纬距约为111 km,2个纬距的圆形面积约为38707.53 km^2,正方形面积是49284 km^2,接近Jirak等(2003)对MCC和PECS 50000 km^2定义,虽略小于它,但已经满足Orlanski α中尺度的定义(200 km以上)。因此,本研究将MCS定义为红外云图上,TBB≤−52 ℃冷云盖的长轴在2个纬距以上,持续时间大于3 h的为α中尺度对流系统,其中偏心率大于0.7的为椭圆形α中尺度对流系统(MαCC);偏心率在0.2～0.7的为持续拉长形α中尺度对流系统(MαPECS);当TBB≤−52 ℃冷云盖的长轴在1～2个纬距之内,持续时间大于3 h的为β中尺度对流系统,其中偏心率大于0.7的为椭圆形β中尺度对流系统(MβCC);偏心率在0.2～0.7的称为持续拉长形β中尺度对流系统(MβPECS)。当MαCC持续时间达到6 h以上时,就达到了Maddox(1980)定义的MCC的标准;当MαPECS持续时间达到6 h以上时,就达到了表2.1定义的PECS标准。这样就规定了东北中尺度对流系统的标准(表2.2)。

表2.1　基于红外卫星云图资料的中尺度对流系统分类

类别	水平范围大小	持续时间/h	最大范围时偏心率
MCC	冷云顶≤−52 ℃ 面积≥50000 km^2	≥6	≥0.7
PECS	同上	同上	<0.7且≥0.2
MβCC	30000 km^2≤冷云顶≤−52 ℃ 且最大范围必须≥50000 km^2	≥3	≥0.7
MβPECS	同上	同上	<0.7且≥0.2

表 2.2 基于红外卫星云图资料的东北中尺度对流系统分类

类别	水平范围大小	持续时间/h	最大范围时偏心率
MCC	2 个纬距≤−52 ℃冷云顶	≥6	≥0.7
PECS	同上	同上	<0.7 且≥0.2
MαCC	2 个纬距≤−52 ℃冷云顶	≥3	≥0.7
MαPECS	同上	同上	<0.7 且≥0.2
MβCC	1 个纬距≤−52 ℃冷云顶<2 个纬距	≥3	≥0.7
MβPECS	同上	同上	<0.7 且≥0.2

2.1.3 统计方法

第一步，筛选出符合条件的 MCS 从初生到消亡的所有红外云图，对红外云图的数值资料进行增强处理以突出−52 ℃云区。第二步，在这些云图的形成发展过程中选出第一次达到最强时刻的红外云图。第三步，对这些最强时刻的云图逐个打印出来，然后再对 MCS 出现的时间、中心点位置、尺度范围、中心点的温度、形状、24 h 降水量分别登记，形成文件。第四步，对形成的文件，用计算机编程统计，然后分别以 grads、micaps、excel 等相关的图形输出。

2.2 东北中尺度对流系统时空分布特征

2.2.1 三种尺度和两种形态频次统计特征

根据东北中尺度对流系统标准(表 2.2)，可知有三种尺度的中尺度对流系统，α 中尺度对流系统，包括 MαPECS 和 MαCC，持续时间在 3 h 以上；β 中尺度对流系统，包括 MβPECS 和 MβCC，持续时间在 3 h 以上；另外一种也是 α 中尺度对流系统，包括 MCC 和 PECS，但是持续时间在 6 h 以上。把这三种尺度中尺度对流系统总和称为 MCS，并把 MCS 划分为椭圆形(MCC’s)和持续拉长形(PECS’s)两种形态。

统计得到 MαCS、MβCS 和持续 6 h 以上的 MαCS(MCC＋PECS)三种尺度的 MCS 在东北及其邻近地区出现频次(表 2.3)。统计时，由 MβCS 发展为 MαCS 时，只计 MαCS 次数，由 MαCS 发展为 MCC(PECS)时，两者都分别记录次数，即 MαCS 包含 MCC(PECS)的次数。

表 2.3 MCS 多尺度及形态特征数目和比率

MCS 形态	MCS		MαCS		MβCS		MCC＋PECS	
	PECS’s	MCC’s	MαPECS	MαCC	MβPECS	MβCC	PECS	MCC
MCS 次数	303		230		73		84	
比率/%			75.9		24.1		27.7	
形态数	190	113	163	67	27	46	55	29
形态比例/%	62.7	37.3	70.9	29.1	37.0	63.0	65.5	34.5

从表 2.3 统计结果显示，三年中共有 303 个 MCS，其中持续拉长形（PECS's）有 190 个，占总数的 62.7%；椭圆形（MCC's）113 个，占总数的 37.3%，即持续拉长形占多数，这与 Jirak 等（2003）统计分析的 PECS 和 MβPECS 个数之和（285 个）占 MCS 的 60%以上的结果是一致的。MαCS、MβCS 和 MCC（PECS）的次数分别为 230、73 和 84，分别占总次数的 75.9%、24.1%和 27.7%，即 α 中尺度对流系统能够持续 3 h 以上的共有 230 个，其中能够持续 6 h 以上的为 84 个，β 中尺度对流系统能持续 3 h 以上的共有 73 个。也就是说约有 76%的 MβCS 会发展为 MαCS（包括 MCC 和 PECS），MαCS 中有 36.5%会发展为 MCC（或 PECS），这一点与云南不同（段旭 等，2004），说明东北地区有一定的地域特征。在 230 个 MαCS 中持续拉长形（MαPECS）占 70.9%，椭圆形（MαMCC）占 29.1%，即在 MαCS 中 MαPECS 占大多数。在持续 6 h 以上的 MαCS（MCC＋PECS）中也有类似的结果，即 PECS 占多数，只是 MCC 占的比率稍多一些为 34.5%。在 MβCS 中 MβMCC 占多数为 63.0%，MβPECS 只占 37.0%。

2.2.2　三种尺度中尺度对流系统空间分布

分别对 MαCS、MβCS 和持续 6 h 以上的 MαCS（MCC＋PEC）以及三种尺度的总和（MCS）绘制了空间分布图（图 2.1）。

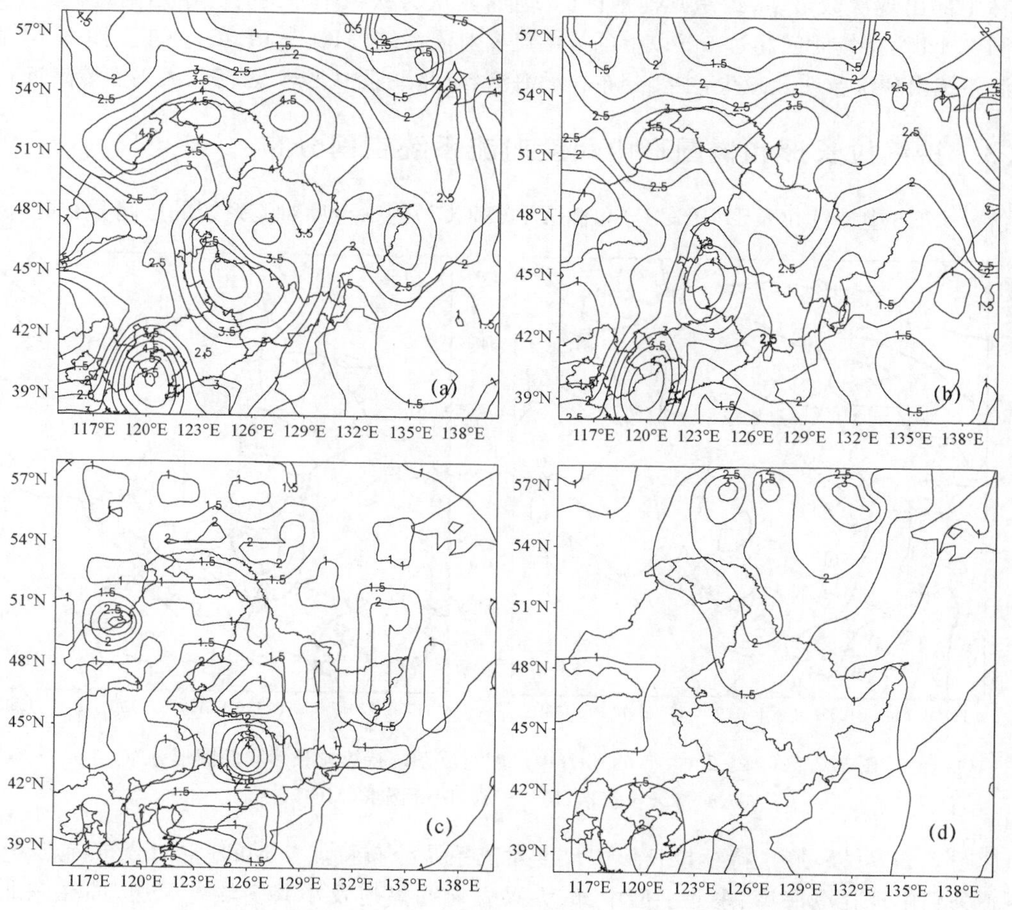

图 2.1　2005—2007 年 6—8 月东北每隔两个经度和纬度绘制的 MCS 频数分布

（a）MCS，（b）MαCS，（c）MβCS，（d）MCC＋PECS

从图 2.1a 显示，三种尺度的中尺度对流系统总和(MCS)，即三年夏季东北及其邻近地区中尺度对流系统分布为：从渤海湾到大兴安岭为南多北少分布，分别出现 4 个中心：出现次数最多的是渤海湾附近(中心位于 120°E，40°N)，即东北平原入口区附近；次多中心出现在吉林西部和黑龙江西南(125°E，44.5°N)，即东北平原中部；第三个中心在大兴安岭地区，即大兴安岭北部山脉及其与其相连的额尔古纳河上，另外，还有第四个中心在小兴安岭山脉的背风坡(126°—129°E，51°N)，这个中心已经在中国边境之外。

图 2.1b 为持续 3 h 以上的 α 中尺度对流系统(MαCS)空间分布。从中可以看出，分布特点与图 2.1a 类似，即 MαCS 的分布也存在这 4 个中心。其中，分布最多的中心位于渤海湾附近(东北平原的入口区)，即在大兴安岭山脉南端与燕山相连的下游平原，分布次多的中心位于东北平原中部，即在大兴安岭山脉下游，这两个中心及第四个中心符合以往研究的结论；MCC 最易发生在大山脉下游的平原处，而第三个中心分布在大兴安岭山脉上，这与美国的统计相似，即 MCC 大多出现在密西西比平原和阿巴拉楔亚山脉。近些年的研究也表明，在青藏高原和蒙古高原上也发现有 MCS 新生和发展(马禹 等，1997；陶祖钰 等，1998)，但对大兴安岭山脉 MCS 的研究很少。

图 2.1c 为 β 中尺度对流系统的空间分布。图 2.1c 显示，在东北境内，β 中尺度对流系统在吉林中部出现次数最多，约是其他地区的 2 倍，其次为松嫩平原的齐齐哈尔附近。

图 2.1d 为持续时间超过 6 h 以上的 α 中尺度对流系统(MCC+PECS)分布。图 2.1d 显示，该对流系统出现次数明显减少，主要分布在渤海湾、东北平原中北部、黑河和大兴安岭附近。

2.2.3　持续拉长形和椭圆形中尺度对流系统空间分布

统计 MCS 中持续拉长形(PECS')和椭圆形(MCC')的中尺度对流系统的空间分布(图 2.2)。

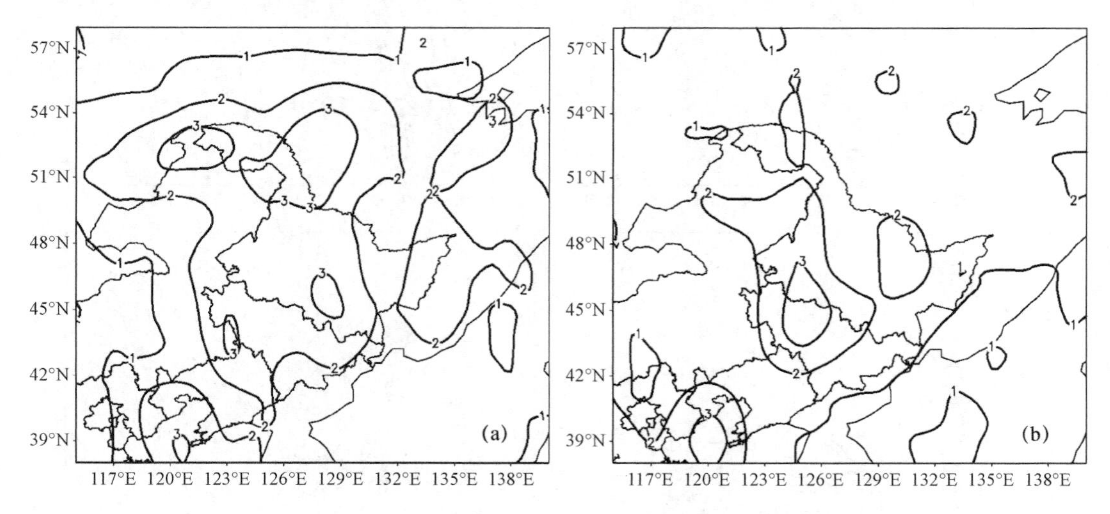

图 2.2　2005—2007 年 6—8 月中尺度对流系统持续拉长形和椭圆形分布

(a)持续拉长形(PECS')，(b)椭圆形(MCC')

从图 2.2a 可以看出，持续拉长形中尺度对流系统分布特点与 MCS 空间分布特点类似，几个中心分别出现在渤海湾、东北平原中部、大兴安岭和黑河及小兴安岭背风坡，即在东北平原及大兴安岭北部山脉都可以出现持续拉长形的 MCS，但大兴安岭山脉出现持续拉长形中尺度对流系统的概率较平原稍多一些。

从图 2.2b 可见，椭圆形 MCS 在渤海湾、吉林西部及黑龙江西南部（即东北平原中部）和伊春（小兴安岭山脉及背风坡）较多，在大兴安岭出现机会较少。

由此可见，椭圆形中尺度对流系统在东北平原出现机会最多，小兴安岭次之，而持续拉长形中尺度对流系统在大兴安岭北部山脉出现机会最多。

为什么东北平原和小兴安岭椭圆形 MCS 较多呢？可能因为东北平原位于大兴安岭山脉的背风坡，符合以往研究的 MCC 产生于大山脉背风坡的结论，小兴安岭地区较多的原因可能是由于平原地区生成的 MCC，当东移到小兴安岭山上时，迎风坡的抬升作用会使 MCC 增强。PECS 型在大兴安岭北部山脉较多的原因，可能与蒙古低涡和贝加尔湖低涡云系在此地出现机会较多有关，与这些系统相配合的云带常常是带状的，其中的强云带也常呈持续拉长形。

上面对三种尺度（MαCS、MβCS、MCC 与 PEC 之和）和两种形态的中尺度对流系统的空间分布进行了分析，其中持续 6 h 以上的 α 中尺度对流系统是把 MCC 与 PECS 放在一起进行了统计。为了对东北地区的 MCC 分布情况有一个认识，把该区域出现的 MCC 单独拿出来做了统计（图 2.3），并分为初生（刚达到 MCC 标准）和成熟时期（面积最大时）。如图 2.3 所示，东北地区也存在一定数量的 MCC，且北部多于南部，黑龙江出现的机会比吉林和辽宁的总和还多。它们主要分布在黑龙江的西南部、大、小兴安岭、吉林和辽宁的交界处和辽宁的西南部。从 MCC 初生空间分布看（图 2.3a），6 月出现最多（空心方框，8 次），其中黑龙江出现 4 次，吉林与辽宁交界处出现 2 次、辽宁西南部 2 次；其次是 7 月（实心圆，5 次），主要出现在大、小兴安岭；8 月最少（空心圆，3 次），分别在辽宁西南、吉林和辽宁的交界处和黑龙江西南各出现 1 次。

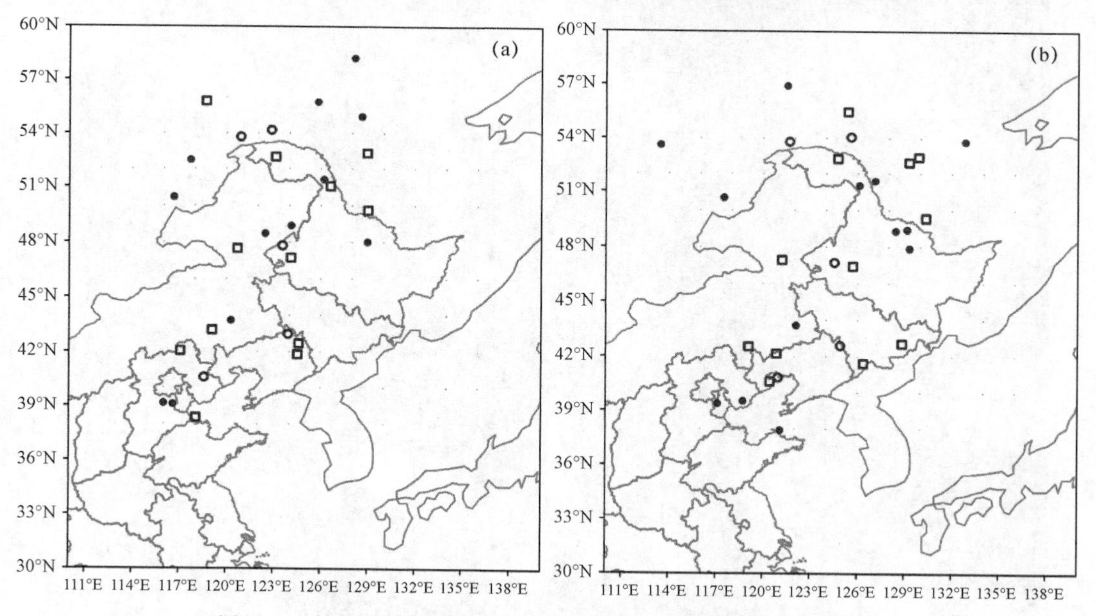

图 2.3　东北及其邻近地区 MCC 初生(a)和成熟时(b)空间分布
（6 月：空心方框，7 月：实心圆，8 月：空心圆）

为了说明椭圆形和持续拉长形 MCS 在红外卫星云图上的表现特征，给出几个图例（图 2.4）。图 2.4a～c，2.4e 是圆形或椭圆形的 MCS，分别生长在东北平原、小兴安岭山脉、东北平原和渤海湾。图 2.4d，2.4f 是持续拉长形，分别生长在大兴安岭山脉和山东及其附近地区。图 2.4a 是 2.4b 的前期阶段，在东北平原生成后东移到小兴安岭时发展加强；图 2.4e 是 2.4f 的初生阶段，图 2.4f 是 2.4e 发展后的最强时刻。图 2.4f 是近几年来最大的 PECS 之一，造成

2007 年山东省大暴雨。从图 2.4e～2.4f 的发展可见，图 2.4e 是椭圆形，产生于冷锋的末端，图 2.4f 是持续拉长形，说明椭圆形和持续拉长形可以互相转变。持续拉长形通常情况下是由多个中(小)尺度云团合并而成的，图 2.4f 就是冷锋末段云系与邻近暖锋东段云系合并而成，往往造成局地短时强暴雨，其可能因为冷锋末端和另一系统的暖锋前端在有利的环境背景下相遇，两个系统的移动方向和路径都不相同，相遇时维持时间一般在 2 h 以内，而局地暴雨就发生在它们相遇时刻，并与这个时刻很短暂有关。以上几次过程都造成暴雨和强对流天气，为近几年过程中之最。

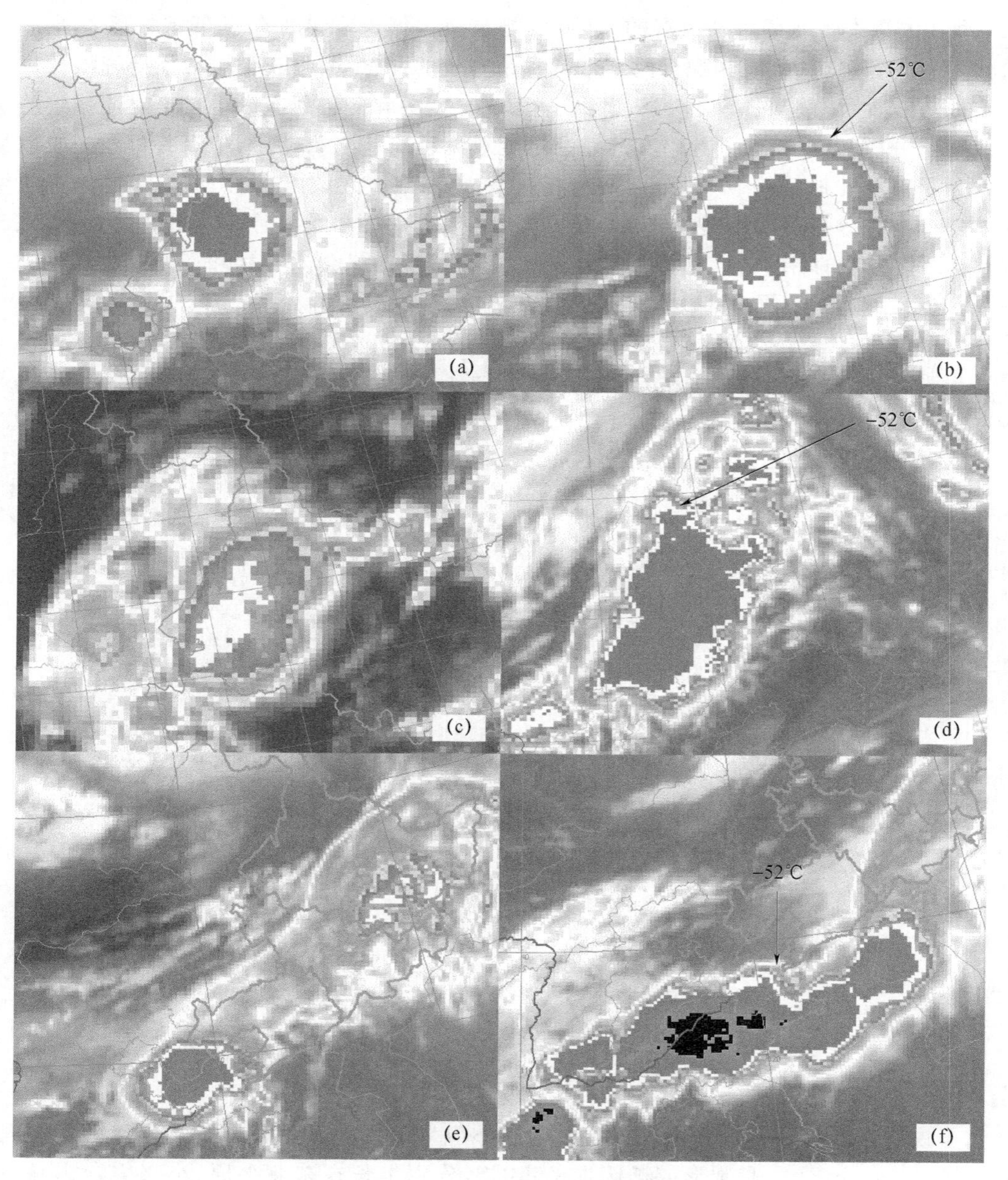

图 2.4　几次典型的持续拉长形和椭圆形 MCS

(a)2005 年 7 月 16 日 22 时东北平原椭圆形 MCS，(b)2005 年 7 月 17 日 03 时小兴安岭山脉椭圆形 MCC，(c)2006 年 8 月 10 日 14 时东北平原椭圆形 MCC，(d)2006 年 6 月 1 日 17 时大兴安岭山脉持续拉长形 MCS，(e)2007 年 7 月 18 日 09:30 渤海湾 MCS，(f)2007 年 7 月 18 日 19:00 时山东附近的持续拉长形 MCS

另外，云顶温度和面积有一定的关系。如满足 3 个纬距的 MCS 在面积上已经满足 Maddox定义的 MCC 的面积，因此在 303 个中尺度对流系统中挑选出长轴满足≥3 个纬距的 MCS，即面积满足 87092 km^2 条件的 MCS 共 73 个，在这 73 个中又有 25 个满足长轴≥4 个纬距的条件，即面积＞154830 km^2 的 MCS(其中比较大的两个如图 2.4b 和 2.4d)。这 73 个较大的 MCS 大部分云顶亮温都在－70 ℃以下，少数在－64 ℃以下，而且面积越大，云顶温度越低。说明中尺度对流系统的尺度越大，云顶温度越低，对流发展越旺盛，强对流天气越强。

2.2.4　中尺度对流系统时间分布特征

东北中尺度对流系统月频次、日变化和生命史有其地域特点。

东北夏季 MCS 每月出现的频次是不一样的，其中 6 月出现机会最多(133 个)，其次为 7 月(102 个)和 8 月(68 个)。但三种尺度的 MCS 出现频次不尽相同。比较 MαCS、MβCS 和 MCC＋PECS 各月频次分布(图 2.5)发现，α 中尺度对流系统遵循上述规律，但 MβCS 出现频次不同于 MCS 出现频率，其峰值出现在 8 月，其次为 7 月，最后是 6 月，但每月的差别不是很明显。

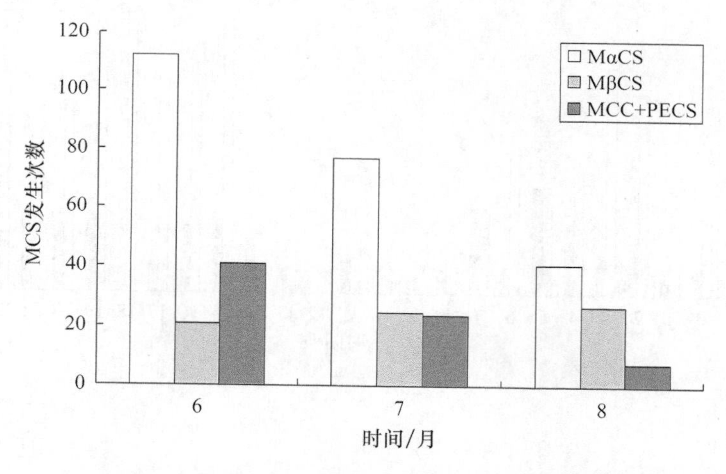

图 2.5　MαCS\MβCS\MCC＋PECS 三年 6—8 月发生次数

这与 Miller 等(1991)1983—1985 年用 GMS 增强红外云图对西太平洋区域的 MCC 的普查结论：中纬度 MCC 发生的峰值在晚春和初夏(5—6 月)比较一致，也与云南(段旭 等，2004)类似，与云南的不同在于：云南的 MβCS 峰值发生在 7 月。

若将 MCS 最初满足中尺度对流系统统计标准的时间定义为初生时间，则 2005—2007 年 MCS 的日变化特征如图 2.6 所示。东北地区的 MCS 具有明显的日变化特征，初生高峰首先出现在午后和夜间(15—22 时)，次高峰发生凌晨(00—07 时)，尤以傍晚前后为高发期。说明东北地区的 MCS 具有明显的夜发性。这一点与对中国 MαCS 的统计结果是一致的(马禹，1997)，与 Cotton 等(1989)从 134 个 MCC 的卫星云图统计分析的，第一次雷暴出现在下午，傍晚发展成有组织的 MCC 也一致，也类似于低纬高原地区的 MCS 日变化特征(段旭 等，2004)。

对 MαCS、MβCS、MCC 和 PECS 4 种对流系统的日变化特征分别做统计分析，结果表明(图 2.7)：其变化趋势基本一致，均以午后或夜间为多。具体表现为 MαCS 呈双峰形，而 MβCS 呈三峰形，傍晚（18 时左右）出现波谷，这一点不同于 MαCS。另外 MαCS 在后半夜 02—03 时出现峰值，而 MβCS 在 05 时左右出现峰值，MαCS 比 MβCS 提前 2～3 h 出现。

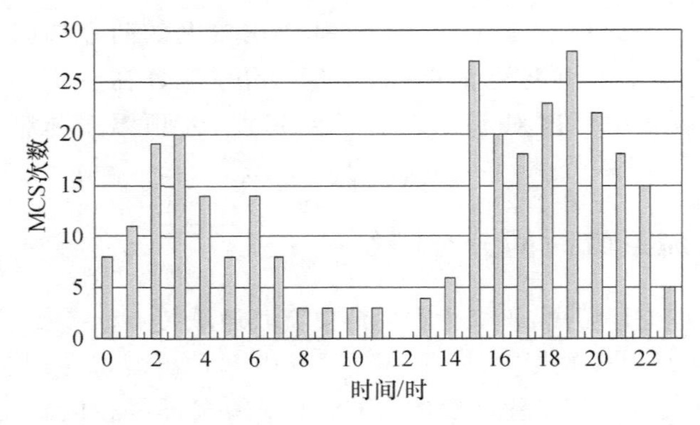

图 2.6　2005—2007 年 6—8 月 MCS 初生时的日变化分布特征

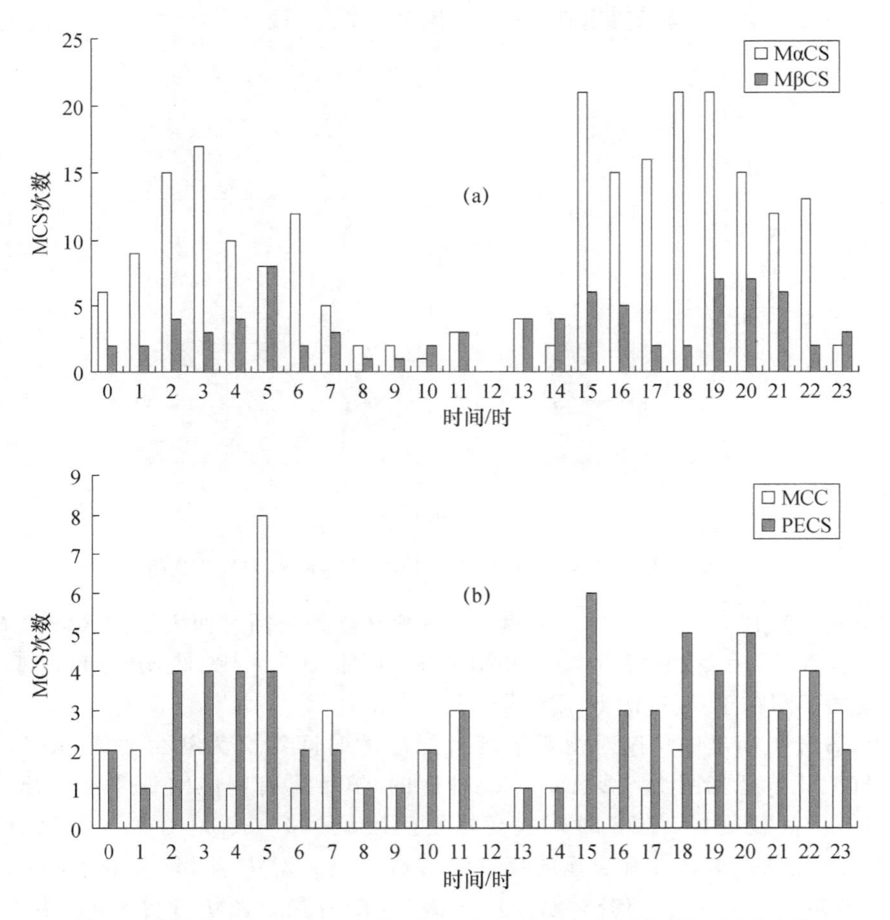

图 2.7　2005—2007 年 6—8 月 MαCS/MβCS(a)，MCC/PECS(b) 日变化

中尺度对流系统都有生命史，若以 MCS 最初满足其判定标准的时间为其发生时间，以其最后满足判定标准的时间为其消亡时间，则这期间的时段可为其生命史。对 MCS 生命史的统计结果显示，MCS 生命史一般为 3～16 h，MCC 生命史一般为 6～8 h，长的可以到 11～

12 h；PECS 生命史 6～16 h，长的可以达到 19～22 h，PECS 的生命史明显高于 MCC 的生命史；MβCS 一般为 3～4 h；MαCS 一般为 3～5 h(图略)。

2.3　东北暴雨与中尺度对流系统

为了比较 MCS 与降水的关系，对 2005—2007 年夏季的 6—8 月 115°—140°E，38°—58°N 范围内 350 个站进行了降水累加，其分布如图 2.8 所示。图 2.8 表明，东北降水符合南多北少的特点，并从东南向西北地区减少，符合气候统计的一般规律。

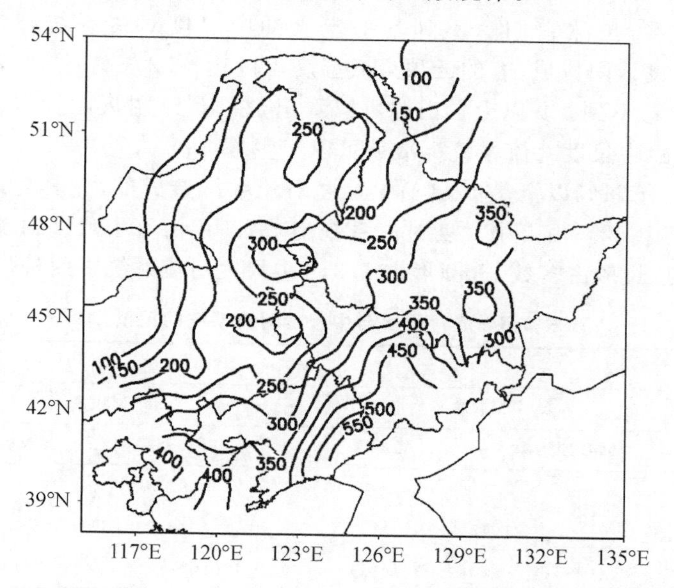

图 2.8　2005—2007 年 6—8 月东北年平均降水分布(单位：mm)

图 2.8 与图 2.1a 比较发现，东北的中西部、大兴安岭北部山脉、和渤海湾附近(东北平原入口区)的 MCS 大值分布区与暴雨大值区相吻合，说明这三个区域降水主要是由 MCS 造成的。另外，东北地区降水最多的地方在吉林的东南和辽宁的东部，这里和 MCS 的分布有些出入，原因是 MCS 的统计是按新生并初始达到最强时刻统计的，一般的 α 中尺度对流系统新生后会向东移动并要维持 3 h 以上，这样会在东移过程中产生较强的降水。因此，东北大部分降水都是由中尺度对流系统产生的。

在上述普查的基础上，对中尺度对流系统与暴雨的关系，尤其成片暴雨与中尺度对流系统的关系进行了统计分析。通过 2005 年到 2007 年 6—8 月，115°—140°E，38°—58°N 范围内 350 个站点进行暴雨(24 h 降水＞50 mm)个例普查，并规定 08—08 时 24 h 内三个相连站(或以上)达到≥50 mm 降水的为成片暴雨；只出现一个站的为单站暴雨；有多站出现暴雨，但不成片的为多站不成片暴雨。普查结果显示，有 49 d 出现成片暴雨，有 41 d 单站暴雨，有 46 d 为多站不成片暴雨。通过逐站逐对流系统对比分析发现，影响单站暴雨和多站不成片暴雨的中尺度对流系统大部分生命史较短，而且发展不是很旺盛，因而，本研究将对 49 d 成片暴雨与中尺度对流系统的关系进行追踪调查。

把中尺度对流系统分为 5 类：MβPECS、MβCC、MαPECS、MαCC 和其他。其他是指不满足前4类条件的云团。统计分析结果显示(表2.4),在49例成片暴雨中,中尺度对流系统(MCS)有35例,占总数的71%,其他有14例,占总数的29%。35例中有21例(占42%)由α中尺度对流系统造成,其中MαPECS有14例,MαCC有7例;有14例(29%)是由β中尺度系统造成的,其中MβPECS、MβCC影响各占7例。从形状上看,在21例α中尺度对流系统中,MαPECS占一半以上(14/21),另一部分为MαCC(7/21),说明持续拉长形α中尺度对流系统占东北暴雨的一半以上,椭圆形的α中尺度对流系统占东北暴雨的1/3;在14例β中尺度系统中,椭圆形和持续拉长形各占一半。

在其他的14例中,从暴雨所处位置看,有10例处于40°N附近,并位于所选取区域的最南方,有3例是位于东北东南部,通常处于副高边缘的水汽通道上,有1例在东北北部;从造成这些暴雨的云团属性看,虽然它们达不到本书定义的中尺度对流系统标准,但大部分是由−30 ℃以下的中尺度云团构成,有的云顶最低温度可以达−52 ℃左右,但范围较小达不到一个纬距以上,时间上达不到3 h以上。由此可以看出,在40°N附近,当水汽条件较好时,中尺度云团不用达到β(α)中尺度对流系统标准就可以产生暴雨。

总之,成片暴雨有71%以上是由α(β)中尺度对流系统造成的,尤其对东北中部和北部地区这个比例更高,其中42%由α中尺度对流系统造成,29%由β中尺度对流系统造成,α中尺度对流系统中持续拉长形占多数,椭圆形占1/3,β中尺度对流系统中两种形状各占一半。

表2.4　成片暴雨与中尺度对流系统的关系

MCS	MCS				其他
Mα/βCS	MαCS		MβCS		
PECS/MCC	MαPECS	MαCC	MβPECS	MβCC	
数目(比例)	35(71%)				14(29%)
数目(比例)	21(42%)		14(29%)		14(29%)
数目(比例)	14(29%)	7(14%)	7(14%)	7(14%)	14(29%)

2.4　东北强暴雨中尺度对流系统主要环流形势

在以上成片暴雨个例所对应的α中尺度对流系统中,挑选出10个范围最大、造成东北最强暴雨的中尺度对流系统,并对这10个强暴雨中尺度对流系统进行环流背景和主要影响系统分析,列表说明如表2.5所示。

由表2.5可见,上面10个中尺度对流系统产生的环流背景,有3例是东北冷涡引发的短波低槽型,有2例是冷槽与副高结合型,有3例是东北冷涡型,还有2例是贝加尔湖低涡和蒙古低涡。从环流型和中尺度对流系统的形状关系上看,东北冷涡引发的短波槽型和冷槽与副高结合型的中尺度对流系统经常是圆形或者是椭圆形,而冷涡产生的中尺度对流系统往往是持续拉长形。但椭圆形和持续拉长形在中尺度对流系统不同的发展阶段可能互相转变。

上面分析的几种环流类型简述如下:

西风带冷槽与副热带高压相结合(冷槽贴副高)型,是指副高比较偏北,副高西北侧的西南气流与西风带冷槽结合容易产生很强的暴雨,如2005年8月12日和15日的个例,其中8月12—14日造成辽宁、吉林大范围暴雨,暴雨强度非常大,造成1995年以来辽河最大的洪水,8

月 15 日黑龙江省哈尔滨地区的洪水也是由多年来最强的一次暴雨造成的。

冷涡型暴雨也是造成东北强暴雨的主要类型之一,包括东北冷涡、蒙古冷涡和贝加尔湖冷涡。冷涡暴雨往往产生在冷涡前与地面冷锋对应的长云带上。

表 2.5　10 个最强暴雨个例与 MCS 的关系

日期	初生时间	移向	面积峰值时间	形状	L/km	消散时间	产生环境
20050715	200507151530	偏东	200507160100	MCC	592	200507160930	东北冷涡与蒙古短波低槽
20050716	200507162200	东	200507170100	MCC	620	200507170800	东北冷涡与蒙古短波低槽
20060810	200608101100	少动	200608101430	MCC	570	200608110430	东北冷涡与蒙古短波低槽
20050815	200508151500	东移	200508151830	MCC	350	200508152130	蒙古冷槽与副高
20050812	200508120930	东北	200508121630	PECS	554		
			200508130430	MCC	491	200508131330	河套冷槽与副高
20070603	2007060319	东北偏北	200706032030	PECS	484		
			200706032330	PECS	814	200706040430	东北冷涡
20070611	200706111500	偏东	200706111800	PECS	920	200706121000	贝加尔湖低涡
			200706120100	MCC	718		
20050707	200507070330	先东	200507072200	PECS	684		
		后东北	200507080400	PECS	899	200507080700	东北冷涡
20060629	2007062900	东北	200606290500	PECS	630	200606290830	蒙古低涡
20070718	200707180730	东移	200707181030	MCC	484	200707181330	东北冷涡
			200707182200	PECS			河套(云贵)低槽与副高

初生时间:第一次满足 α 中尺度定义的时间(−54 ℃面积达到 2 个纬距以上)。

面积峰值时间:面积达到最大的时间(一般 MCS 在发展过程中经历几次面积的变化,第一次达到面积峰值后开始减弱,分裂的云团以某一个为中心再度发展,此处最强时间记录几段发展过程中面积达到最大的时间)。

L:长轴尺度(km)。

消散时间:最后一次满足 α 中尺度定义的时间。

东北冷涡:发生在 115°—145°E,50°—60°N 的冷涡。

东北冷涡引发的短波低槽型暴雨有 3 例,2005 年 7 月 15 日和 16 日发生在东北北部地区,2006 年 8 月 10 日发生在东北中西部,它们都产生强突发暴雨和强对流天气,造成严重的灾害,其中 2005 年 7 月 15 日夜间伊春 1 h 雨量和 2006 年 8 月 10 日泰来等地的 1 h 雨量都达到百年一遇的标准。

以上三种类型是东北强暴雨的主要类型。前两种有比较明显的系统配合,前者副高很偏北且有西风带冷槽配合,后者低涡云系比较明显,而最后一种类型没有明显的天气系统配合,副高的位置又不如冷槽与副高结合型中副高的位置偏北,只有西风带对流层中上层有较弱短波低槽东移,而短波低槽出现很晚,几乎与暴雨同时发生,所以很难提前预报。

通过前面的分析,发现东北强暴雨有三种环流类型,其中东北冷涡引发的短波低槽强暴雨类型是以前没有总结和研究的,并且在东北强暴雨中出现概率较高,而预报业务对其预报能力较低,常常漏报,导致预报失败,而数值预报模式对它的预报能力也有限,因此我们选取最难以预报的东北冷涡引发的短波低槽强暴雨类型作为研究的主要内容。主要针对三个个例:2005 年 7 月 15 日、16 日和 2006 年 8 月 10 日进行研究。在三个个例中,重点研究 2006 年 8 月 10 日的强暴雨过程(以下称“060810”)。因为①“060810”过程与另两次过程具有相同的大尺度背景，且比另外两次过程资料丰富。在这次过程中，泰来等 6 个市(县)暴雨发生在白天，高分辨率的可见光云图、齐齐哈尔和白城两部新一代多普勒天气雷达都观测到了暴雨发生、发展的整个过程，而另外两次过程发生在夜间，无可见光资料，也没有新一代多普勒雷达资料，对进一步研究暴雨中尺度对流系统来说很困难。②从所获得的资料看，“060810”产生的 MCC 在雷达和卫星云图上表现出不同的特征，在卫星云图上椭圆形的冷云盖，在雷达图上为一条向西南延长的飑线。③结构复杂，含有多个雨峰，雨峰强，1 h 降水量(90.8 mm)超过历史极值，中尺度降水区中含有多个 β 中尺度降水峰值，峰值自北向南发展，多个站点 1 h 降水量为百年一遇水平。以上这些说明了“060810”有代表性、百年一遇，且系统结构复杂，无论是在预报业务，还是中尺度理论方面，都具有深入研究的价值。

2.5 小结和讨论

本章利用 2005—2007 年夏季完整的每半小时一次的 FY-2C 红外卫星云图和常规观测资料，对我国东北及周边地区中尺度对流系统时空分布及与暴雨的关系进行了统计分析，得到以下主要结论：

1. 参照以往对中尺度对流系统的定义和根据东北地区实际情况，本研究将东北中尺度对流系统(NEMCS)定义成三种尺度两种形态的中尺度对流系统：在红外云图上，当 TBB≤－52 ℃冷云盖的长轴在 2 个纬距以上，持续时间＞3 h 的为 MαCS，其中偏心率＞0.7 的为椭圆形 α 中尺度对流系统(MαCC)，偏心率为 0.2～0.7 的为 MαPECS；当 TBB≤－52 ℃冷云盖的长轴在 1～2 个纬距之内，持续时间＞3 h 的为 MβMCS，其中偏心率＞0.7 的为椭圆形 MβCC，偏心率为 0.2～0.7 的称为 MβPECS；当 MαCC 持续时间达到 6 h 以上时，就达到了 Maddox(1980)定义的 MCC 的标准；当 MαPECS 持续时间达到 6 h 以上时，就达到了 Jirak 等(2003)定义的 PECS 标准。

2. 在归纳分析的基础上，得出东北中尺度对流系统特点为：

(1)东北地区 α 中尺度和 β 中尺度对流系统频次分布不同，α 中尺度对流系统明显多于 β 中尺度系统，占东北中尺度对流系统总数的 76%，β 中尺度系统占 24%。α 中尺度对流系统中有 36.5%可以发展为 MCC 或 PECS，其中有 34.5%可以发展为 MCC。所以 MCC 在东北出现的次数比较少，维持的时间也比较短，主要出现在大、小兴安岭、黑龙江西南、吉林和辽宁的交界处和辽宁的西南部。6 月出现最多(8 次)，其次是 7 月(5 次)，8 月最少(3 次)，对黑龙江而言，7 月最多(5 次)。可见 MCC 北部多于南部，出现频次与地理位置有关。MCC 生命史一般维持 6～8 h，长的可达 11～12 h。

(2)东北中尺度对流系统空间分布有地域性特征，α 中尺度对流系统主要分布在渤海湾附近(东北平原的入口区)，东北中西部(东北平原中部)和大兴安岭北部山脉，虽然 α 中尺度对流系统以持续拉长形居多，但东北平原中部多发椭圆形中尺度对流系统，β 中尺度对流系统多出现在吉林中部，以椭圆形居多。

(3)东北中尺度对流系统有明显季节性变化，其季节分布特征为 6 月最多，7 月次之，8 月最少；但 β 中尺度以 8 月出现最多，7 月次之，6 月最少，各月差别不是很大；日变化特征有双峰结构，傍晚到夜间(15—22 时)，其次为凌晨(00—07 时)，这与中国其他地区统计的结果基本一致。

3. 东北暴雨与东北中尺度对流系统之间有着密切的对应关系，彼此的关系描述如下：

(1)东北地区降水特点为南多北少，并从东南向西北减少。对东北地区成片暴雨[邻近3个市(县)24 h降水量≥50 mm以上为成片暴雨]与中尺度对流系统的统计关系表明，成片暴雨与中尺度对流系统的多发区有很好的对应关系，71%以上的暴雨都是由α(β)中尺度对流系统引发的，其中有42%由α中尺度对流系统造成，29%由β中尺度对流系统造成，东北地区越向北，中尺度对流系统造成暴雨的比例越高。

(2)东北10个最强中尺度对流系统环流背景分析表明，东北强暴雨主要有三种环流类型，副热带高压与西风带冷槽相结合型、低涡型(蒙古低涡、贝加尔湖低涡和东北冷涡)和东北冷涡引发的短波低槽型。10个强暴雨中有60%以上都与MCC有关。东北冷涡引发的短波低槽型强暴雨是东北强暴雨的主要类型之一，该类型影响系统不明显，三次过程都伴有MCC的强烈发展，突发性强、预报能力弱，对它的研究很少。

本书中对东北暴雨的研究，是以中尺度对流系统的统计分析为切入点，从中发现了东北强暴雨的研究重点、难点和急需解决的关键性问题。通过本章分析可以看出，中尺度对流系统与东北突发强暴雨关系密切，它的初生、发展和移动给东北带来严重洪涝等灾害。上述结果表明，东北强暴雨的研究的重点可以归结到对中尺度对流系统的研究。应该将中尺度对流系统和天气形势结合起来进行分类研究，这样才能把握天气系统的发展脉搏，抓住中尺度系统可能发生的环境和特征。在此基础上，密切关注卫星、雷达的信息，从而及时发现在有利的环境背景中有利于中小尺度发展的迹象和可能性，才能不失时机地进行预报。

第3章 东北冷涡引发的短波低槽型暴雨大尺度环流背景

在统计东北近年最强的10个MCS与东北强暴雨关系时发现，有3例属于东北冷涡引发的短波低槽型，且都伴随着MCC强烈发展。而东北冷涡引发的短波低槽型暴雨无论是预报业务还是数值模式预报，其预报能力都是有限的。

本章利用常规观测资料、FY-2C卫星云图资料、6 h间隔的NCEP 1×1格点资料，通过天气学分析、对比归纳分析等方法，分析三次(2005年7月15日、2005年7月16日、2006年8月10日)东北冷涡引发的短波低槽型暴雨的中尺度对流系统发生发展过程、大尺度环流背景，总结它们的共同特征和差异，建立天气学概念模型。

3.1 三次暴雨过程实况

2005年7月15日傍晚到夜间和2005年7月16日傍晚到夜间，东北地区北部连续两天出现MCC，遭受强烈龙卷风、暴雨或大暴雨、雷暴、冰雹等灾害性天气袭击，发生了桥涵冲毁、房屋倒塌、农田被淹等灾害，造成巨大的经济损失，为黑龙江省历年罕见。内蒙古扎兰屯市(15日17时)、黑龙江五大连池市(15日22—23时)、甘南县(16日21:50)和讷河市(16日23:01—23:05)先后出现龙卷风；黑龙江中北部连续两夜出现短时暴雨和大暴雨，其中黑龙江伊春测站16日凌晨00:30—04:37近4 h降雨量达112 mm，其中最大1 h雨量54.4 mm(16日02—03时)，连续两小时雨量90.2 mm(16日01—03时)；16日21:30到17日06时，黑河、伊春等地出现局地冰雹和短时暴雨，五营56.7 mm，九三农场65.2 mm，北安52.5 mm，其中九三农场最大1 h雨量为35.1 mm，连续两小时55.9 mm(16日22时—17日00时)。

2006年8月10日10—20时，东北中西部有6个市县(龙江、齐齐哈尔、泰来、杜蒙、镇赉和洮南)出现暴雨和大暴雨，其中有三个市(县)遭遇百年一遇短时强暴雨袭击，同时伴有雷暴大风、冰雹、飑线和龙卷。如泰来6个乡镇暴雨，泰来最强1 h雨量90.8 mm(2006年8月10日13—14时)，观测有飑线出现。龙江观测到有冰雹，个别地方有龙卷。暴雨出现的地方同时伴有18～23 $m \cdot s^{-1}$的极大风速，致使暴雨地区部分铁路被冲毁，大树被连根拔起，造成城市严重内涝等严重灾害。

3.2　三次暴雨过程大尺度环流背景分析

3.2.1　2006 年“8 · 10”暴雨过程分析

(1)MCC 简介

2006 年 8 月 10 日的 MCC 发生、发展演变过程如图 3.1 所示(FY-2C 云图采用 MICAPS3 版红外云图第二个调色板显示，只显示大于等于 55 灰度的云图，相当于低于 255 K 的云，本章后面云图和叠加的云图说明相同，不再赘述)，08 时有一个 γ 中尺度对流系统初生在黑龙江省齐齐哈尔附近(图 3.1a)；10:30 发展为 β 中尺度对流系统(图 3.1b)；12 时发展为椭圆形的 MCC(图 3.1c)；12—20 时为发展最强阶段(图 3.1d—3.1g)，该阶段 MCC 面积迅速扩大的同时向西南方向扩展，影响齐齐哈尔、杜尔伯特、泰来、镇赉和洮南。20 时后 MCC 开始减弱东移，移出暴雨区(图 3.1h、3.1i)。11 日 03 时以后不满足 MCC 定义，开始消散(图略)。由此，把 10 日 08 时到 12 时定为初生阶段，10 日 12—20 时为成熟阶段，10 日 20 时到 11 日 03 时为减弱阶段，11 日 03 时以后为消散阶段。初生阶段以东移为主，成熟阶段主要向西南方向传播，减弱和消散阶段系统向东南移动。MCC 从 2006 年 8 月 10 日 12 时到 11 日 03 时维持 15 h。

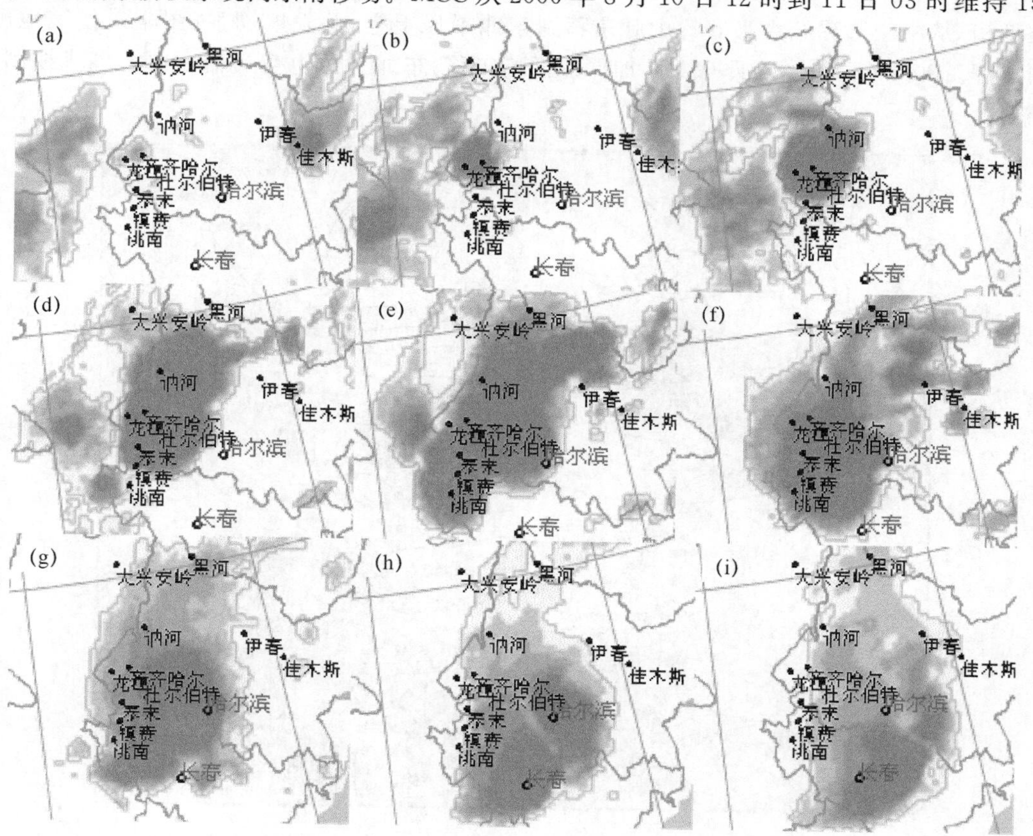

图 3.1　2006 年 8 月 10 日 MCC 发展演变过程

(a)08 时，(b)10 时，(c)12 时，(d)14 时，(e)16 时，(f)18 时，(g)20 时，(h)22:30，(i)24 时

为了分析 MCC 各阶段的环流背景，根据 MCC 各个阶段出现的时间选择相应时刻的高空和地面天气图如下：MCC 产生前期选择 2006 年 8 月 9 日 20 时；MCC 初生阶段（10 日 08—12 时），选择 10 日 08 时高空、地面天气图；MCC 成熟阶段（10 日 12—20 时），选择 10 日 20 时高空天气图，这期间 10 日 13—14 时和 16—18 时发展最强，中间的一个时次选择 NCEP 资料 10 日 06 UTC（北京时为 14 时）高空天气图；消散阶段（11 日 03 时以后）对应 11 日 08 时高空天气图。下面从这几个时次的高空和地面天气图分析 MCC 初生、成熟和消散阶段的环流背景。

（2）MCC 发生发展的大尺度环流背景

500 hPa 中高纬地区，8 月初，乌拉尔山（60°E，60°N）附近有一极锋低涡旋转少动，并不断有弱冷空气沿着中高纬平直西风环流向东移动，移到东北地区北部（120°—130°E，60°N）不断有低槽或低涡形成。8 日 20 时到 9 日 08 时，大兴安岭以北 60°N 附近有一个东北低涡（北涡）生成，随着低涡的旋转，底部的槽线扫过东北中北部地区，给该地区带来一次降水过程。之后，西风带（50°N 附近）变得比较平直（图略）。8 月 10 日 08 时（图 3.2），乌拉尔山低涡东移到西伯利亚平原（90°E，60°N 附近），同时又有一股冷空气南下，使乌山低槽加深。乌山低槽前的暖平流使贝加尔湖附近的高压脊加强。加强的高压脊引导北涡西北部冷空气南下进入北涡底部，促使北涡再度加强，同时在 45°—50°N 中蒙边界附近出现短波低槽。在黑龙江东部（132°E，45°—50°N）还有前一次过程存留的低槽。8 月 10 日 20 时，在 45°—50°N 中蒙边界附近的短波低槽，从中蒙边界经大兴安岭山脉东移到东北平原上空，并发展加强（图略），使该地出现暴雨过程。2006 年 8 月 11 日 08 时，加深的低槽东移，东北平原上空为槽后西北气流控制，降水结束。

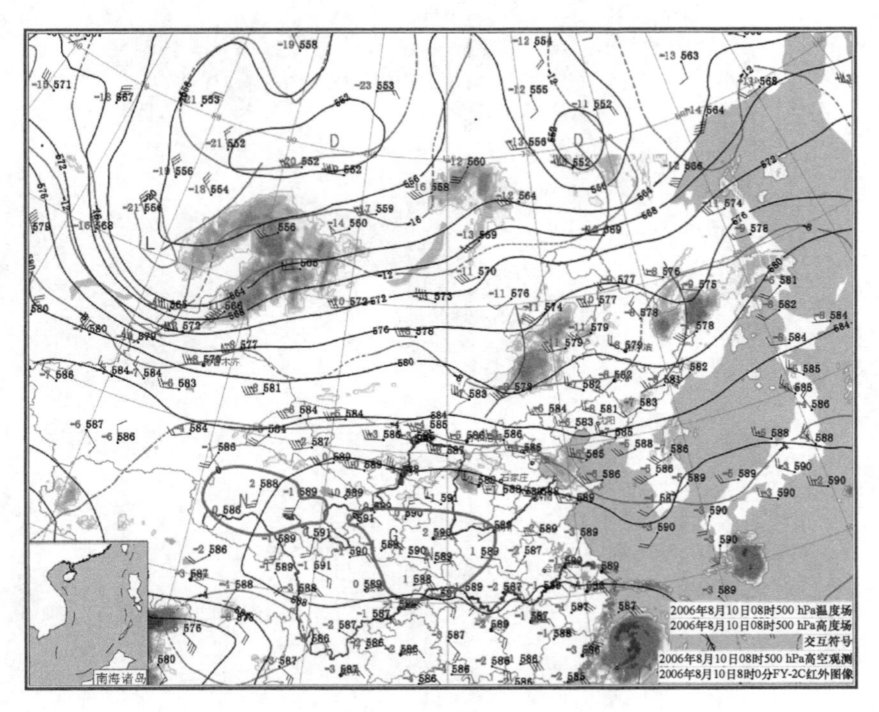

图 3.2　2006 年 8 月 10 日 08 时 500 hPa 分析和 FY-2C 卫星红外云图

［黑色实线为等高线（单位：dagpm，间隔 4 dagpm），虚线为等温度线（单位：℃，间隔 4 ℃），粗实线为槽线］

500 hPa 中纬度地区，8 月 9 日 20 时和 10 日 20 时，副热带高压有两次明显的西进过程，并与青藏高压相连，使陆地上副高脊线维持在 35°N 附近。10 日 08 时到 11 日 20 时，副高因为其南部台风“桑美”的托举作用，一直维持少动。

从以上 500 hPa 的环流形势演变看，直接影响系统是东北冷涡南部的短波低槽，该低槽形成的较晚，10 日 08 时出现，与暴雨发生几乎同时(龙江 10—11 时出现暴雨)。

对流层高层 200 hPa 环流，青藏高原北部高压及其北部高空急流 8 月 9 日持续向东推移，并出现分支现象，一支向东南，一支向东北，到 10 日 08 时青藏高原北部高压已经东移到青藏高原的东北部中蒙边界附近，高压北部的高空急流向东南的一支呈反气旋弯曲(南支急流)，向东北的一支急流呈西南—东北向，且中心位于(140°E，50°—57°N)附近(北支急流)。在南支急流的东北侧和北支急流的入口区之间是 MCC 初生区域或成熟区域(大方框是成熟区域，小方框是初生区)(图 3.3)。

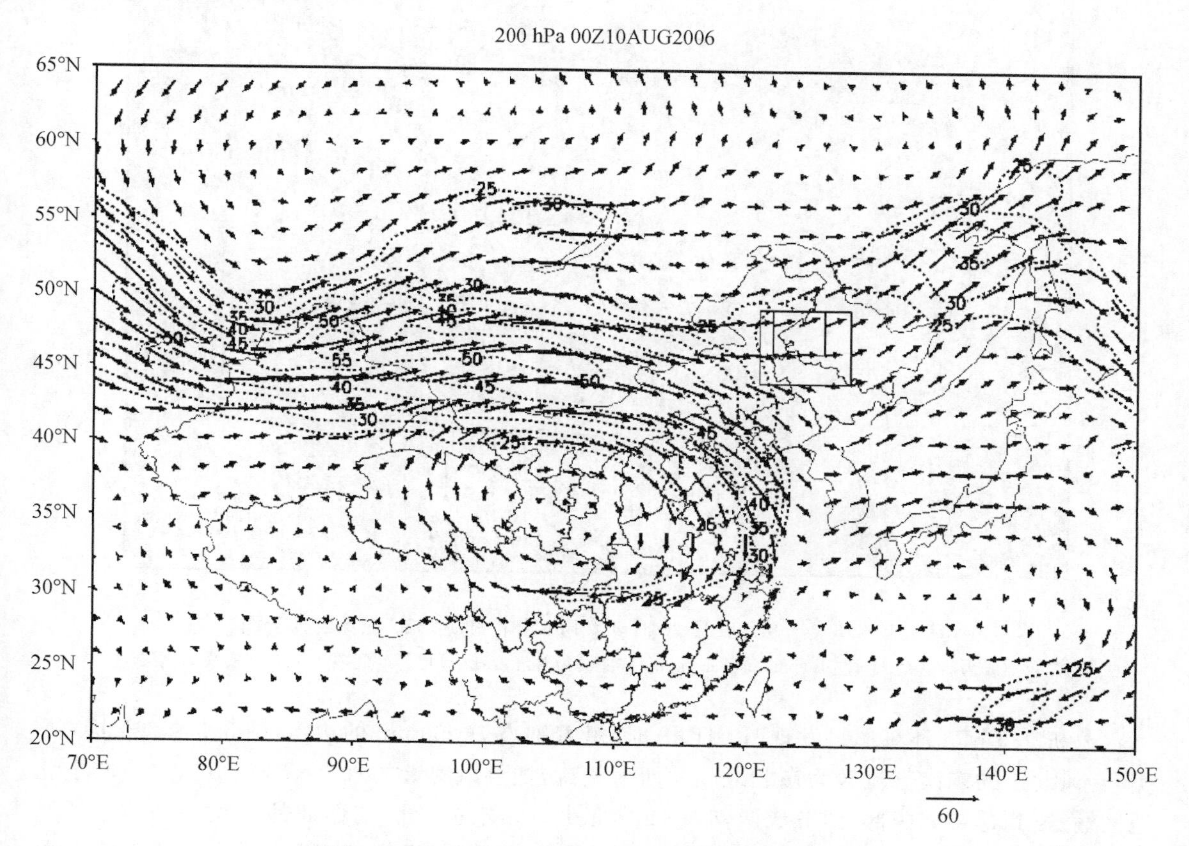

图 3.3　2006 年 8 月 10 日 08 时 200 hPa 高空急流分析

[虚线为等风速线(单位：m/s，间隔 5 m/s)，箭头为风矢量]

分析 200 hPa 的环流形势可知，南支高空急流加强与乌拉尔山低涡和青藏高原北部高压加强有关，它们之间的气压梯度力使南支高空急流加强；北支急流出现和加强与副热带高压脊和东北冷涡加强有关。10 日 14—20 时，两支急流都在加强，同时暴雨也加强(图略)。11 日 08 时南支高空急流东移进入暴雨区，暴雨区为一致的西北气流控制，暴雨结束(图略)。

分析 500 hPa 以下对流层中下层的环流形势可见(图 3.4)，9 日 20 时，850 hPa 等压面上，青藏高原上空为暖空气团控制，出现 32 ℃暖中心，成为热源。暖温度脊东伸，覆盖青藏高原北部中蒙边界附近及东北西部，其 20 ℃线前端覆盖暴雨区。这团暖空气相对湿度较小，为干暖气团。此时刻中蒙边界没有出现短波低槽，而是在副高西侧边缘有 6～8 m/s 的东南转西南风向东北平原输送暖湿空气，但这支气流没有达到低空急流的标准。在 500 hPa 出现的短波低槽，在 10 日 08 时 700 hPa 没有出现，但有冷温度槽出现，直到 10 日 20 时才在暴雨区出现低槽，与 500 hPa 一致（图略）。

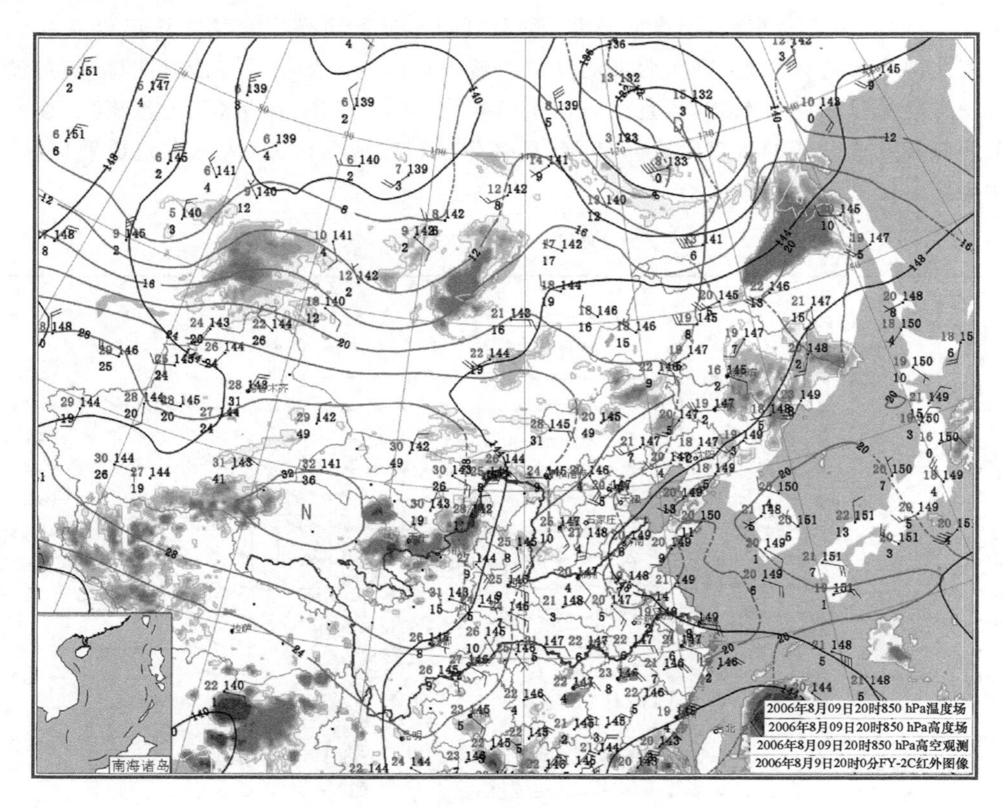

图 3.4　2006 年 8 月 9 日 20 时 850 hPa 分析和 FY-2C 卫星红外云图

［黑色实线为等高线（单位：dagpm，间隔 4 dagpm），虚线为等温度线（单位：℃，间隔 4 ℃），粗实线为槽线）］

分析 925 hPa 环流形势发现，10 日 08 时，沿着副高 76 dagpm 的边缘（图 3.5 实线），从“桑美”台风北部的东南气流转为东北地区的西南气流，把台风附近的水汽（$T-T_d<3$ ℃）向东北地区输送，到达吉林中部后，分成两支，一支向东北，一支向西北，向西北的一支正好输送到暴雨区（图 3.5 方框内），与其北部温度露点差中心大于 18 ℃的干空气团形成狭长的干湿锋区带（露点锋）。露点锋与暴雨区有较好的对应关系，露点锋可能是对流性暴雨发生的原因之一。10 日 20 时偏南气流进一步加强出现低空急流，但暴雨区内对流性降水过程已经结束，11 日 08 时，偏南暖湿气流东移偏离暴雨区，降水结束。

在地面天气图上（图 3.6），10 日 08 时，未来的暴雨区（阴影区）处于两个高压之间，没有出现以往的低压系统或倒槽影响。东南部高压为副高区域，西北部高压为一个中尺度高压，是由 10 日 02 时从贝加尔湖东部移来的。在西北部中尺度高压南侧有东移的蒙古云团和弱的降水区出现。

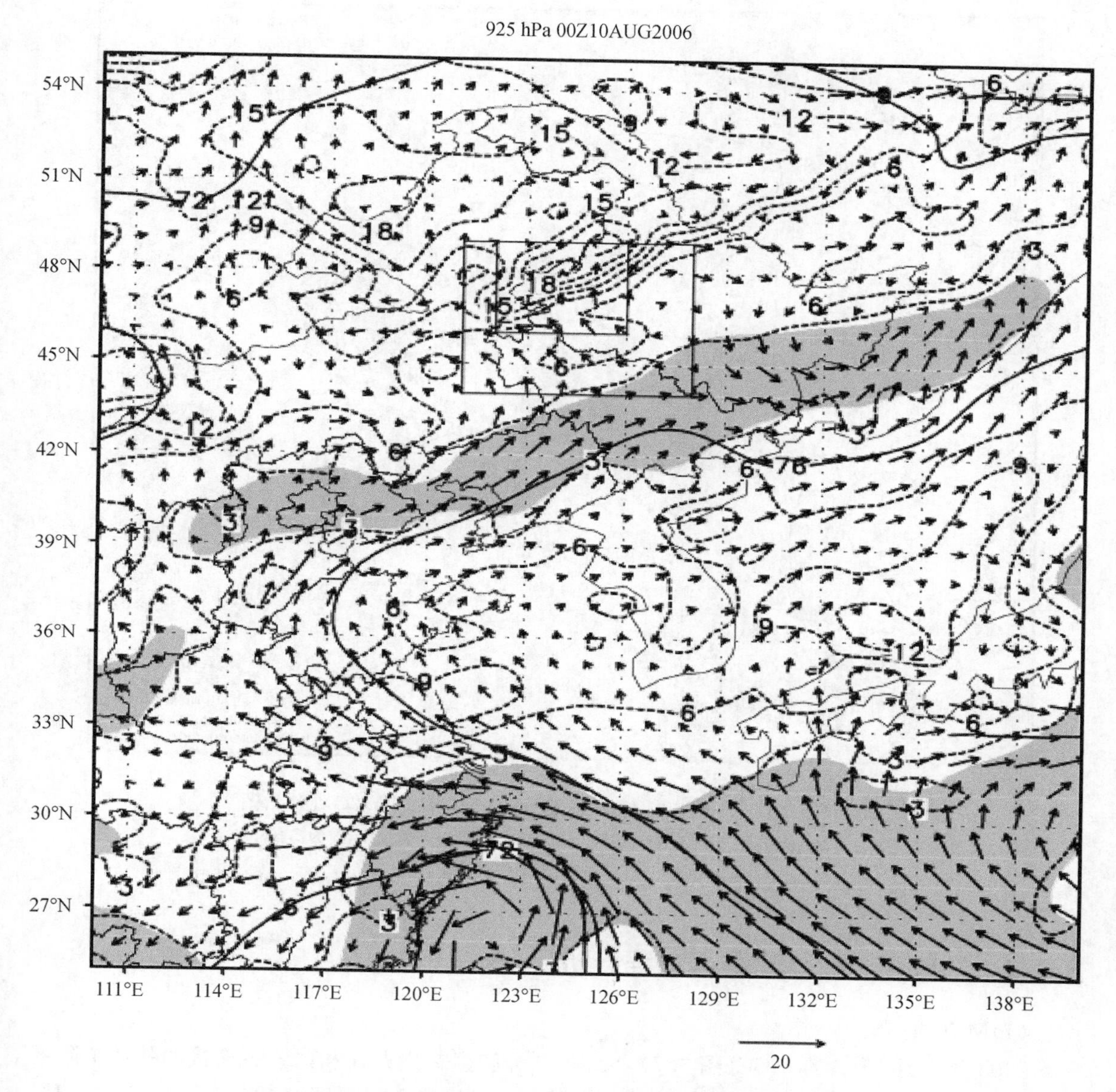

图 3.5　2006 年 8 月 10 日 08 时 925 hPa 分析

[实线为等高线，虚线为温度露点差(单位:℃,间隔 3 ℃),阴影:$T-T_d \leqslant 3$ ℃,
箭头为风矢量,方框:内框为暴雨产生区,外框为暴雨成熟区]

从上面分析可见,2006 年 8 月 10 日的暴雨过程,在暴雨发生前 2～8 h 500 hPa 上是在北涡南部弱短波低槽东移加强过程中出现的;对流层高层 200 hPa 有双急流发展,暴雨区位于南支高空急流东北侧和北支急流之间的辐散区;850 hPa 等压面上,暴雨发生 24 h 之前,青藏高原北部中蒙边界附近暖温度脊东伸覆盖暴雨区;对流层中低层尤其 925 hPa 沿着副高边缘有明显的来自台风北部的东南转西南气流水汽输送(但不构成低空急流),同时暴雨区北部有来自东北冷涡的干舌前端影响;地面为高压区控制。这种形势与以往总结的暴雨环流形势有很大不同。

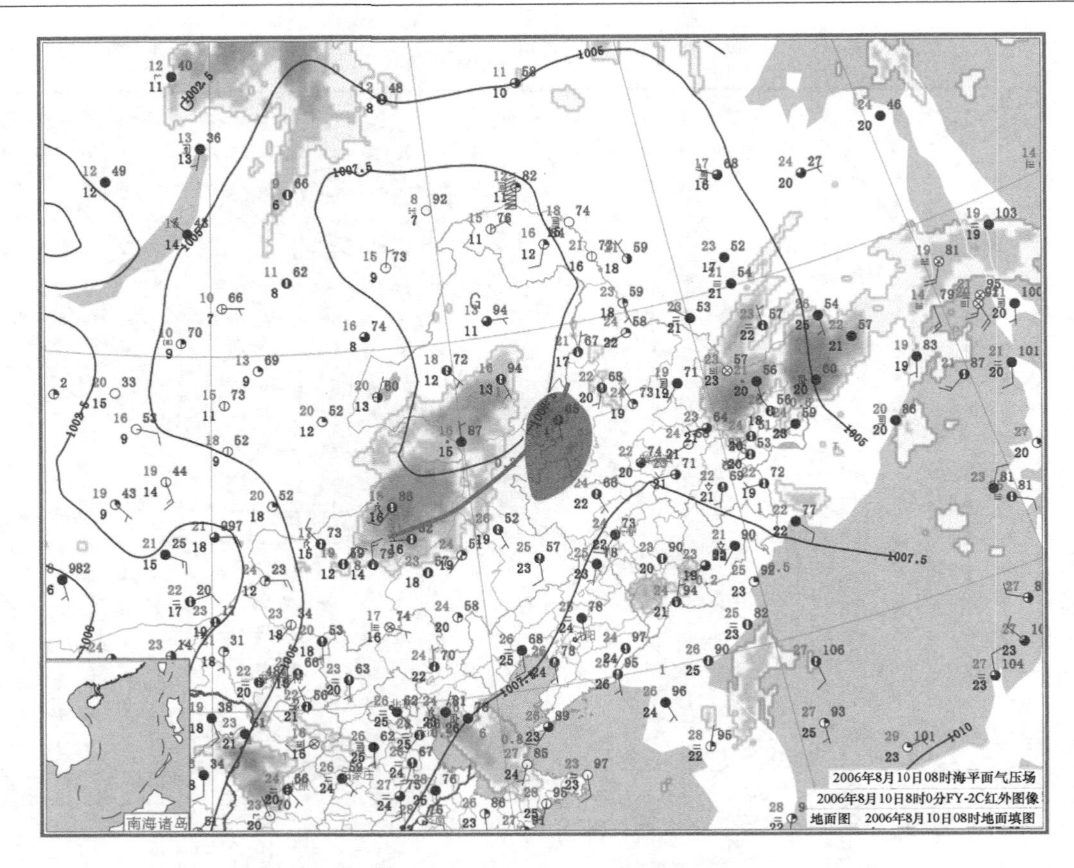

图 3.6　2006 年 8 月 10 日 08 时地面天气分析和 FY-2C 红外云图

[黑色实线为等压线(单位:hPa,间隔 1 hPa),粗实线为风切变线,G 为高压中心,D 为低压中心,阴影为未来的暴雨区)]

3.2.2　2005 年“7 · 15”暴雨过程分析

(1)MCC 简介

2005 年 7 月 15 日的 MCC(图 3.7),14 时 30 分初生在黑龙江和内蒙古交接的扎兰屯附近(图 3.7a),此时已达到 β 中尺度;16 时以后发展为近椭圆形 MCC(图 3.7b);15 日 17—23 时,MCC 东移发展加强,面积不断扩大(图 3.7c、3.7d、3.7e);7 月 16 日 01 时对流中心移至伊春上空,云团边界最清晰(图 3.7f);16 日 03 时在伊春和佳木斯之间的对流发展最旺盛(图 3.7g),03:30 云顶温度达最低为−76 ℃;7 月 16 日 05 时云团略有东移,对流发展仍很旺盛(图 3.7h);7 月 16 日 07 时云团东移面积逐渐缩小,对流发展略有减弱(图 3.7i);16 日 09:30 以后云团消散,消散时已经移到黑龙江省境外。所以,15 日 14—16 时为 MCC 初生阶段,15 日 16 时到 16 日 05 时为成熟阶段,16 日 05—09 时为减弱阶段,09 时以后为消散阶段。该 MCC 主要以东移为主,在小兴安岭山脉发展最强,造成伊春等地的局地强暴雨和强对流天气。伊春 16 日 00:30—04:37 近 4 h 降雨量达 112 mm,其中最大 1 h 雨量 54.4 mm(16 日 02—03 时),连续两小时雨量 90.2 mm(16 日 01—03 时)。MCC 从 15 日 16 时到 16 日 09 时一共维持 17 h。

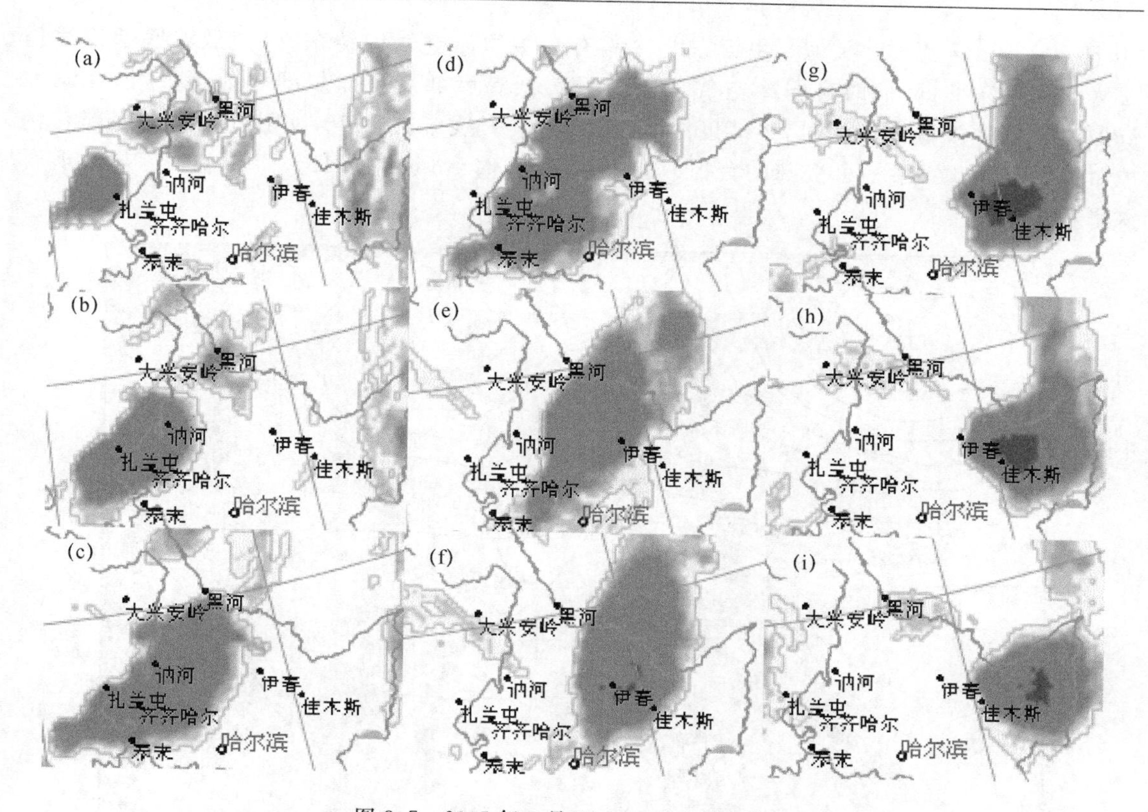

图 3.7　2005 年 7 月 15—16 日 MCC 分析

(a)15 时,(b)17 时,(c)19 时,(d)21 时,(e)23 时,(f)16 日 01 时,(g)03 时,(h)05 时,(i)07 时

为了分析 MCC 各阶段的环流背景，根据 MCC 各个阶段出现的时间选择相应时刻的高空和地面天气图：MCC 产生前期选择 15 日 08 时高空天气图；MCC 初生和发展阶段(15 日 14—16 时)没有对应的高空图，参照 15 日 08 时高空天气图；MCC 成熟阶段(15 日 16 时—16 日 05 时)，选择 15 日 20 时高空天气图。MCC 消散阶段(05—09 时)选择 16 日 08 时高空天气图。下面从这几个时次的高空天气图和相近时间地面天气图分析 MCC 初生阶段、成熟阶段和消散阶段的环流背景。

(2)大尺度环流背景

15 日 08 时之前，500 hPa 环流经历过一次调整过程。11 日 08 时欧亚区域高度场环流呈“Ω”型分布，蒙古高原为暖高压脊控制，其左侧依次低槽、西风带平直气流和位于西西伯利亚平原的乌拉尔山低涡(中心为 80°E,60°N)；蒙古高原暖高压脊右侧从东北平原到华北平原为槽区，槽线东南为副热带高压。11 日 08 时到 12 日 20 时这种形势一直维持。到 13 日 08 时以后“Ω”型东移，14 日 08 时蒙古高原的暖高压脊移到鄂霍次克海，蒙古高原成为低槽，并且冷温度槽落后于气压槽，构成气压场和温度场斜压结构，低槽西侧贝加尔湖附近为弱高压脊，同时乌拉尔山东部为低槽，这样构成两槽两脊形势。两槽两脊的环流形势进一步东移，14 日 20 时蒙古低槽进入东北地区，造成 14 日傍晚到夜间东北地区中部从北至南一条线上大雨和暴雨。然后环流形势经过一次调整。

15 日 08 时 500 hPa(图 3.8)，环流调整之后，欧亚大陆中高纬(40°—60°N)呈两槽(涡)一脊分布，贝加尔湖附近是暖高脊，两侧分别为乌拉尔山东侧低涡和东北冷涡，与 2006 年 8 月

10 日 500 hPa 环流形势类似。由于东北冷涡有一主体冷空气旋转东移，使低涡底部槽线位于大兴安岭东北部，同时有弱冷空气不断地沿着低涡后部及贝加尔湖脊前部下滑，在蒙古高原形成弱短波低槽。此时，中纬度的副高西伸，其脊线维持在 30°N 附近。副高南部有台风“海棠”(2005 年第一个登陆的台风)向西移动，08 时台风中心(136.7°E，18.6°N)位于西太平洋洋面。

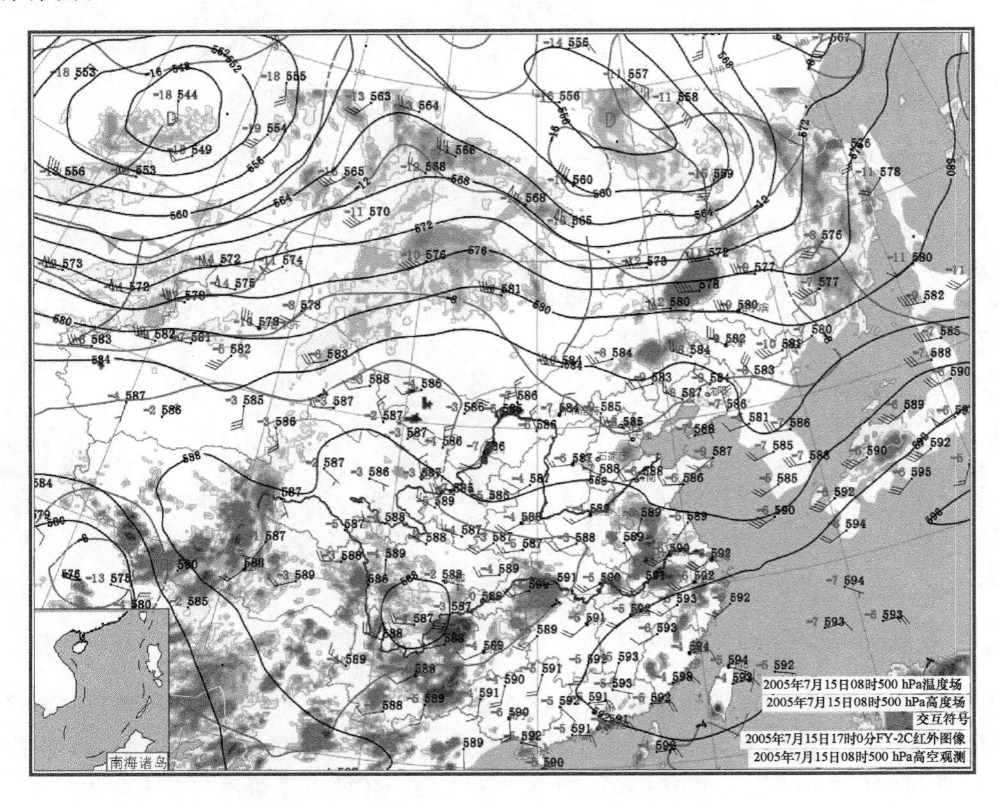

图 3.8　2005 年 7 月 15 日 08 时 500 hPa 分析和 FY-2C 卫星红外云图(15 日 17 时)
[黑色实线为等高线(单位：dagpm，间隔 4 dagpm)，虚线为等温度线(单位：℃，间隔 4 ℃)，粗实线为槽线]

15 日 20 时系统整体缓慢东移，欧亚大陆两槽一脊的环流形势依然存在。蒙古低槽东移到东北地区，但没有明显的加深(或许没有看到加深的时刻)。16 日 08 时短波低槽继续东移，东北冷涡也缓慢东移并位于东北北部 60°N 附近，大兴安岭和蒙古高原为弱脊控制，乌拉尔山低涡依然存在。暴雨发生在 15 日 20 时到 16 日 08 时之间短波低槽东移过程中。

15 日 08 时 200 hPa 环流形势与 2006 年 8 月 10 日 08 时也非常相似，只是高空急流已经北抬到蒙古高原 50°N 附近(图 3.9)，急流轴比较偏北。除了这只高空急流外，东北东北部的北支急流与 2006 年 8 月 10 日 08 时类似。在这两支急流之间是 MCC 的初生区域(小方框)。15 日 20 时高空急流的这种配置依然存在，两支急流之间对应 MCC 成熟区(大方框)。16 日 08 时 MCC 成熟区双急流这种配置不复存在。

15 日 08 时 850 hPa(图 3.10)，来自青藏高原北部中蒙边界附近的暖温度脊向东北延伸，东北地区位于 20 ℃脊前端。15 日 20 时温度脊减弱 ，温度降低。

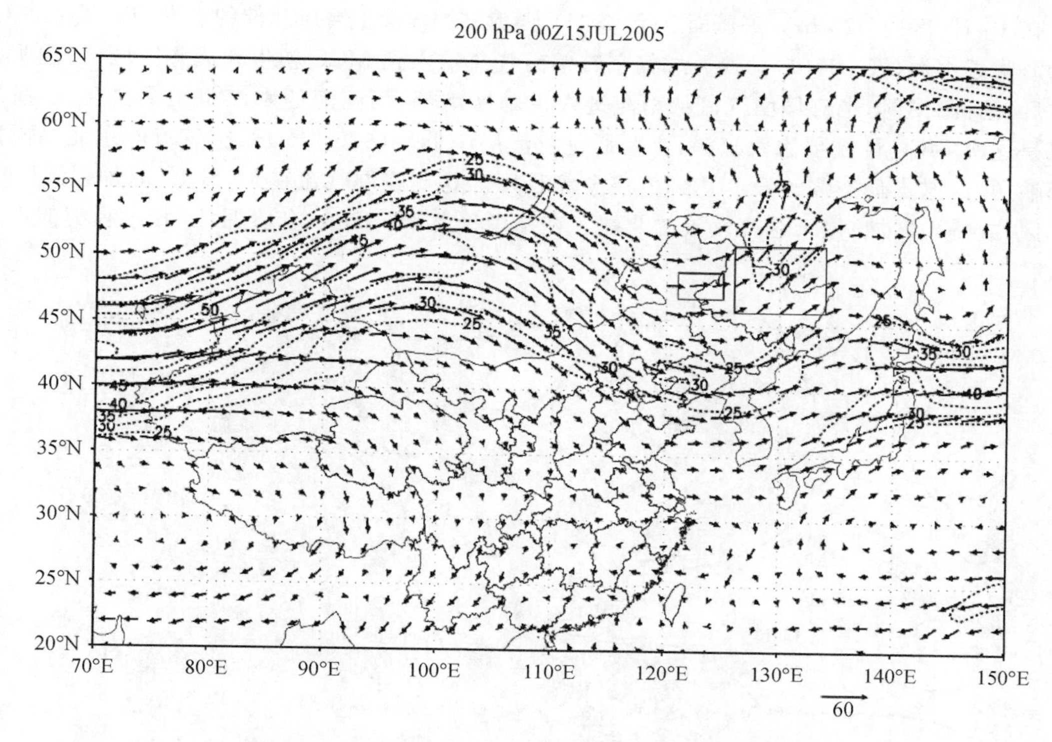

图 3.9　2005 年 7 月 15 日 08 时 200 hPa 高空急流分析

[虚线为等风速线(单位:m/s,间隔 5 m/s),箭头为风矢量]

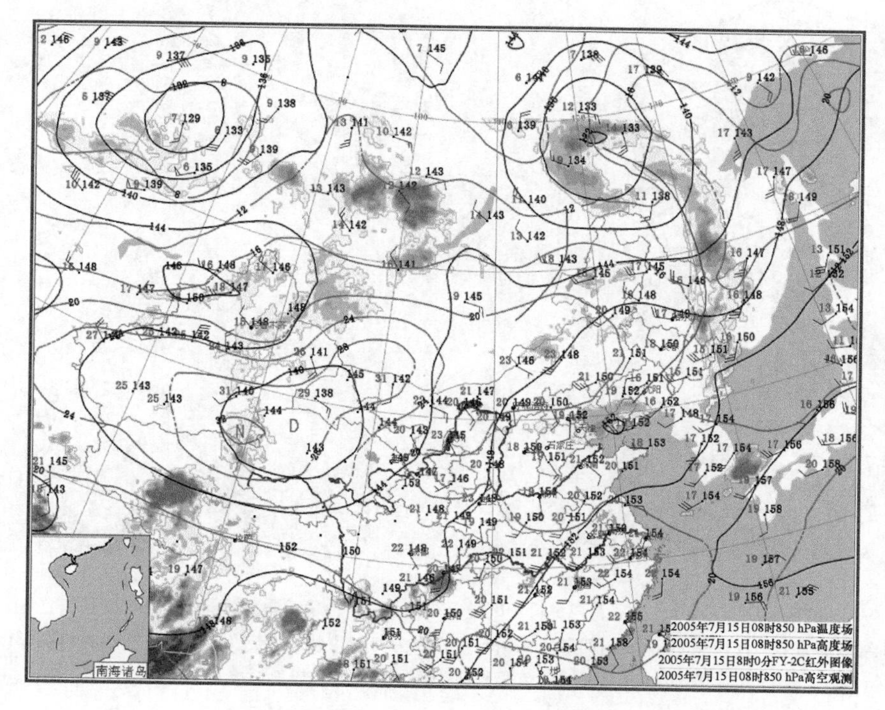

图 3.10　2005 年 7 月 15 日 08 时 850 hPa 分析和 FY-2C 卫星红外云图

[黑色实线为等高线(单位:dagpm,间隔 4 dagpm),虚线为等温度线(单位:℃,间隔 4 ℃),粗实线为槽线]

在 15 日 08 时 925 hPa 等压面上(图 3.11),西太平洋洋面上台风北部的水汽($T-T_d<3$ ℃)和渤海附近水汽($T-T_d<3$ ℃)通过偏东转偏南气流输入到 MCC 初生和成熟区域(标注阴影雷暴区)南部,同时,也有偏南气流从南海进入雷暴区南部,而南海的水汽也是来自台风,所以台风是这次 MCC 的主要水汽来源,主要通过对流层中低层(925 hPa)低空气流向东北暴雨区南部输送,但这支低空气流没有达到低空急流程度。这支暖湿气流在 15 日 20 时加强。MCC 成熟区(或暴雨区域)位于这支气流的北端。在暴雨区北部与 2006 年 8 月 10 日过程类似也是干区。

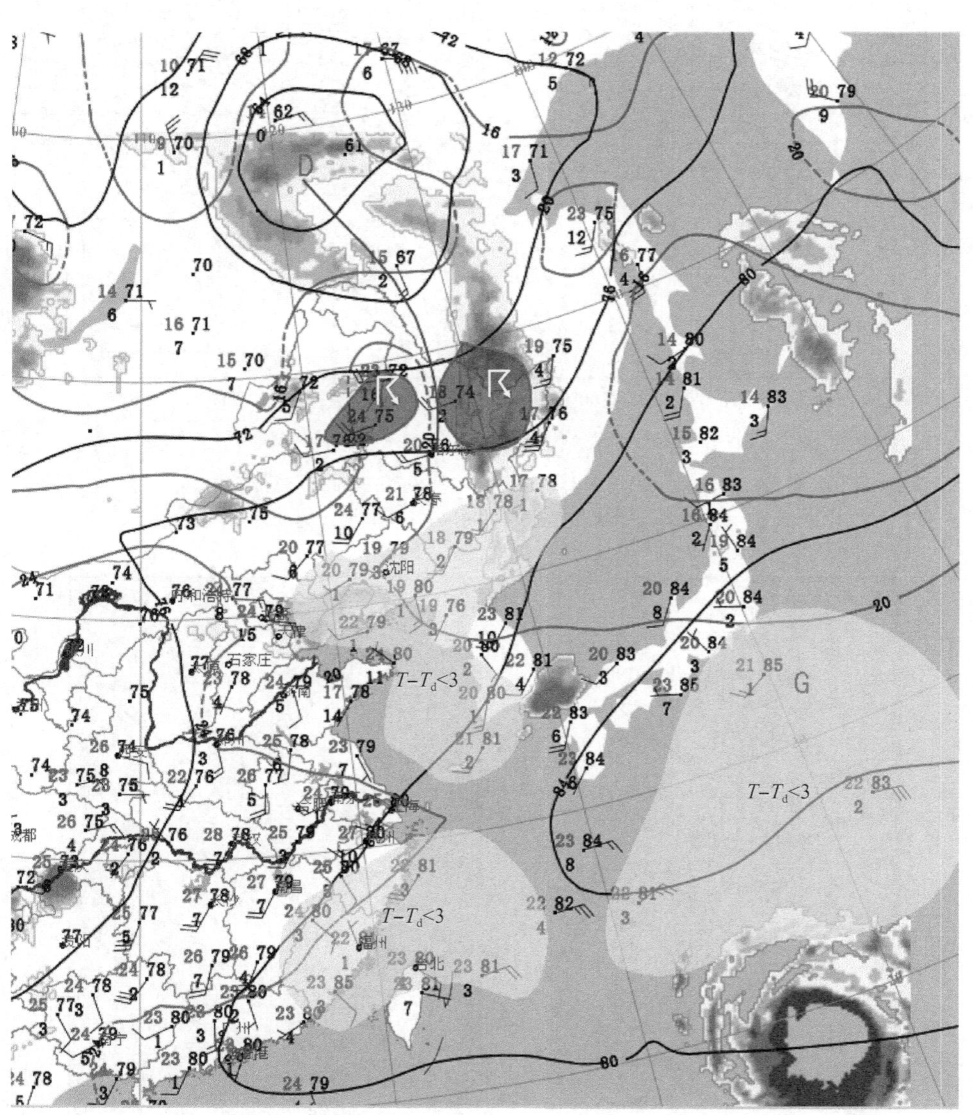

图 3.11　2005 年 7 月 15 日 08 时 925 hPa 分析和 FY-2C 卫星红外云图

[黑色实线为等高线(单位:dagpm,间隔 4 dagpm),虚线为等温度线(单位:℃,间隔 4 ℃),浅色阴影区为 $T-T_d<3$ ℃区,深色阴影区为 MCC 初生和成熟时雷暴区]

2005 年 7 月 15 日 17 时地面天气图上(图 3.12),内蒙古和东北地区位于副高和低压带之间的等压线过渡区。在初生云团北部和西部,分别有东北冷涡副冷锋和蒙古高原低压暖锋,初生云团位于冷锋尾端和暖锋前端延长线的交汇处。暴雨发生时，北部副冷锋南伸尾端划过暴雨区。

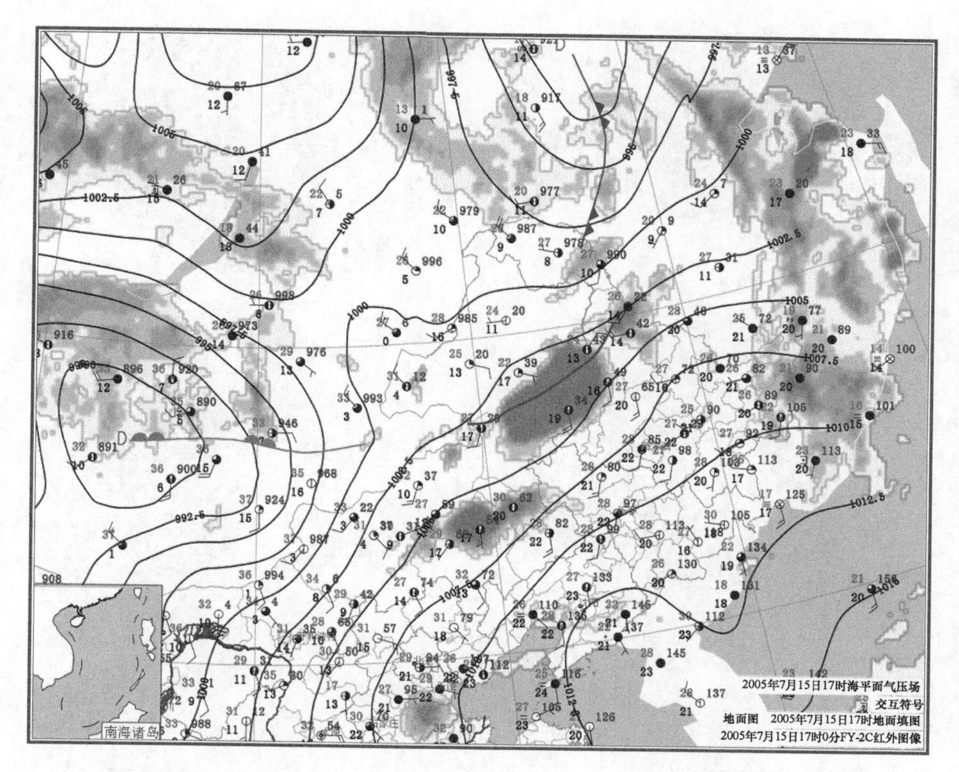

图 3.12 2005 年 7 月 15 日 17 时地面天气分析和 FY-2C 红外卫星云图

[黑色实线为等压线(单位：hPa，间隔 1 hPa)，粗实线为风辐合线，G 为高压中心，D 为低压中心]

从上面分析可见，MCC 初生在 500 hPa 东北冷涡南部弱短波低槽前；在 200 hPa 等压面上，位于蒙古高原上空高空急流东北侧和东北地区东北部急流入口区之间；在 850 hPa 等压面上，青藏高原北部中蒙边界附近有暖中心，并受东伸的暖温度脊前端影响，给暴雨区输送干暖空气；925 hPa，副高南部的偏南气流和副高西侧的西南气流把台风北部的水汽向暴雨区南部输送，同时暴雨区北部有干舌入侵；地面位于副高与低压带之间的过渡区，北部冷锋与西部暖锋尾端延长线上的交界处。

3.2.3 2005 年“7 · 16”暴雨过程分析

(1)MCC 简介

在前一个 MCC 东移减弱后的第二天，2005 年 7 月 16 日 20 时，在前一个 MCC 的初生地，即扎兰屯附近新生一个 MCS(图 3.13a)。16 日 22 时东移到讷河附近发展为 MCC(图 3.13b)，缓慢东移发展，向伊春靠近，17 日 01 时前后面积最大(图 3.13c、d)，03 时以后开始减弱(图 3.13e)，云团中心离开伊春向佳木斯靠近，05 时以后开始消散(图 3.13f)。按照它的发展进程，把 16 日 20—22 时划分为初生阶段，16 日 22 时到 17 日 03 时为成熟阶段，03—05 时为减弱阶段，05 时以后为消散阶段。MCC 从 16 日 22 时到 17 日 05 时，维持 7 h。在 MCC 成熟阶段东移过程中，给伊春、黑河等地造成暴雨和强对流天气。

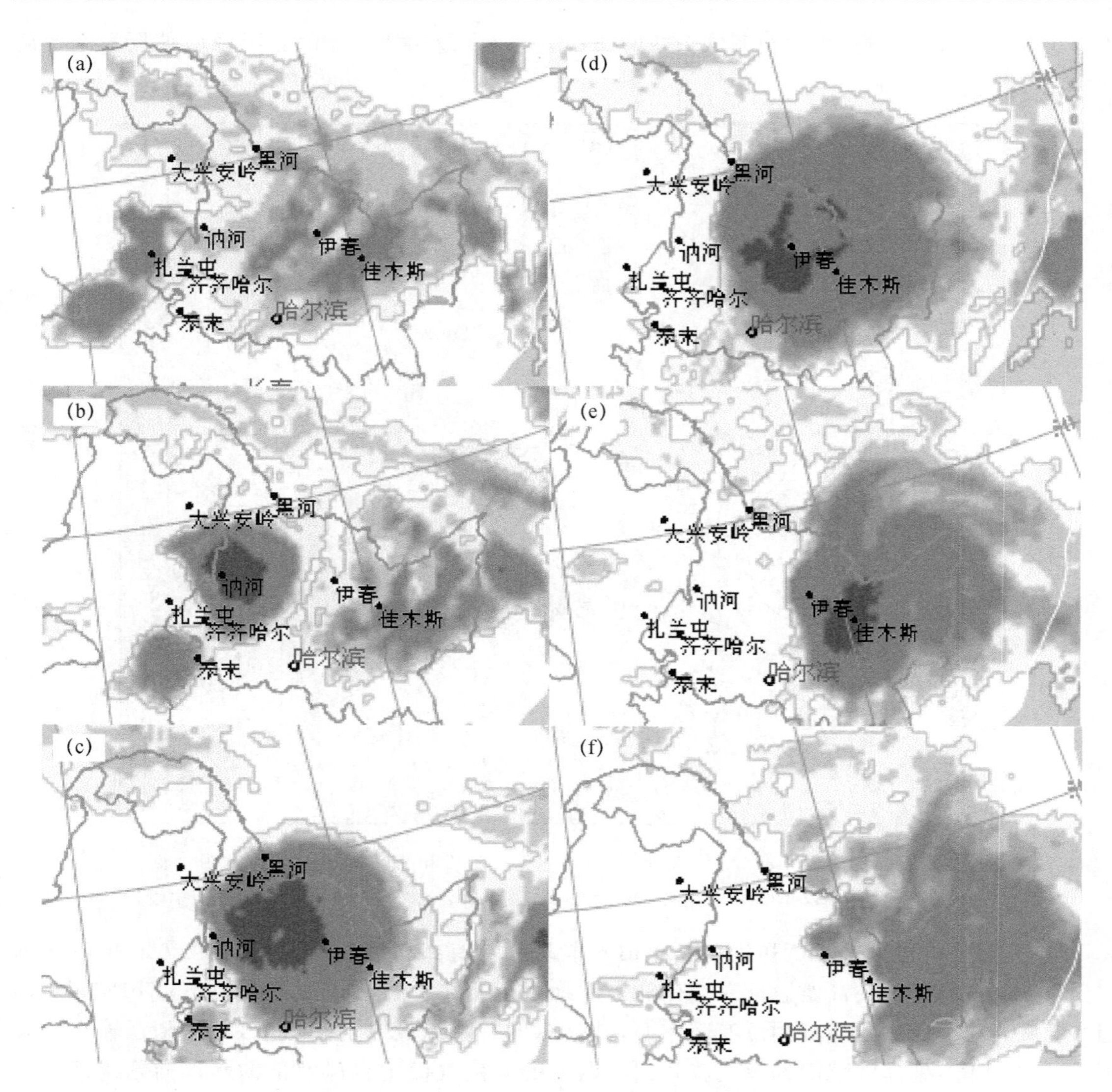

图 3.13　2005 年 7 月 16—17 日 MCC FY-2C 红外云图

(a)20 时,(b)22 时,(c)24 时,(d)17 日 02 时,(e)04 时,(f)06 时

为了分析 MCC 各阶段的环流背景,根据 MCC 各个阶段出现的时间选择相应时刻的高空和地面天气图:MCC 初生前期选择 16 日 08 时;MCC 初生阶段(16 日 20—22 时)选择 16 日 20 时;MCC 成熟阶段(16 日 22 时—17 日 05 时)选择 16 日 20 时;MCC 消散时(17 日 05 时以后)选择 17 日 08 时高空天气图。下面重点对 MCC 初生时(16 日 20 时)的高空和地面图进行分析。

(2)大尺度环流背景

16 日 20 时 500 hPa(图 3.14),从 16 日 08—20 时欧亚大陆仍维持两槽一脊的环流形势,东北冷涡主体冷空气和低槽旋转东移,同时又有弱冷空气下滑,在西风带 45°—50°N 中蒙边界附近形成短波低槽。同时,蒙古高原暖高压脊发展,副热带高压也明显增强,东北冷涡与副热带高压之间的锋区加强,副热带高压南部的台风“海棠”西进加强。这些特征在 700 hPa 等压面上表现更明显(图 3.15)。

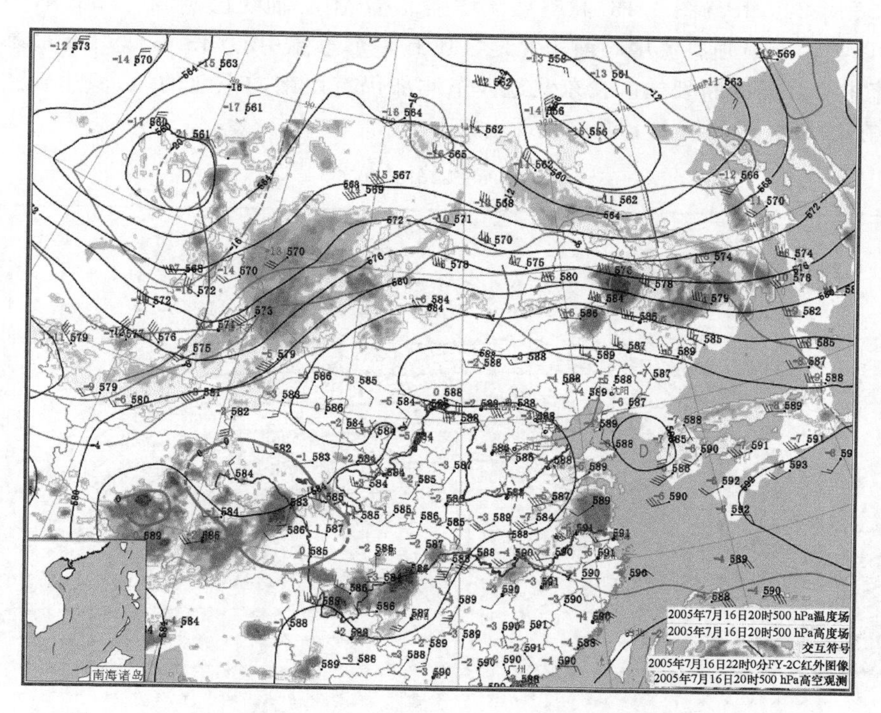

图 3.14　2005 年 7 月 16 日 20 时 500 hPa 分析和 FY-2C 卫星红外云图

[黑色实线为等高线(单位:dagpm,间隔 4 dagpm),虚线为等温度线(单位:℃,间隔 4 ℃),粗实线为槽线]

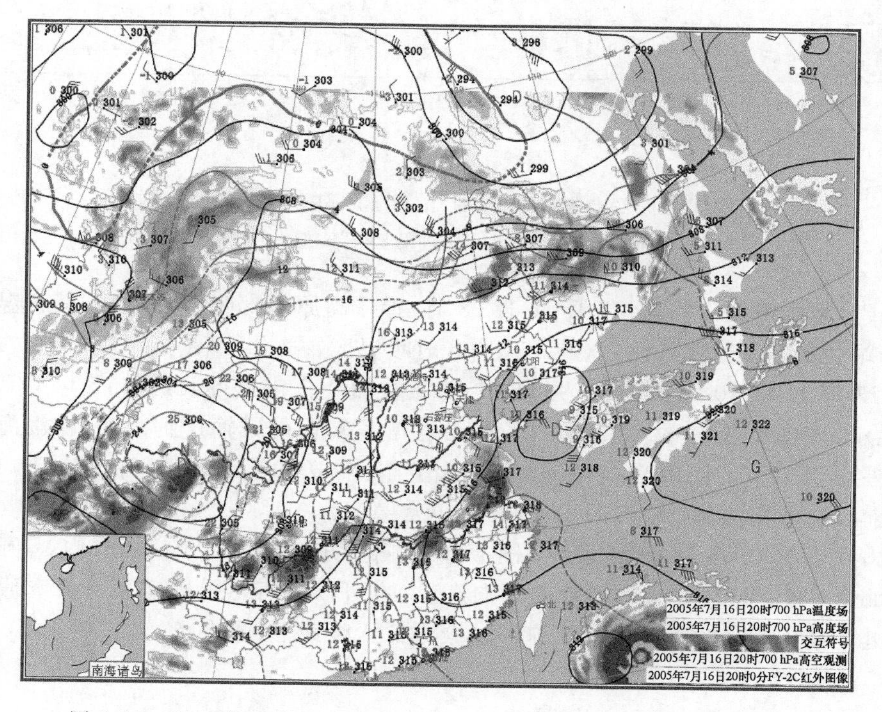

图 3.15　2005 年 7 月 16 日 20 时 700 hPa 分析和 FY-2C 卫星红外云图

[黑色实线为等高线(单位:dagpm,间隔 4 dagpm),虚线为等温度线(单位:℃,间隔 4 ℃),粗实线为槽线]

16 日 20 时 200 hPa(图 3.16)高空急流增强北抬，中心轴线已到 50°—55°N，中心风速达到 45 m/s 以上。在最强急流中心前东北地区还有一个急流中心(45 m/s)，MCC 基本上产生在两个急流中心之间的断裂处。在东北地区东北部仍有西南向东北的风，但达到急流强度的范围较小，在 NCEP 再分析图上没有表现出来。

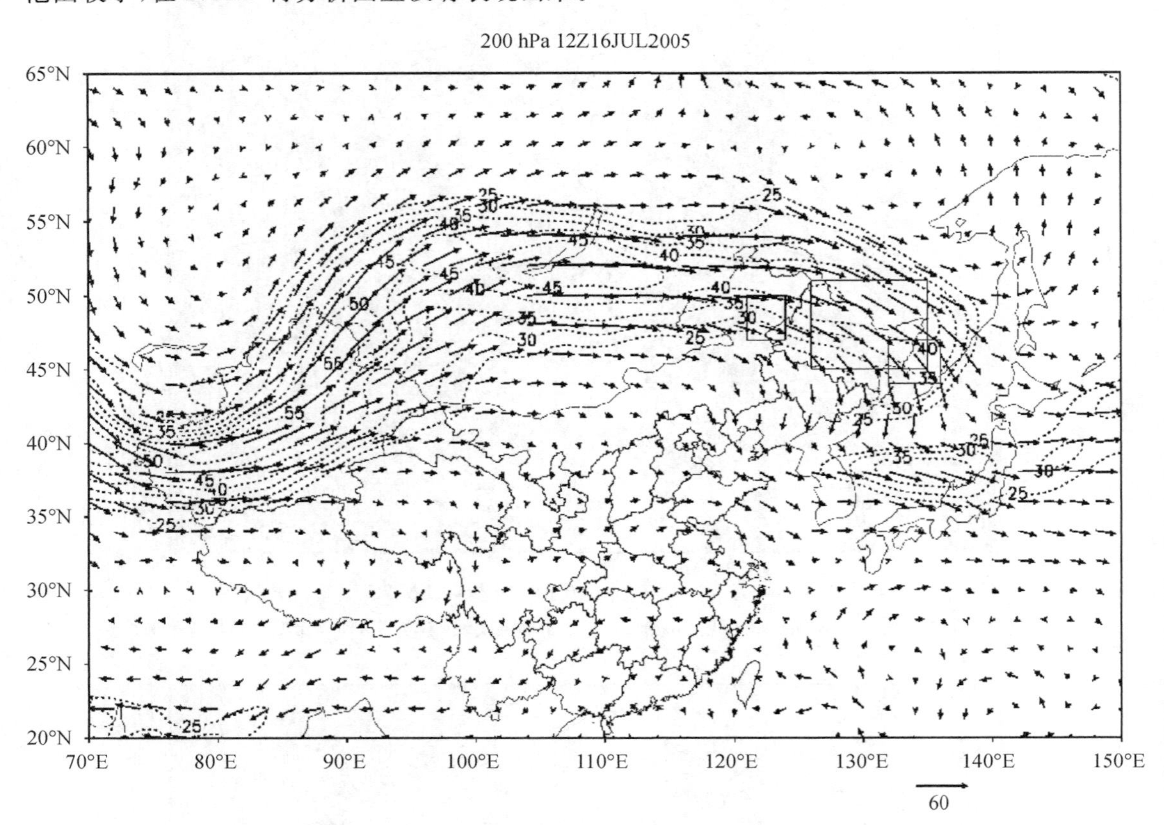

图 3.16　2005 年 7 月 16 日 20 时 200 hPa 高空急流分析

[虚线为等风速线(单位:m/s，间隔 5 m/s)，箭头为风矢量]

850 hPa，暴雨前期(2005 年 7 月 16 日 08 时)青藏高原北部暖中心加强，其暖温度脊亦加强东伸，前端控制东北暴雨区附近(与 15 日 08 时暖温度脊类似，图略)。

图 3.17 为 16 日 20 时 925 hPa 风场、高度场叠加一个未来 5 h 后将产生 MCC 的云图。图 3.17 显示，来自台风“海棠”的暖湿气流先沿着偏东转偏南风输送到渤海，在渤海形成一个温度露点差小于 3 ℃的湿中心，然后再通过西南气流输送到东北暴雨区南部。16 日 08 时暴雨发生之前没有低空急流，到 16 日 20 时出现低空急流。

在暴雨发生前 16 日 14 时地面天气图上，内蒙古和东北地区位于高压脊内，暴雨区位于高压脊区东北部(图 3.18)，如果地图范围再向东扩，也可以分析出暴雨区是冷锋和暖锋延长线上的交汇处。暴雨发生时暴雨区位于东移的蒙古低压暖锋上(图略)。

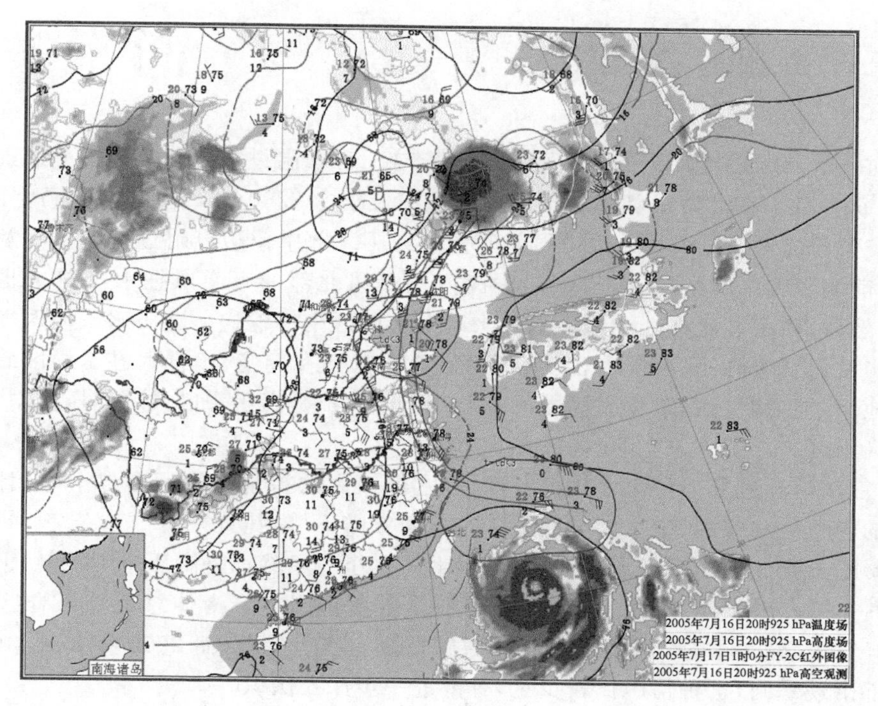

图 3.17　2005 年 7 月 16 日 20 时 925 hPa 分析叠加 7 月 17 日 01 时 FY-2C 红外卫星云图

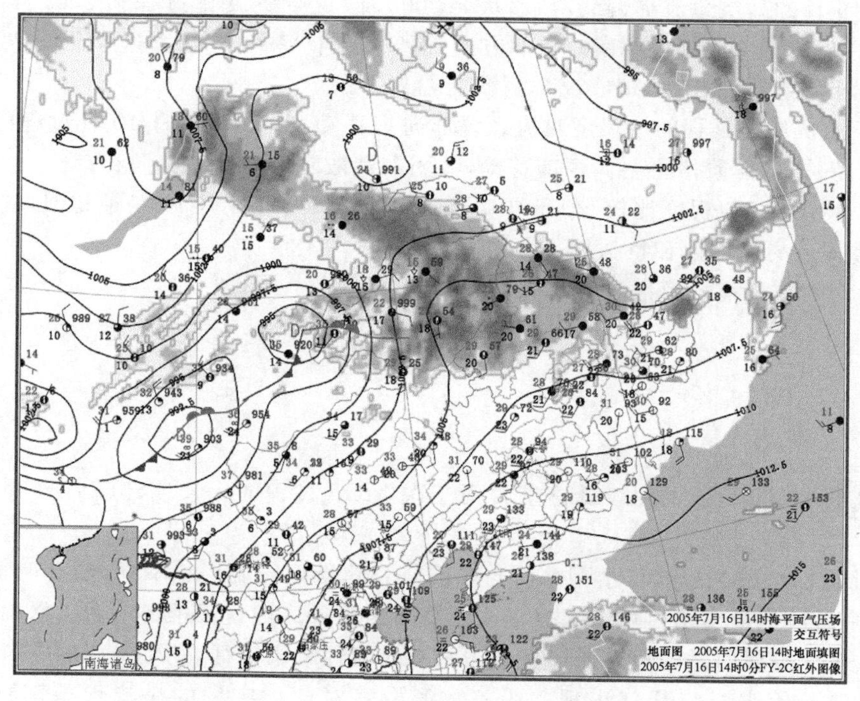

图 3.18　2005 年 7 月 16 日 14 时地面天气分析和 FY-2C 红外卫星云图

［黑色实线为等压线(单位:hPa,间隔 2.5 hPa),G 为高压中心,D 为低压中心］

3.3 三次暴雨过程比较

通过对三次暴雨过程环流形势的分析，可见，这三次暴雨过程在欧亚大陆有比较一致的环流形势：在 500 hPa，东北冷涡和东北冷涡南部短波低槽；在 200 hPa，存在两支高空急流，暴雨区位于两支急流之间；在 850 hPa，暴雨前期青藏高压北部中蒙边界附近有暖中心及暖温度脊东伸，暖脊前端影响暴雨区；在 925 hPa，副高南侧台风北部的东南风把水汽向华北或渤海湾附近输送，然后，西南气流再把渤海附近的水汽向暴雨区南部输送。这条水汽输送气流在暴雨前期没有构成低空急流，暴雨发生后或临近发生时才出现低空急流，同时在暴雨区北部有干舌入侵。在地面，在内蒙古和东北地区暴雨前期几个小时都是高压脊区或弱高压控制，暴雨区东南部都是高压区。

但是，三次暴雨过程的环流形势也有差别，它们最大的差别是地面形势不尽相同、高空急流双急流的位置有些差别、中尺度对流系统的移动方向不尽相同。

三次暴雨过程的地面天气形势：在暴雨发生前几小时虽然都是高压脊区控制，但暴雨出现时形势有些不同。2005 年 7 月 15 日过程是东北低涡的副冷锋南伸靠近高压脊区时产生暴雨，2005 年 7 月 16 日是在东移的蒙古高原低压暖锋上产生暴雨，而 2006 年 8 月 10 日是中尺度高压前部出现暴雨，这种情况比较少见，有待进一步深入认识。

三次暴雨过程中，在对流层高层 250 hPa 或 200 hPa：高空双急流位置有些差别，2005 年 7 月 15 日和 16 日的高空急流更偏北，在形状上 2006 年“8 · 10”暴雨过程和 2005 年“7 · 15”暴雨过程最相似，北支急流都呈西南—东北方向，而 2005 年“7 · 16”暴雨过程北支急流范围小，在 NCEP 图上没有体现出来，但实况观测图上有急流。

2005 年两次暴雨过程的中尺度对流系统都向东移动，2006 年 8 月 10 日过程的中尺度对流系统比较特殊，成熟阶段主要向西南移动，减弱和消散阶段向东南方向移动。

从这三个个例相似程度比较，2005 年 7 月 15 日与 2006 年 8 月 10 日最相似，其中 2006 年 8 月 10 日过程最具代表性和特殊性。

三次过程数值预报的预报能力都很弱。

3.4 小结和讨论

通过对东北冷涡引发的短波低槽型暴雨三次 MCC 过程的大尺度环流背景分析，得到以下结论：

1. 东北冷涡引发的短波低槽型暴雨与以前研究的暴雨环流形势不同，没有明显的影响系统，只有一个短波低槽东移过境。根据以往总结的暴雨环流配置很难提前做出暴雨预报，常常预报失败。东北冷涡引发的短波低槽型暴雨具有对流性暴雨特征，发生暴雨的同时，常伴随着冰雹、大风、龙卷等强对流天气出现。业务数值模式对此类突发的对流性暴雨预报能力也有限。

2. 通过对三次该类型暴雨个例大尺度环流背景的分析总结，得出东北冷涡引发的短波低槽型暴雨发生的天气系统配置为：暴雨发生前数小时，与冷涡相伴随的低槽及与之对应的地面冷锋已东移出东北地区或东移到东北地区东部；东北冷涡再度加强后，500～700 hPa 上 40°—50°N 附近的中蒙边界有低槽发展；在 200 hPa 等压面上，存在南、北两支高空急流，南支急流位于东移的青藏高压东北侧，并呈反气旋弯曲，北支急流位于东北地区东北部并呈西南东北向，暴雨区位于南支急流东北侧和北支急流右侧入口区之间的辐散区；850 hPa 以下无明显影响系统，但青藏高原东北部暖脊发展，在暴雨前期向东北平原输送干暖空气，在暴雨区上空形成干暖盖；925 hPa 及以下有明显的西南暖湿气流的输送，但暴雨发生前无低空急流出现，对流层中低层暴雨区处于干舌的前沿；地面上内蒙古和东北地区受高压脊控制。

根据以上天气系统配置形成东北冷涡引发的短波低槽型强暴雨大尺度环流背景概念模型(图 3.19)：暴雨中尺度对流系统（黑色方框）产生于大兴安岭山脉背风坡，东北平原中北部的辐合最强处；在 925 hPa 等压面上，位于低空暖湿气流（蓝色双空心箭头）北端左侧，该低空暖湿气流从台风北部海面经渤海湾进入暴雨区南部，并有干舌从东北冷涡沿着东北气流到达暴雨区北端左侧（燕尾箭头）；在 850 hPa 等压面上，在暴雨发生 12 h 前，青藏高原北部有暖中心，其暖温度脊或暖平流（红色空心双箭头）经蒙古高原和大兴安岭山脉影响暴雨区；在 500 hPa等压面上，东北冷涡南部 45°—50°N 中蒙边界有短波低槽和槽前的 α 中尺度云团东移，随着短波低槽东移加深出现暴雨；在 200 hPa 等压面上，存在南北两支高空急流，暴雨区位于南支高空急流东北侧和北支急流（蓝色实心双箭头）入口区之间的辐散区。在上面几个系统的有利配置下可能出现暴雨。

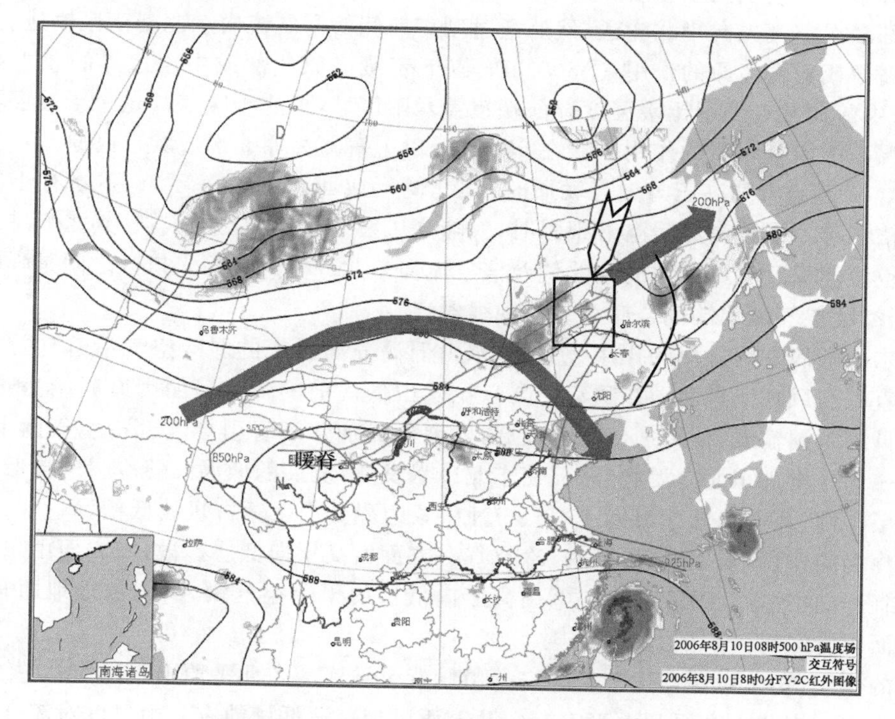

图 3.19　东北冷涡引发的短波低槽型暴雨概念模型（彩图见书后图 5.6）

［500 hPa 高度场叠加 200 hPa 高空急流（蓝色实箭头）、925 hPa 低空急流（蓝色空箭头）、850 hPa 暖中心和暖温度脊（35 ℃等温线和空心红色箭头）、对流层中低层干舌（燕尾空心箭头），方框表示 MCC 成熟阶段云图覆盖区域］

讨论：通过上面的分析可见，东北冷涡引发的短波低槽型暴雨，三次过程的初始对流都产生于东北平原中北部讷河附近，欧亚范围环流有共同的环流配置，发展过程中大尺度环流系统也基本相似,但并不是完全一致的三个过程,其中还有些差别。

首先,地面形势不一样,在暴雨发生前几小时虽然都是高压脊区控制,但暴雨出现时形势有些不同。2005 年 7 月 15 日过程是东北低涡的副冷锋南伸靠近高压时产生暴雨,2005 年 7 月 16 日是在东移的蒙古高原低压暖锋上产生暴雨,而 2006 年 8 月 10 日是中尺度高压前部出现暴雨,这种情况比较少见,有待进一步深入认识。

其次,中尺度对流系统的发展演变和移动方向不同。2005 年 7 月 15 日和 16 日的中尺度对流系统以东移为主,在小兴安岭山脉加强为 MCC,造成黑龙江中北部连续两天的暴雨和强对流天气,2006 年 8 月 10 日的中尺度对流系统缓慢向东南移动的同时,快速向西南方向传播,造成泰来等地的暴雨和强对流天气。

第三,三次过程高空急流的位置和方向略有不同。2005 年 7 月 15 日和 16 日的高空急流更偏北,在形状上 2006 年"8 · 10"暴雨过程和 2005 年"7 · 15"暴雨过程最相似,北支急流都呈西南东北方向,而 2005 年"7 · 16"暴雨过程,北支急流范围小,在 NCEP 图上没有体现出来,但实况观测图上有急流。

几个大尺度环流系统对这三次过程有比较一致的动力和热力作用,分述如下:

副高的作用:①副高自 925 hPa 到 200 hPa,从 130°E 、30°N 附近的西太平洋开始随着高度向西倾斜,达到 500 hPa 以上,副高与青藏高压联通,使其北部呈比较平直的西风环流,此环流上不断有小股冷空气向东移动。②在 925 hPa 等压面上,副高南侧偏南气流引导南部海面上台风北部暖湿空气先向华北输送,然后通过副高西侧西南气流向东北暴雨区输送。

青藏高原或蒙古高原的作用:①500 hPa 以下青藏高原北部或中蒙边界的蒙古高原是个热源,在暴雨前期常有一个干暖温度脊前端覆盖暴雨区域,形成干暖盖。这个干暖层覆盖起到使低层高温高湿能量积累的作用。②在 500 hPa 以上青藏高原北部或蒙古高原是一个大陆高压。在 500 hPa,当大陆高压与副高联通时,其北侧形成西风带平直环流,不断有小股冷空气或短波低槽东移。③当高原暖空气很强时,大陆高压在 200 hPa 发展很强,其北侧易出现高空急流。高空急流呈反气旋弯曲的东北侧及该急流向东北分支急流的入口区之间是强辐散的地方,当与低空暖湿气流北端耦合时容易出现强对流。

乌拉尔山低涡有两方面的作用:①乌拉尔山低涡分离出来的弱冷空气沿着乌拉尔山低涡南部较平直的西风环流自西向东移动。②乌拉尔山低涡前的降水云团因有凝结潜热释放,有暖平流向贝加尔湖输送,使贝加尔湖脊发展,发展的贝加尔湖脊引导北部冷空气南下,南下的冷空气有一部分进入东北冷涡底部,促使东北冷涡发展,发展的低涡又使冷空气自低涡底部从高层向低层扩散,另一部分下滑到 45°—50°N 中蒙边界处产生蒙古短波低槽。

东北冷涡的作用:①引导极地附近冷空气一方面由高层向低层扩散,一方面由东北向西南入侵,阻挡南方暖湿空气继续北上。②由高层向低层的干冷空气锲入,增加近地面辐合强度。③触发地面辐合区对流发展。

地形的作用:初始对流产生于大兴安岭山脉背风坡底的东北平原上,地形对初始对流起到很重要的作用。当蒙古高原和大兴安岭山脉上西风带短波低槽前有 α 中尺度对流云团配合东移时,即当它们由蒙古高原经大兴安岭山脉向东北平原移动时,由于绝对位涡守恒,在背风坡和平原处使 α 中尺度对流云团的气旋性涡度增加,当增加的气旋涡度与低层辐合加强的上升运动叠加时便促使对流强烈发展。

以上这几个大尺度影响系统的作用将在后续几章具体分析到。下一章将对其中最具代表性的并超过历史极值达到百年一遇的 2006 年 8 月 10 日强暴雨过程进行动力和热力条件诊断分析。

第4章 “060810”环境条件与α中尺度结构诊断分析

本章利用逐6 h NCEP 1°×1°资料、常规观测资料和FY-2C云图资料，对2006年8月10日的中尺度对流复合体（MCC）初生、成熟和消散阶段的空间分布、水汽条件、热力、动力条件进行诊断分析，并对MCC形成原因进行较深入的探讨。

为了确认NCEP资料与实况资料的一致性，对NCEP资料的高空及地面天气形势与实况资料进行了对比，表明，NCEP资料的高空天气形势可代表实况观测的高空天气形势，地面形势也基本可以代表实况形势。此外，在MCC成熟区域（MR区域）选择了6个点（图4.1），中心点（空心圆）和其周围的5个点（实心圆）分别代表西北、西南、南、东南、东北五个方位，带站号的小实心方框为观测站点。我们把所选择的5个点与观测站点相关数据进行分析比较，表明，所选择的点可以代替观测站点进行层结和稳定度方面的分析。

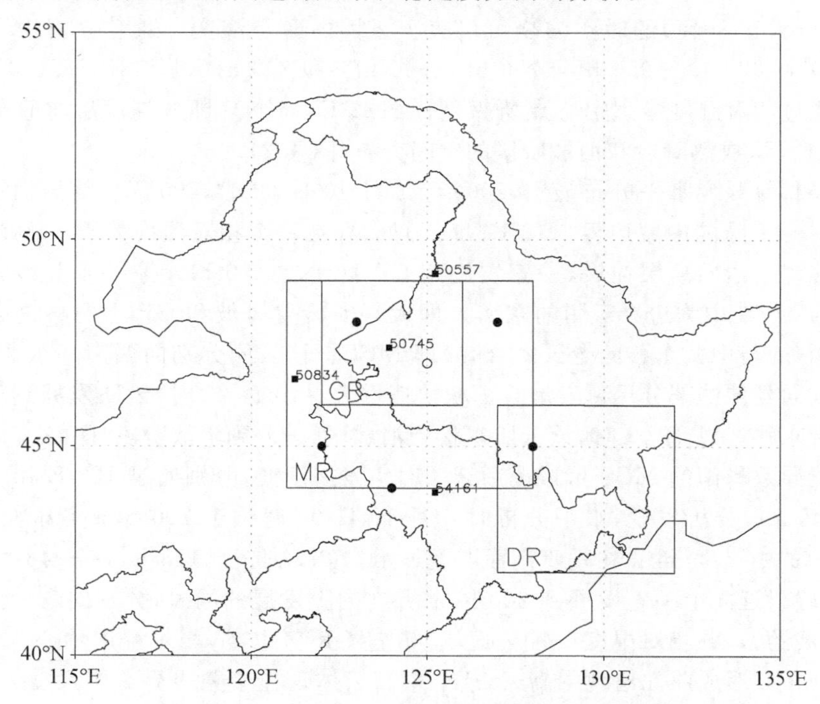

图4.1 区域图，三个不同时刻和区域的范围图

（3个矩形框分别为GR：MCC产生区，MR：MCC成熟区，DR：MCC消散区；5个实心圆点分别为MR区内所选的西北、西南、南、东南、东北5个方位上的点，空心圆为暴雨区内中心点，带站号的实心小方框为常规观测站点）

在第3章中把MCC生命史分为四个阶段：初生阶段（10日08—12时）、成熟阶段（10日12—20时）、减弱阶段（10日20时—11日03时）和消散阶段（11日03时以后）。本章根据

FY-2C 卫星云图相应阶段的位置和范围，确定了 MCC 三个阶段云图的空间范围：初生阶段为 GR(122°—126°E,46°—49°N)、成熟阶段为 MR(121°—128°E,44°—49°N)和消散阶段为 DR(127°—132°E,42°—46°N)。图 4.1 中三个方框的边界分别代表相应阶段主要云体的覆盖范围。由图 4.1 可见，GR 包含在 MR 中，即从 GR 到 MR 阶段，MCC 主要向南发展。该次暴雨过程主要发生在 10 日 10—20 时 MR 中。在成熟阶段 MR 区域内 MCC 有两次达到最强，分别出现在 10 日 13—15 时和 18—20 时。成熟阶段之后，从成熟阶段到消散阶段，MCC 沿着黑龙江和吉林的交界线向东南移动。

为了对 MCC 发展各阶段进行相关的诊断分析，所选取的相应时刻 NCEP 资料为：初生阶段(GR)取 2006 年 8 月 10 日 08 时(10 日 00 UTC)资料；成熟阶段出现两次 MCC 云团最强时刻，分别取对应 8 月 10 日 14 时(10 日 06 UTC)和 20 时(10 日 12 UTC)的资料，10 日 20 时后 MCC 开始减弱，MR 内的对流性暴雨过程基本结束；消散阶段为 11 日 03 时，选取 2006 年 8 月 11 日 02 时(10 日 18 UTC)资料。

在对以上所说的三个区域进行平均情况诊断分析时，由于成熟阶段对应两个时刻(10 日 06 UTC 和 12 UTC)，所以对这两个时刻相应物理量取平均，平均值作为成熟阶段 MR 的平均值。

4.1　暴雨云团形成前后时空分布

相对湿度(大于 80%)的时空演变可以表征云团的时空演变。通过分析 10 日 08 时、14 时、20 时和 11 日 02 时，在 950 hPa、700 hPa、500 hPa 和 200 hPa 上相对湿度(80%)的水平分布(图略)和经过相对湿度最大中心点所做剖面(122°E,46°N)，即各高度层垂直分布，可以揭示 MCC 初始阶段、成熟阶段和消散阶段的空间分布(图 4.2)。

分析各层相对湿度水平分布显示，2006 年 8 月 10 日 08 时，700 hPa 等压面图上，在蒙古高原到大兴安岭山脉的中蒙边界(118°E,47°N)处，存在一个相对湿度大于 80%的云团，该云团一边向东移动一边向高层伸展，一直发展到 GR 区上空 200 hPa 等压面上形成中高云(图略)。10 日 14 时，在中蒙边界云团的东南方即大兴安岭背风坡和 GR 上空中高云左侧边缘，形成新的云团(或与中蒙东移的老云团合并)即 MCC。该云团分别向西南和东北两个方向延伸。向西南方向延伸的部分迅速发展且面积快速增大。10 日 20 时，云团发展到最强，该阶段云团位置略有东移。11 日 03 时，该云团东移到消散区，进入到消散阶段(图略)。

为了看清导致暴雨的 MCC 形成前后云团时空发展演变，分别通过 122°E 和 46°N 做相对湿度剖面(图 4.2)，分析发现，水平分析时 8 月 10 日 08 时位于 700 hPa 等压面上中蒙边境(118°E,47°N)的中尺度云团，在垂直剖面图上显示，其中心位于(118°E,47°—48°N)和600 hPa 附近，并从这层附近向上一直发展到 200 hPa，并在向上发展的同时，分别向南、北、东、西方向扩展，向东扩展的云羽(相对湿度>70%区域)覆盖 GR 区上空，相对湿度中心大于 90%。上述过程说明，MCC 形成前先出现中高云，这个中高云体现在中蒙边界 α 中尺度云团向东及向对流层中高层扩展的云砧中。

8 月 10 日 14 时，在中蒙边界的中尺度云团向东南移动并发展(已经成为 MCC)，中心位于(122°E,46°N)附近，80%相对湿度气柱从近地面一直伸展到 200 hPa。另外，从该时刻 950 hPa图上可见(图略)(122°E,46°N)附近有－9 ℃温度离差中心，表明该处附近有较强的降水出现，这个结果与实况一致。

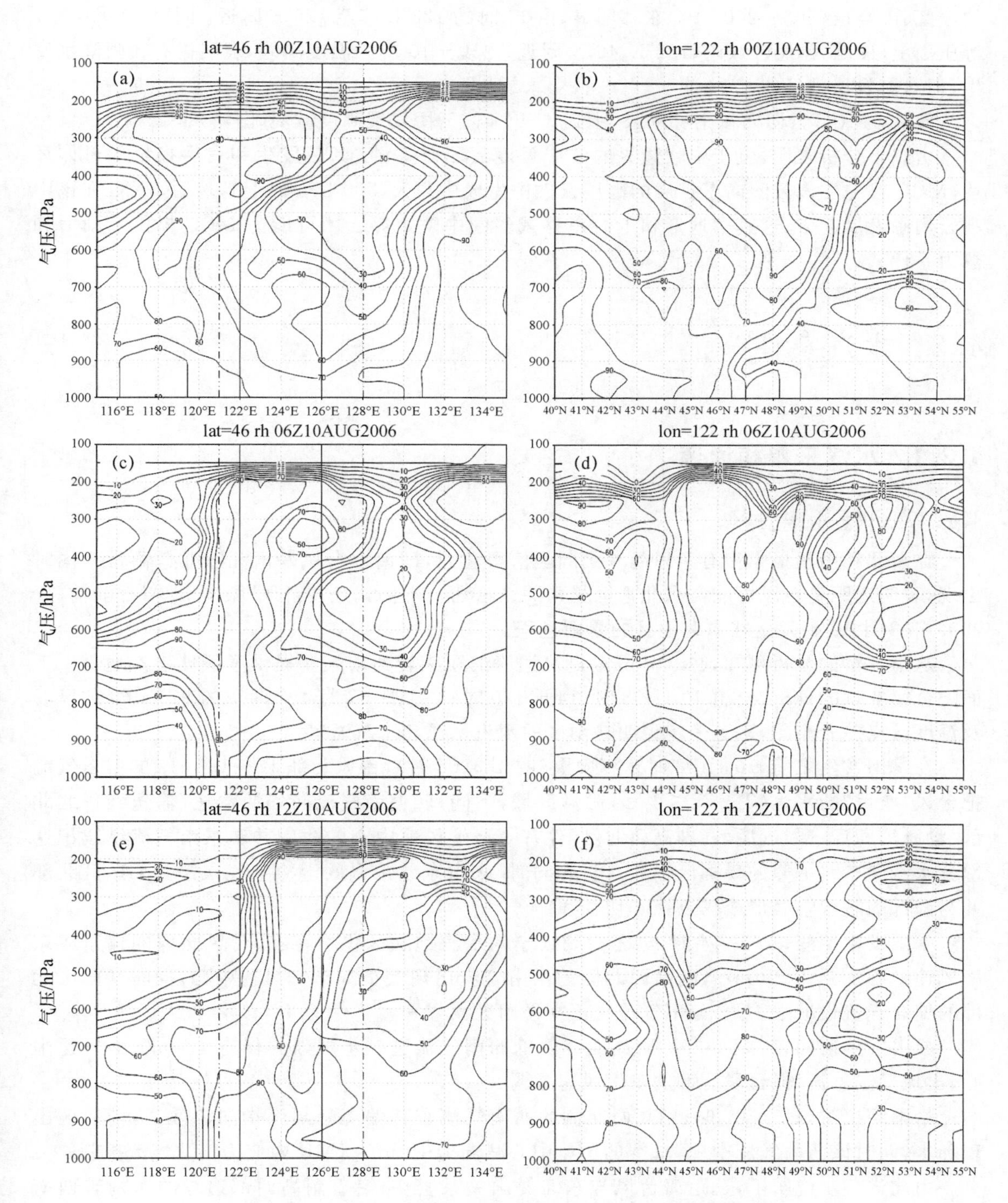

图 4.2 2006 年 8 月 10 日 08 时(a,b)、14 时(c,d)、20 时(e,f)相对湿度沿 46°N(a,c,e)和 122°E(b,d,f)的剖面图

[图中两条竖立的实线范围(122°—126°E)代表 MCC 初生区域,虚线范围(121°—128°E)为 MCC 成熟区域]

8 月 10 日 20 时,MCC 气柱(相对湿度>90%部分)中低层(<800 hPa)略有东移,并且已达地面,分布于(121°—124°E,45°—47°N)范围内,其上空(400～200 hPa)已经出现较大范围

的干区；中高层（500～200 hPa）东移明显，由 14 时的 122°E 移至 125°E 附近。同时，在950 hPa 等压面上（图略）MR 区域内（122°E，46°N 附近）出现－10 ℃的温度离差，表明仍有较强降水发生，但对流发展已经弱于 14 时。

此后，MCC 云团向东南移动，8 月 11 日 02 时，云团发展高度减弱（图略）。

由以上分析表明，位于中蒙边界的 α 中尺度云团对下游 MCC 发生和发展提供了母体环境，MCC 首先在该云团向东扩展的高层云砧中生成中高云（500 hPa 以上），然后 MCC 在该中高云周围发展起来，这其中地形和上游东移减弱的中蒙边界云团可能为 MCC 提供了动力和热力条件。

4.2　水汽条件分析

4.2.1　水汽来源和通道

4.2.1.1　远距离台风

在东北暴雨预报中很有意思的一个问题值得注意，即南方台风暴雨和东北暴雨常常同时出现，表明远距离台风可能与东北地区暴雨关系密切。本例就是在台风“桑美”即将登陆前，于 2006 年 8 月 10 日发生在东北地区的暴雨过程。

从第 3 章的分析可知，在 925 hPa，副高边缘的东南转西南气流提供了最佳水汽通道。下面配合第 3 章的分析，给出 10 日 08 时、14 时、20 时和 11 日 02 时 4 个时刻的 925 hPa 的风场及温度露点差分布图，来进一步说明暴雨区的水汽来源和水汽通道。

在暴雨发生之前，10 日 08 时东海面上（图 4.3，08 时），台风北部 12～18 m/s 的偏东气流把台风“桑美”的水汽（$T-T_d \leqslant 3$ ℃，阴影区域，下同）转偏南气流向华北输送，输送到华北北部、渤海湾和辽宁附近后，在副高西北侧，伴有 6 m/s 风速中心的西南并转东南气流继续把这部分水汽向东北平原的暴雨区输送。与此同时，来自东北冷涡的干冷空气入侵到 GR 区北部并与南部的暖湿空气形成露点锋和切变线。

暴雨发生期间，10 日 14 时，渤海湾到辽宁的水汽饱和区仍然存在，台风北部的偏东或东南风速中心加强为 20 m/s，副高西北侧的西南气流出现大于 8 m/s 风速中心，同时暴雨区北部的偏北气流也增强，并与偏南气流交汇在暴雨区。

暴雨发生期间，10 日 20 时，副高西北侧的西南气流进一步加强并伴有 12 m/s 的风速中心，出现低空急流，但台风北部的东南风速减弱。

暴雨结束时，11 日 02 时，副高西北侧的西南气流东移偏离暴雨区指向消散区，消散区出现降水，同时该西南气流中 12 m/s 的风速中心减弱为 10 m/s ，MR 内变为偏北气流控制。

由此进一步说明了，远距离台风与东北暴雨关系密切，沿着副高西部边缘的东南转西南（或偏南）气流把台风水汽向暴雨区远距离输送，为这次暴雨过程提供了较强的水汽来源，如果没有远距离台风水汽输送，东北地区很难出现成片暴雨。在台风北部偏东气流增强时，副高西部边缘的西南急流也增强，并稍滞后于台风北部偏东气流，在暴雨发生后西南气流达到低空急流强度。当这条水汽带偏离暴雨区时暴雨结束。消散阶段，水汽向消散区域输送，输送强度也较弱。

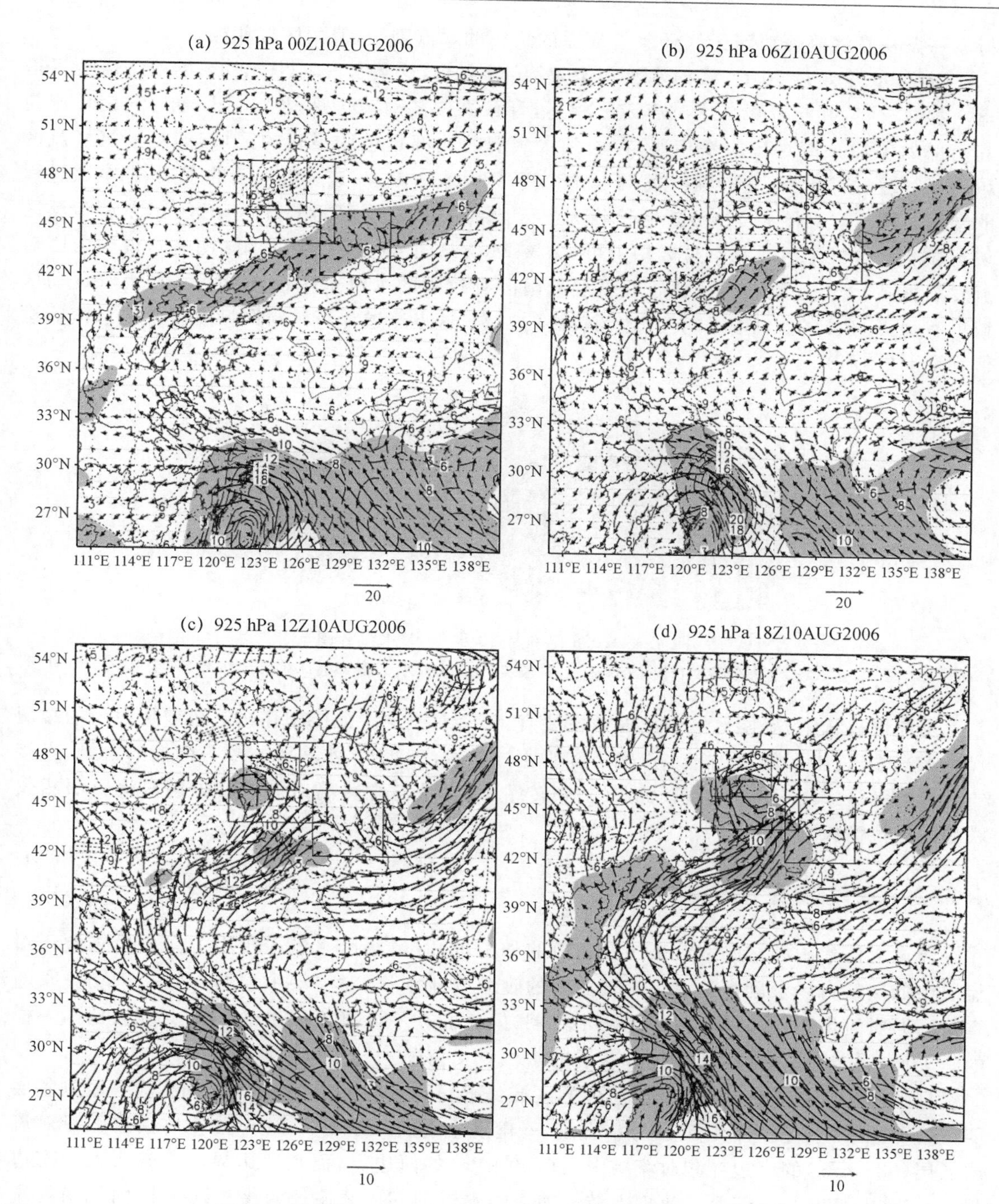

图 4.3 2006 年 8 月 10 日 08 时(a)、14 时(b)、20 时(c)和 11 日 02 时(d)925 hPa 流场和 $T-T_d$ 等值线(短虚线,间隔 3 ℃)

[阴影区:$T-T_d$<3 ℃,方框:同图 4.1,长虚线:>6 m/s 等风速线(间隔 2 m/s)]

4.2.1.2 上游云团及相关联的青藏高原对流云团及孟加拉湾风暴

除了远距离台风水汽向东北暴雨区输送外,从卫星云图的水汽图像上我们观测到有来自对流层中层青藏高原北部经蒙古高原到东北暴雨云团的水汽羽。8 月 9 日 10 时以后,一直维持着一条从青藏高原对流云区经蒙古高原的狭长的水汽羽，与暴雨区域相连。

以 2006 年 8 月 10 日 14 时水汽图像为例(图 4.4)，这条水汽羽(图 4.4c)的西南端位于塔里木盆地上空，并与青藏高原对流云区相连，青藏高原的对流云区(图 4.4d)通过气旋环流与其南部的孟加拉湾对流风暴相通；在这条水汽羽的北部是色调很暗的区域，即是下沉气流区域，急流被强的湿度梯度勾画出来，干空气位于其极地一侧；在这条水汽羽的东端，即本次过程的暴雨云团 MCC(图 4.4a)不断生长壮大。云团的中心是强烈的上升运动区，其左边暗黑区域对应着冷空气下沉。从红外云图上可见，该 MCC 云顶亮温(TBB)很低(图略)，说明云团对流发展很高，上升运动很强。由于在低层暴雨区有较强的水汽水平输入，因而，在上升运动区域也有很强的水汽垂直输送，并且达到较高的层次，这点通过计算暴雨区域垂直方向水汽输送得到证明(图略)。

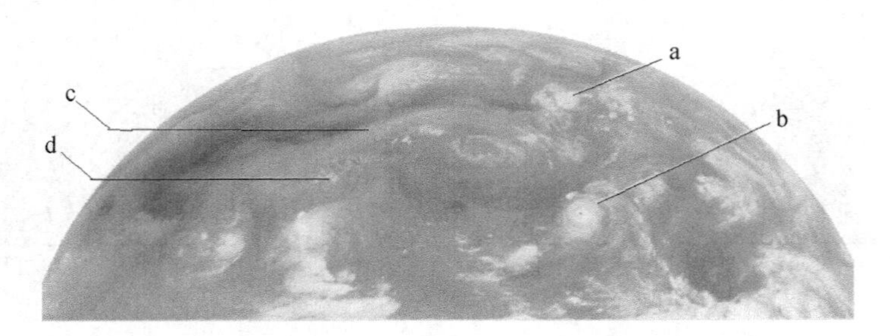

图 4.4　2006 年 8 月 10 日 14 时水汽云图

(a. 正在发展的暴雨云团，b. 台风“桑美”，c. 水汽羽，d. 青藏高原对流云团区)

由此可以认为，暴雨区域水汽通道主要有三条，对流层中低层副高边缘东南转西南的暖湿气流水汽输送、中层偏西气流水汽输送和垂直方向水汽输送。水汽源主要有间接的台风、直接的渤海湾和辽宁附近的高湿源(所谓的“中转站”)，以及与青藏高原对流层中层对流云团相关联的孟加拉湾风暴。

4.2.2　水汽收支

通过上面暴雨区域的水汽来源及通道的分析可知，暴雨区水汽在水平方向主要来源于对流层中低层的台风及副高边缘东南转西南的暖湿气流水汽、对流层中层与孟加拉湾相关联的青藏高原对流风暴及与暴雨区相连的水汽羽，但他们在不同高度层输送的多少应该是不一样的。下面具体计算暴雨区四个边界各层的水汽收支情况。

根据图 4.1 中 MCC 三个阶段所处的区域：GR、MR 和 DR，分别计算它们相应各时刻各层四个边界的水汽收支(图 4.5)。分析发现，暴雨发生前的 0～24 h(GR)，水汽主要来源于对流层低层(925 hPa)的南边界和对流层中层(700 hPa)的西边界，而且西边界水汽输入大于南边界，这可能与 700 hPa 偏西气流把上游云团内的水汽向 GR 区输送的缘故，GR 区内偏南气流开始建立由南边界的水汽输送；10 日 14 时，MCC 成熟时刻 1(图 4.5 MR1)低层南边界水汽输送迅速增强，约是 GR 区的 2 倍(由 20 多到 40 多)，同时在对流层中低层北边界有些水汽输送，说明南风迅速增强，也有北风进入，同时在对流层中层 700 hPa 西边界一直维持水汽输送，说明对流层中层还维持着偏西风，而且偏西风与偏北风在对流层中下层水汽输送势力相当。10 日 20 时，成熟时刻 2(图 4.5 MR2)，在对流层中下层南边界和北边界的水汽输入和对流层中层西边界水汽输入都减小，但在对流层中低层南边界和北边界水汽输送相当，说明南气流在减弱，但南北风的辐合对峙依然存在。11日02时，MCC消散时刻，对流层中下层南边界和西边界水汽都为输出，水汽输入主要出现在500～925 hPa的北边界，量值上也维持较小，说明此时主要以偏北风为主，没有南风和西风作用。

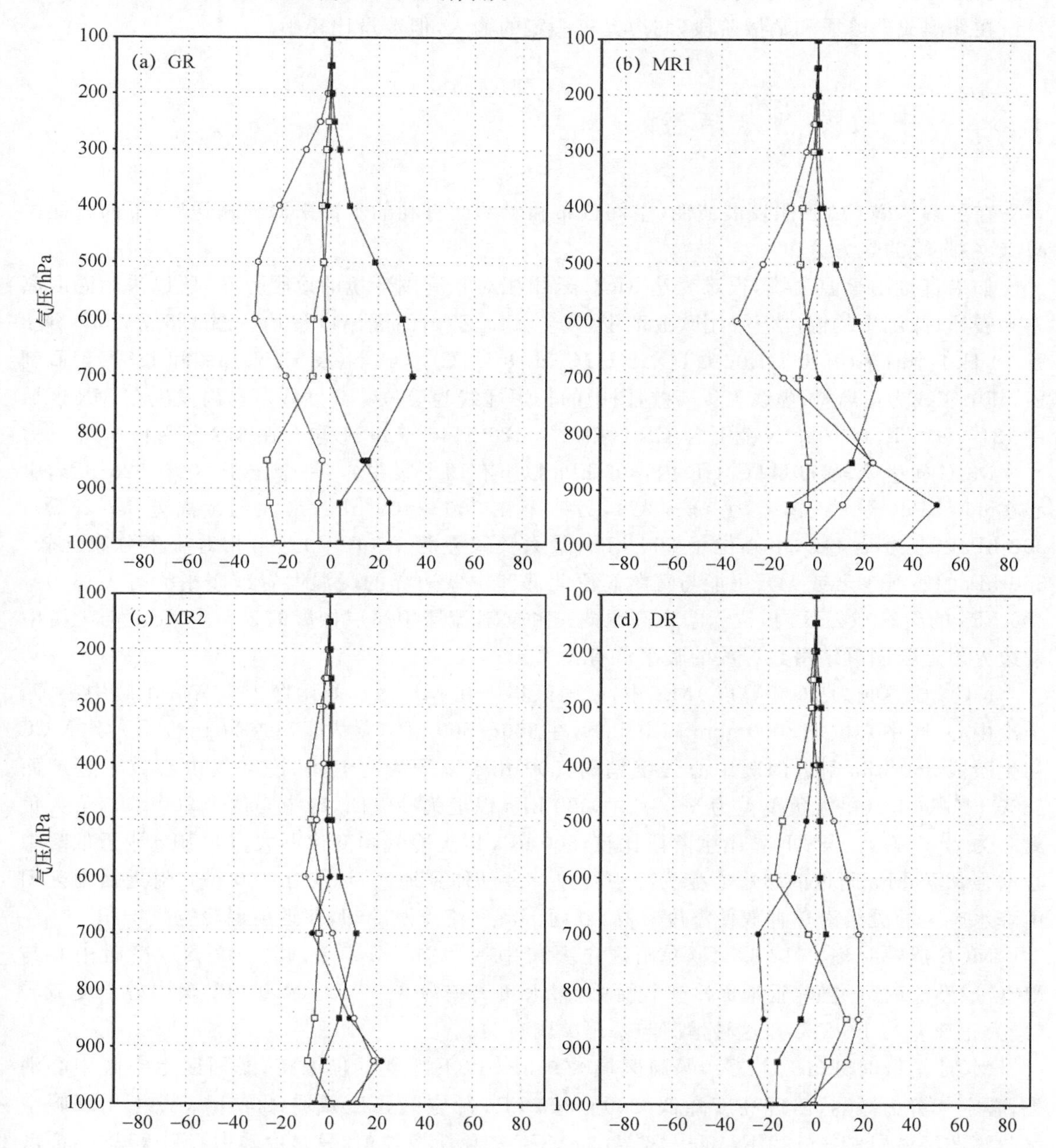

图4.5 暴雨云团产生区(a,GR)、成熟区(b,c,MR)和消散区(d,DR)四个边界的水汽收支

[GR:2006年8月10日08时,MR1:2006年8月10日14时,MR2:2006年8月10日20时,DR:2006年8月11日02时，实心方框为西边界,实心圆为南边界,空心方框为东边界,空心圆为北边界,单位:g/(s·hPa·cm),输入为正,输出为负]

由此看出，暴雨发生前和发生中，对流层中低层南边界(925 hPa)和对流层中层西边界(700 hPa)是主要水汽输入源，对流层中层西边界水汽输入在MCC形成之前的初生阶段大于对流层中低层南边界。说明对流层中层的水汽输入对暴雨云团初始对流的产生起关键作用，

而对流层中低层南边界水汽输入涌动对暴雨加强起重要作用。当这两股水汽来源都减弱时，暴雨也减弱或消散。对流层中层西边界在 MCC 初生阶段水汽输入比较明显，可能与上游中蒙边界附近云团的水汽提供有关，进而与青藏高原对流云团，乃至孟加拉湾风暴有一定的关系。

在暴雨成熟阶段和消散阶段，北边界有一定的输入，但数量比较小。

4.3　α 中尺度热力结构

在了解了 MCC 云团发展演变、空间分布和暴雨区有利的水汽来源和输送后，下面将探讨 MCC 各阶段的热力分布。

如果直接用等温度线，很难表达 MCC 云团相对于周围环境的冷暖分布，所以采用温度离差来表述，纬圈平均温度值采用欧亚范围(70°—140°E)内纬圈温度平均。图 4.6 为 2006 年 8 月 10 日 4 个时刻(00 UTC、06 UTC、12 UTC 和 18 UTC)过 46°N(或 47°N)纬圈和 123°E 经圈剖面，其中实线为正离差，虚线为负离差，图中的长短虚线为等位势高度线。暴雨发生在 MR 区域中 121°—125°E，44°—49°N 范围内，GR 区(122°—126°E，46°—49°N)包含在 MR 区内。

MCC 初生阶段(00UTC)GR 内，300 hPa 以下有两个暖中心：一个位于 700～925 hPa，中心在 850 hPa(最大正离差为 3～4 ℃)，另一个在 300～400 hPa(最大温度离差 1～2 ℃)；300 hPa以上为冷气团，中心位于 200 hPa(最大负离差为 7～8 ℃)。与相对湿度分布比较，850 hPa的暖区少云或无云可能与青藏高原北部和中蒙边界的暖温度脊或暖平流有关；300～400 hPa 的暖区在云区内，位于蒙古高原向东和向对流层中高层伸展的云砧中，可能与上游中蒙边界附近云团凝结潜热释放的暖平流有关。

MCC 成熟时刻 1(06 UTC)MR 中，暴雨区集中在 MR 区。暴雨区上空有一个暖中心、两个冷中心，暖中心位于 8000 gpm 高空上下，在 300～500 hPa(最大正离差为 2～3 ℃)，比 MCC 初生阶段 850 hPa 附近的暖中心强度稍弱；500 hPa 以下为冷气团，冷空气中心位于近地面(800 hPa 以下)(最大负离差为 6～7 ℃)；300 hPa 以上为冷气团，冷中心位于 200 hPa(最大负离差为 7～8 ℃)。与 MCC 出生阶段比较，300 hPa 以上冷气团变化不大，400 hPa 附近的暖中心增强，850 hPa 附近的暖中心变为冷中心并一直延伸到地面，说明在 400 hPa 附近暴雨云团由降水产生的凝结潜热释放使温度升高，暴雨下沉气流蒸发冷却，使近地层冷空气堆积。

MCC 成熟时刻 2(12 UTC)暴雨区主要集中在(121°—125°E，45°—47°N)，冷暖中心与 MCC 成熟 1 时刻类似，近地面冷空气更强(最大负离差为 8～9 ℃)，400 hPa 暖中心强度减弱(最大正离差为 1～2 ℃)，这种情况与暴雨减弱有关。

MCC 消散时刻(18 UTC)，暴雨区域 800 hPa 以下冷空气仍维持，暴雨区上空暖中心消失，暖空气势力减弱，出现高度降低，200～300 hPa 冷空气强度减弱，200 hPa 以上出现暖空气。消散区域(127°—132°E，42°—46°N)与 MCC 初始阶段类似，只是冷暖中心强度减弱，高度降低。

由此可见，暴雨区上空云团温度场，由 MCC 初生时的对流层中低层、对流层中高层的两个暖中心和对流层高层一个冷中心发展到 MCC 成熟时对流层中高层一个暖中心和对流层高层、对流层低层两个冷中心。明显变化是 MCC 由初生到成熟，近地面由暖空气变为冷气团，300～400 hPa暖空气强度增强。暴雨减弱时，暖中心强度减弱。MCC 消散时，暴雨区上空暖中心消失，暖空气减弱，消散区的情况接近产生区初始时刻的状况，只是冷暖中心强度减弱，高度降低。

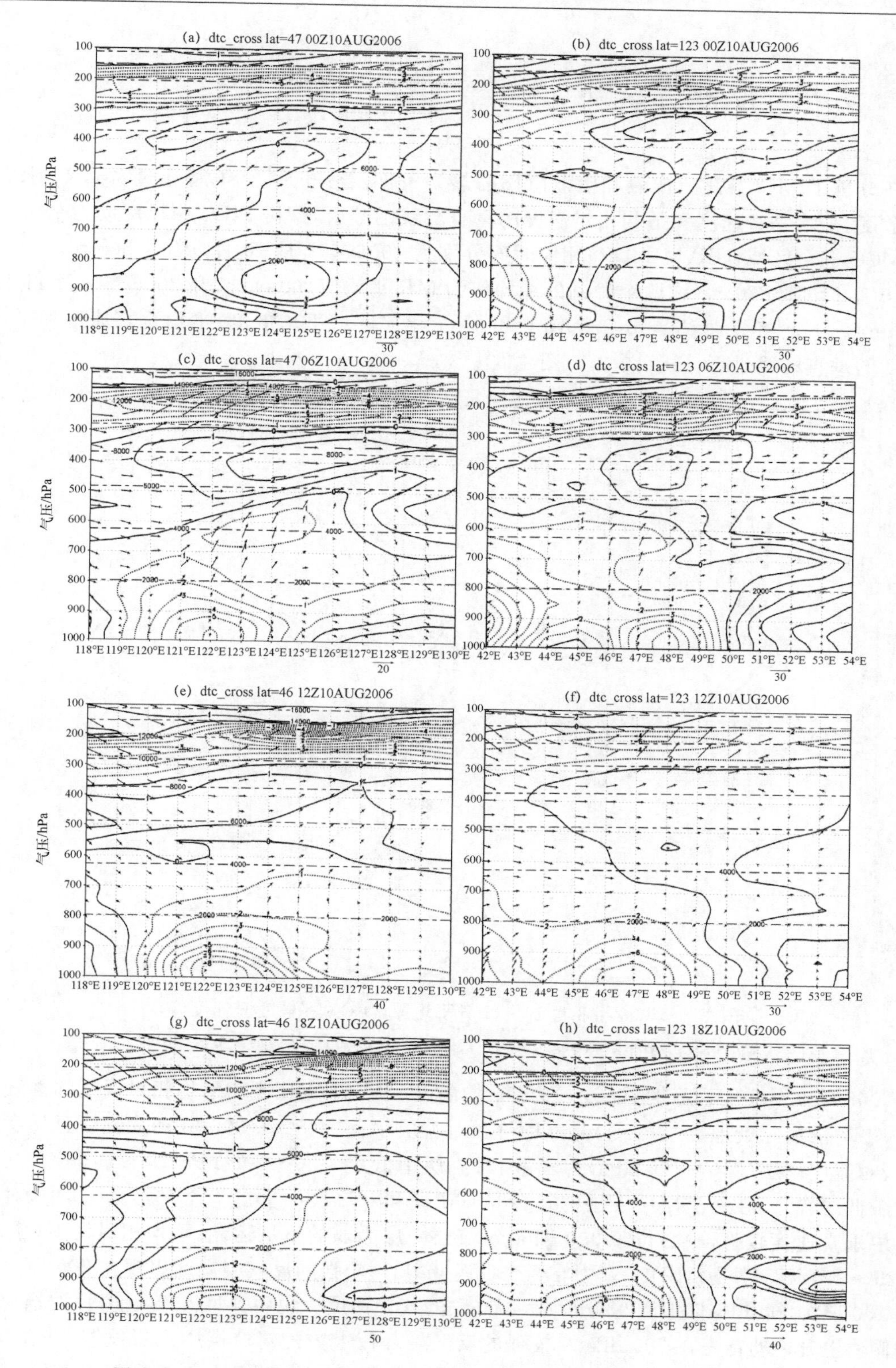

图 4.6 2006 年 8 月 10 日 00 UTC(a,b),06 UTC(c,d),12 UTC(e,f)和 18 UTC(g,h)46°N 或 47°N(a,c,e,g),123°E(b,d,f,h)剖面温度离差分布

[实线为正离差(℃),虚线为负离差(℃),长短虚线为位势高度(gpm),箭头为 U、V 合成风]

4.4 α中尺度动力结构

在分析了MCC初生、成熟和消散阶段的热力条件及分布后，下面将通过对GR、MR、DR平均散度、平均垂直速度和平均相对涡度的垂直廓线的分析，探讨MCC中尺度动力结构。

MCC三个区域(GR、MR、DR)相应时间分别为2006年8月10日08时(before)、2006年8月10日14时与20时(取两个时刻的平均作为MR平均值)(during)和2006年8月11日02时(after)。下面将分别对before、during和after相应区域平均散度、平均垂直速度和平均相对涡度的垂直廓线进行分析(图4.7、图4.8)。

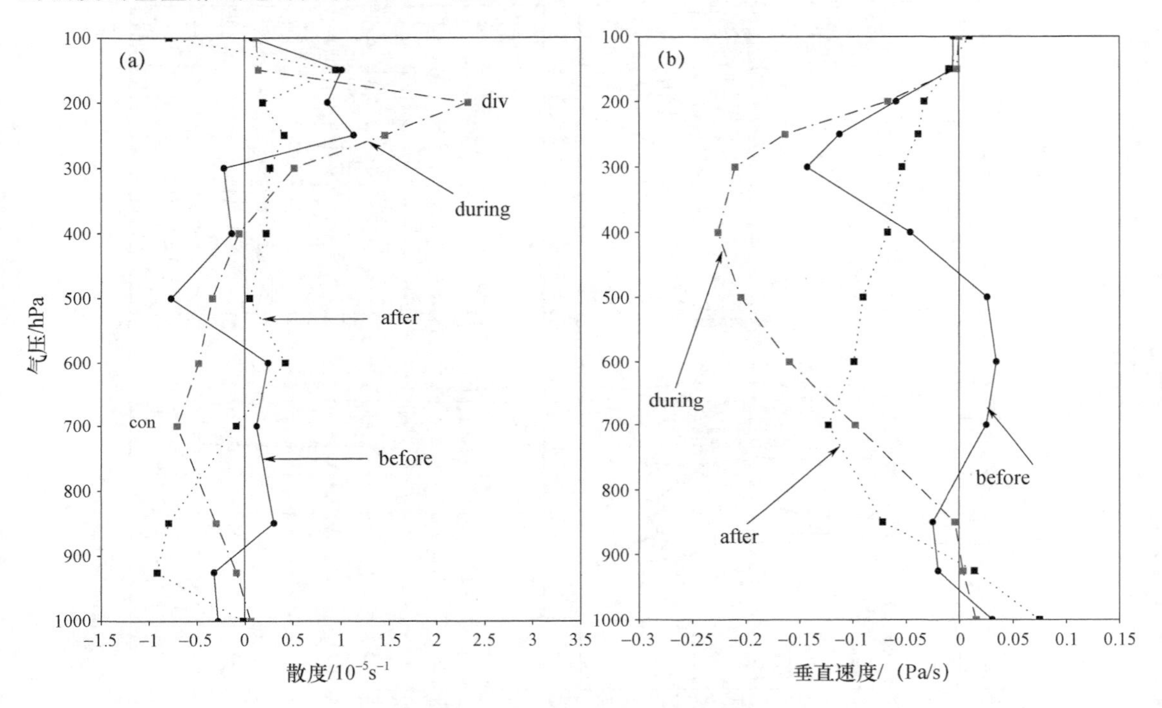

图4.7　2006年8月10—11日平均散度(a)和平均垂直速度(b)
[短虚线为成熟阶段(during)，实线为初生阶段(before)，点线为消散阶段(after)]

2006年8月10日08时(before)GR平均散度、平均垂直速度和平均相对涡度的廓线分布显示，平均散度在近地面层(925 hPa以下)和对流层中上层(500～300 hPa)为辐合且后者大于前者、对流层高层(250～100 hPa)为辐散、对流层中低层(850～600 hPa)为较弱辐散，高层辐散大于低层辐合；在对流层中下层(925～850 hPa)和对流层中上层为上升运动，其中，对流层中上层垂直速度较强，中心位于300 hPa，对流层中层为弱的下沉运动；平均相对涡度(图4.8)在925～200 hPa都是负涡度，其中有两个负涡度中心，较强的反气旋涡度出现在700 hPa，另一个在250 hPa，200 hPa以上和925 hPa以下是弱的气旋涡度。说明，MCC产生前，短波槽前有组织的倾斜上升运动首先在700 hPa及较强的反气旋环流上方的对流层中上层发展，并在300～500 hPa上升运动最强，对流层中上层辐合与高层辐散量级相当，明显大于低层辐合量级。

2006年8月10日14时与20时MR区域平均散度、平均垂直速度和平均相对涡度的廓线分布显示，在400 hPa以下均为辐合，其中对流层中下层(850～600 hPa)的辐合迅速增强，在 400 hPa 以上均为辐散，其中对流层高层(200 hPa)的辐散迅速增强，最大辐散强度达到(2～2.5)×10^{-5} s^{-1}，辐散远大于辐合；在 850～200 hPa 均为上升运动，600～250 hPa 上升运动速度增加最快，最强速度中心出现在 300～500 hPa(0.2～0.25 Pa/s)，850 hPa 以下出现下沉运动；在850～300 hPa 是正涡度，最强正涡度出现在 500 hPa(2×10^{-5} s^{-1})，850 hPa 以下和 250 hPa 为负涡度，200 hPa 以上又为正涡度。说明 MCC 成熟阶段，对流层中下层辐合和对流层中上层辐散明显增强，最强辐散中心位于对流层高层 200 hPa，最强辐合中心在 700 hPa，且高层辐散远大于对流层中下层辐合，强烈的抽吸作用使对流层中上层(400 hPa 附近)上升运动迅速增强，同时近地面层出现下沉运动。对流层中层出现较强气旋性涡度(500 hPa)，取代初生阶段的较强反气旋环流，涡度与散度同量级，但 200 hPa平均散度略大于 500 hPa 平均涡度。

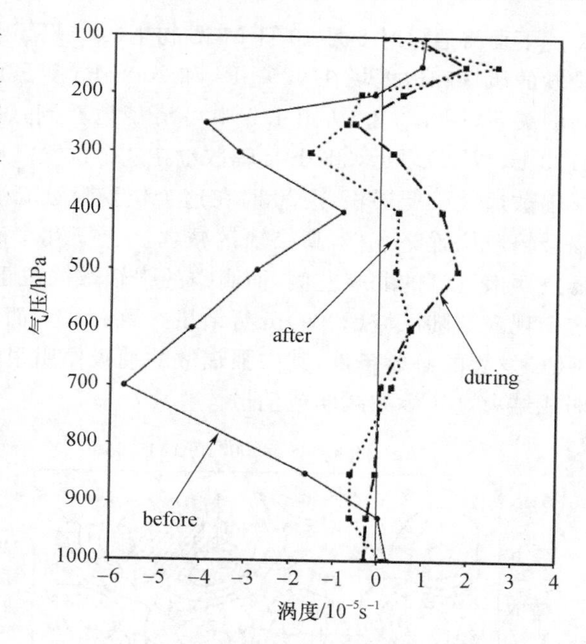

图 4.8 2006 年 8 月 10—11 日平均相对涡度
[短虚线为成熟阶段(during)，实线为初生阶段(before)，点线为消散阶段(after)]

2006 年 8 月 11 日 02 时 DR 区域平均散度、垂直速度和平均涡度的廓线分布显示，平均散度在 700 hPa 以下均为辐合，其中 925 hPa 辐合较强，700 hPa 以上层(除了 100 hPa)都是弱的辐散；在 925 hPa 以下为下沉运动，在 850～150 hPa 都是上升运动，其中 700 hPa 上升运动较强，但其强度远小于成熟时刻的 400 hPa 的上升运动；在成熟时出现在对流层中层的较强气旋涡度迅速减小，同时对流层中下层(925～850 hPa)出现负涡度，对流层中上层(250～300 hPa)的负涡度增强，200 hPa 以上气旋涡度增加。说明 MCC 消散时，对流层中下层的辐合虽然有些增强，但对流层中上层的辐散、系统性的上升运动、对流层中层的气旋性涡度明显减弱，对流层中上层和中下层出现反气旋。

由以上分析可知，暴雨强度与 MCC 的发展程度密切相关，MCC 的发展变化又与散度、垂直速度和涡度的强度变化相辅相成。MCC 初生阶段，对流层高层辐散和对流层中下层辐合都较弱且辐散略大于辐合，对流层高层辐散与对流层中层辐合数值相当；短波槽前有组织的倾斜上升运动首先在 MCC 初生区域对流层中层较强反气旋环流上方的对流层中上层发展。暴雨加强时(MCC 成熟阶段)，对流层高层的辐散迅速增强，辐散强度远大于对流层中下层辐合强度；强烈的抽吸作用使对流层中上层(400 hPa 附近)上升运动迅速增强；同时对流层中层出现较强气旋性涡度，取代初生阶段的较强反气旋环流，涡度与散度同量级，但平均散度强度略大于平均相对涡度；近地面层出现下沉运动。MCC 消散时，对流层中下层的辐合虽然有些增强，但对流层中上层的辐散、系统性的上升运动、对流层中层的气旋性涡度明显减弱，对流层中上层和中下层出现反气旋。

从上面分析可知，高层的强辐散和低层的辐合耦合有利于 MCC 发展，在第 3 章大尺度环流背景分析时也分析到对流层中低层(925 hPa)偏南气流的北端和对流层高层(200 hPa)南支急流的东北侧与北支急流入口区之间高层辐散、低层辐合耦合有利于暴雨强对流发展。

下面将通过对 8 月 10 日 MCC 初生(00 UTC)、成熟(06 UTC 和 12 UTC)和消散(18 UTC)阶段的风场和散度场在 925 hPa 和 200 hPa 等压面上的水平分布的分析来进一步验证它们之间的关系(图 4.9)。从图 4.9 中可清楚地看到,08 时 925 hPa 辐合在黑龙江西南、吉林西北(123°E,47°N)附近,200 hPa 辐散也在这个位置;14 时辐合、辐散位置略偏南些(122°E,46°N),高层辐散远大于低层辐合;20 时在这个位置附近高层辐散仍然很强,对应低层辐合;10 日 02 时辐合辐散位置略东移,高层辐散减弱。上面几个时刻 925 hPa 的辐合区基本上位于 925 hPa 低空西南气流的北端左侧,而高空的强辐散区位于南支急流的左前方和北支急流右后侧之间,这个现象与陆汉城(2000)分析结果一致。从上面的分析可知,高层强辐散与低层辐合耦合是 MCC 发展的必要条件,其中强辐散的抽吸作用很重要;当低空西南气流偏离暴雨区时,暴雨减弱或结束,MCC 亦减弱或消散。

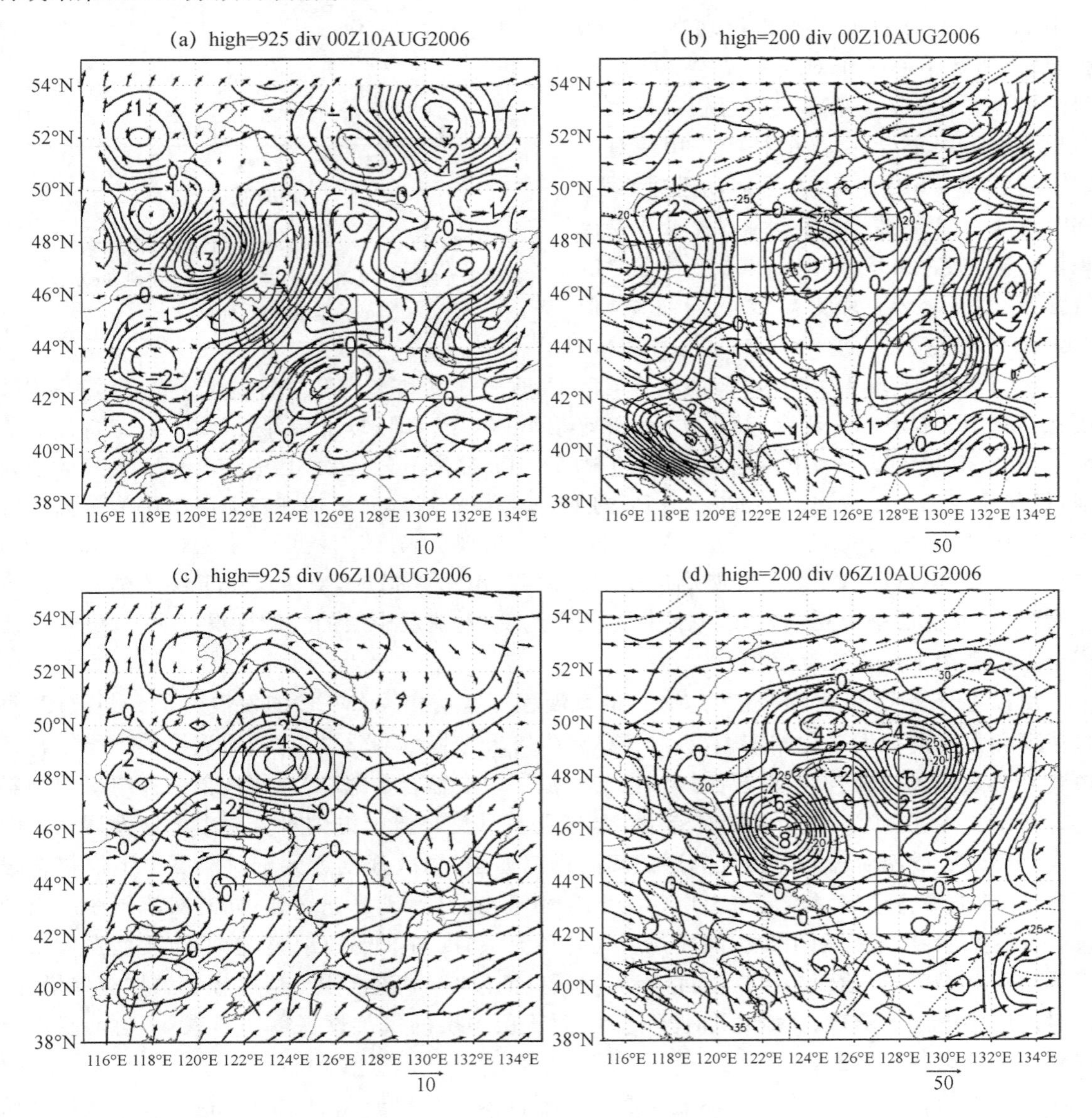

图 4.9a　2006 年 8 月 10 日 00 UTC(a,b)、06 UTC(c,d)925 hPa(a,c)和 200 hPa(b,d)风场和散度场分析

[实线为散度场(单位:$10^{-5}s^{-1}$),箭头为风场,虚线为>20 m/s 等风速线(单位:m/s,间隔 5 m/s)]

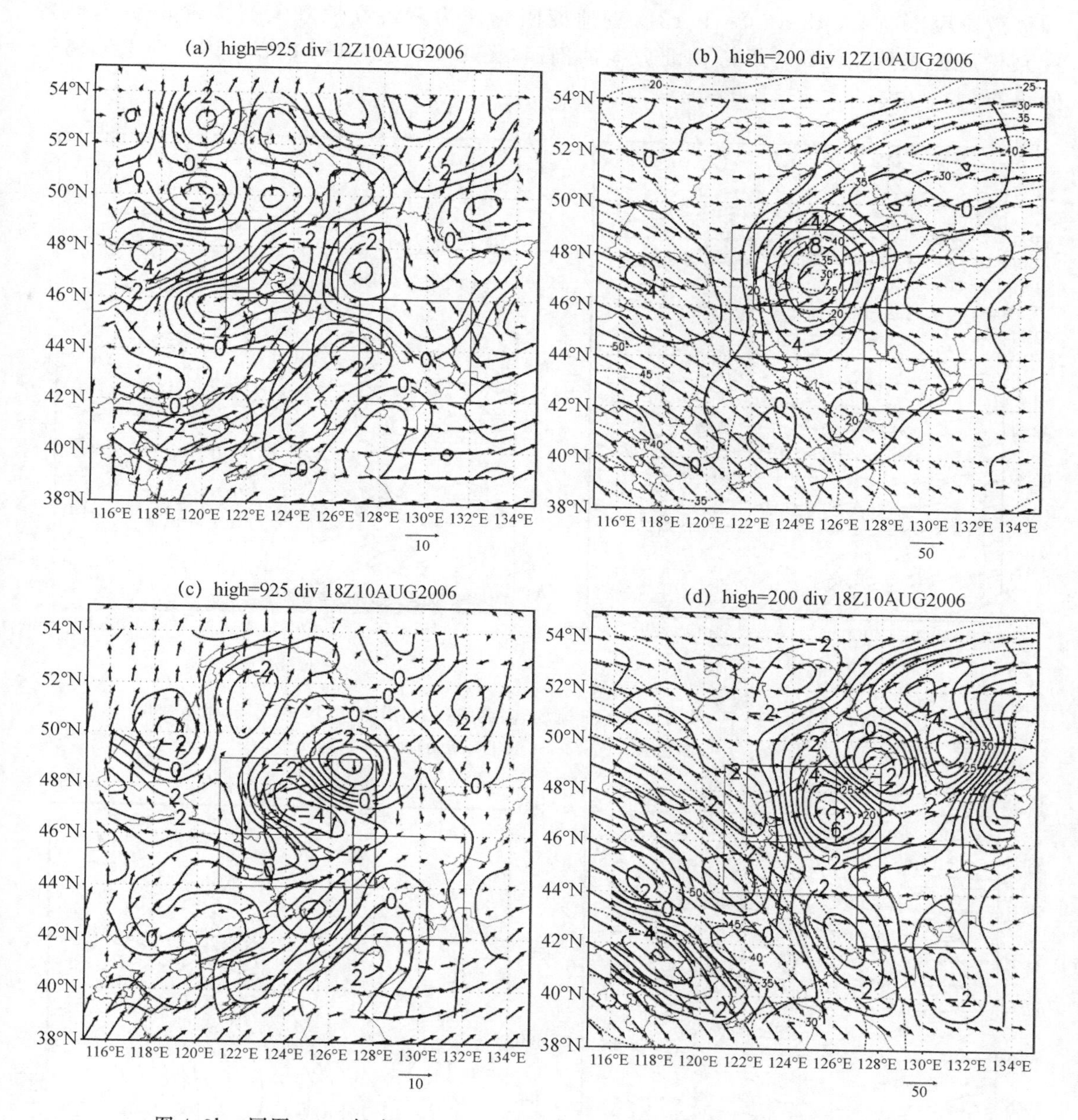

图 4.9b 同图 4.9a，但为 2006 年 8 月 10 日 12 UTC(a,b)和 10 日 18 UTC(c,d)

4.5 α 中尺度流场结构

下面将通过在对流层高层南支高空急流东北侧和北支高空急流之间的强辐散区做流场和垂直速度的垂直剖面分析，进一步探讨强辐散区 MCC α 中尺度流场在 MCC 发展各阶段的空间结构。

在两支高空急流之间，从 2006 年 8 月 10 日 08 时到 11 日 02 时间隔 6 h 与流场近平行的位置(128°E,116°—46°N)做剖面(图 4.10—4.13a)，即 MCC 产生前、成熟 1、成熟 2

和消散阶段剖面图(图 4.10—4.13b,近地面阴影区为蒙古高原和大兴安岭山脉地形高度),然后在成熟 2 又做一个近南北方向的剖面(图 4.14)来分析 MCC 在该方向上流场空间分布。

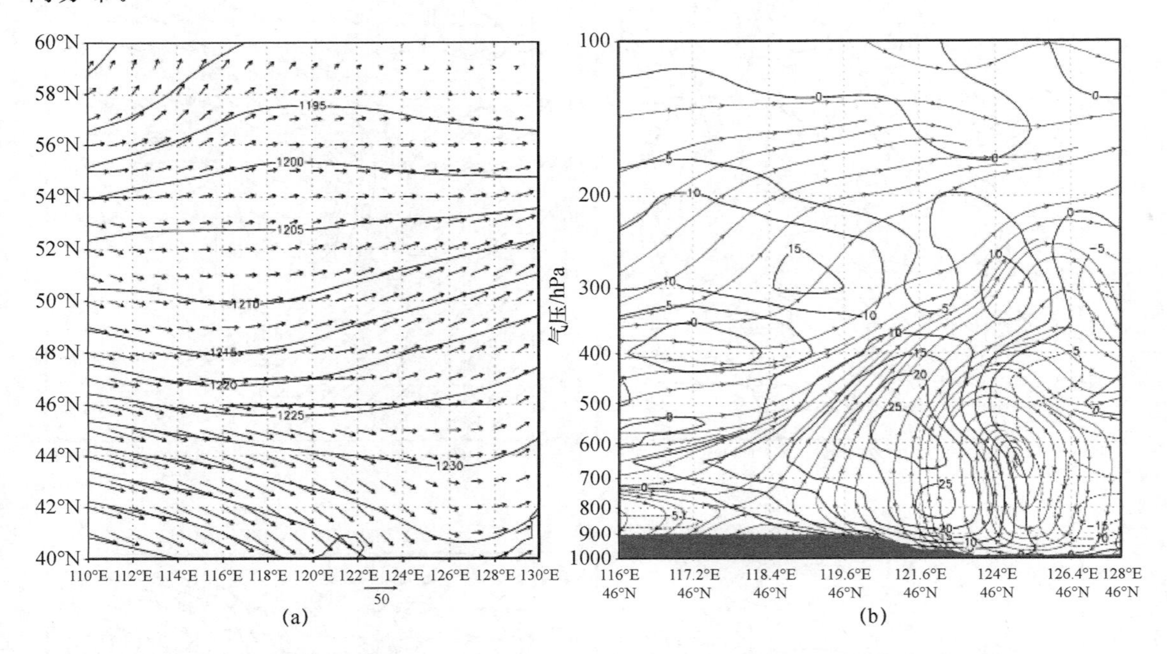

图 4.10　2006 年 8 月 10 日 08 时 200 hPa 流场、高度场(a)和沿着 46°N 的流场、垂直速度(b)(单位:10^{-2} m/s,>0 为上升运动)剖面

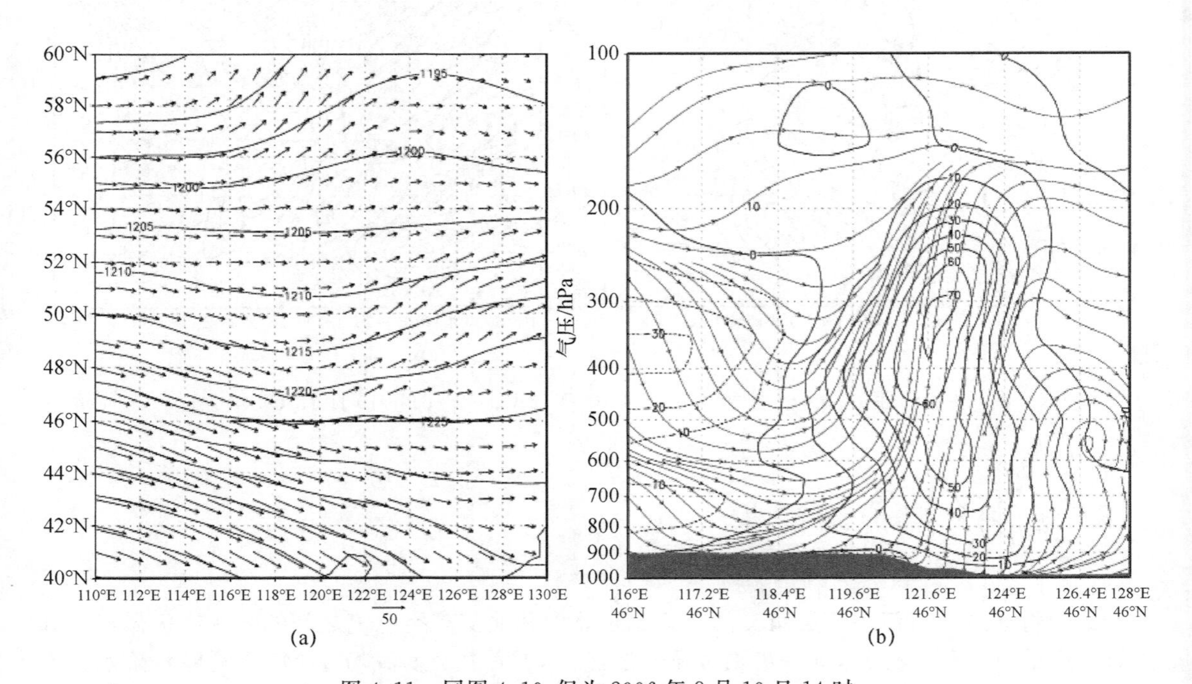

图 4.11　同图 4.10,但为 2006 年 8 月 10 日 14 时

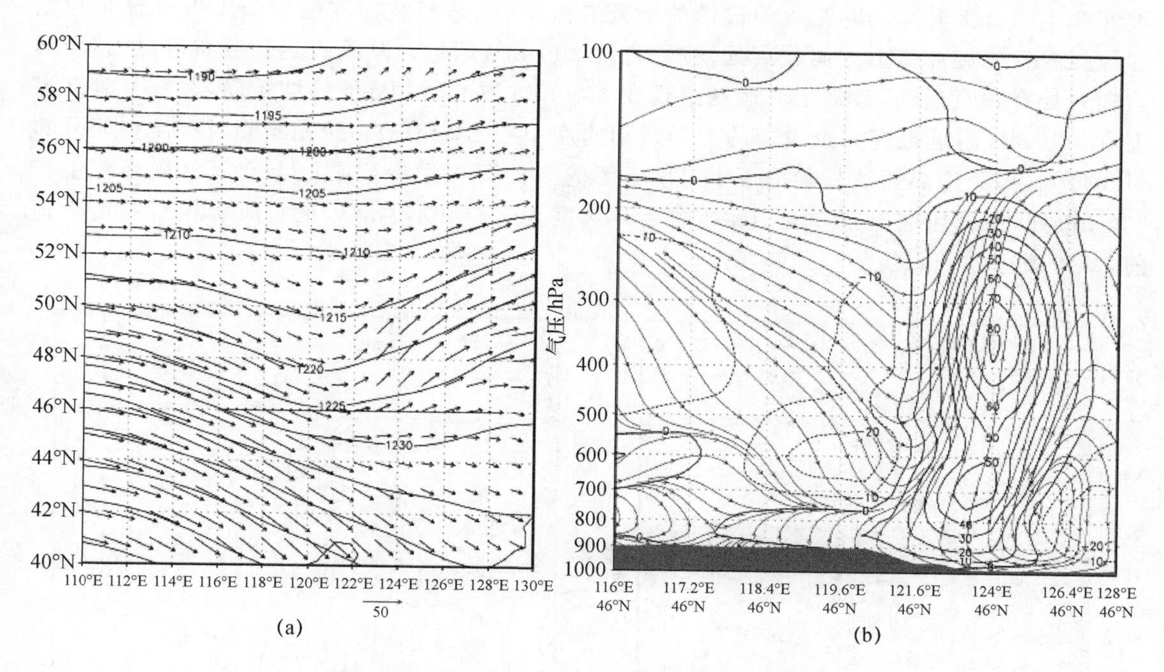

图 4.12 同图 4.10,但为 2006 年 8 月 10 日 20 时

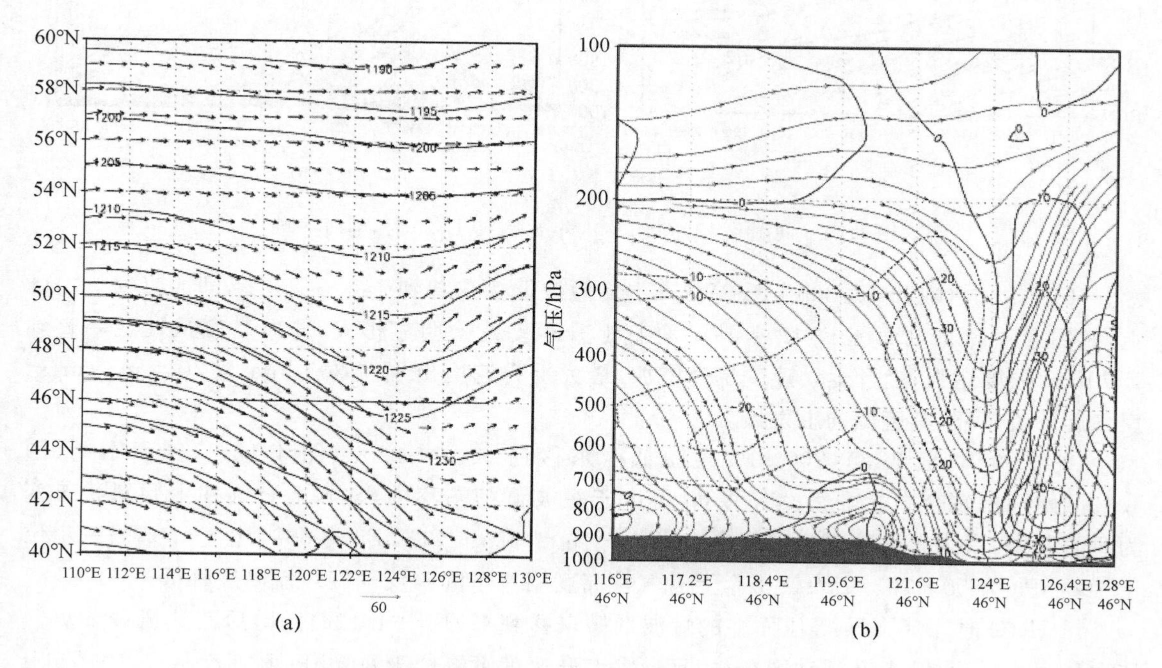

图 4.13 同图 4.10,但为 2006 年 8 月 11 日 02 时

2006 年 8 月 10 日 08 时,200 hPa 短波槽位于(116°E,46°—48°N)附近(图 4.10a),剖面图中(图 4.10b)有两个明显的流场分布,一是短波槽前有组织的上升运动,二是平原上空从地面到 200 hPa 中心位于 700 hPa 附近的较强反气旋环流(这个环流与前面平均相对涡度图分布一致)。这个较强反气旋环流有两方面的作用,一是近地面以偏东风吹向背风坡,在

坡底产生辐合上升运动并汇入短波槽的上升气流中，二是短波槽前的倾斜上升气流可以沿着较强的反气旋环流上方向较高处发展，直到 200 hPa 附近。从垂直运动分布可见，在背风坡辐合处有垂直运动，最强上升运动出现在 800 hPa 和 600 hPa 但强度较弱，在反气旋环流上方 300 hPa 附近也有一个较弱的上升运动速度中心（10 m/s）。该图与相对湿度空间分布对比可知，中蒙边界短波槽前的 α 中尺度云团的云砧可以发展到平原上空反气旋环流上空 200 hPa处，而背风坡上空 600 hPa 处的上升速度为 25×10^{-3} m/s，正对应着相对湿度大值前，即中蒙边界云团前。

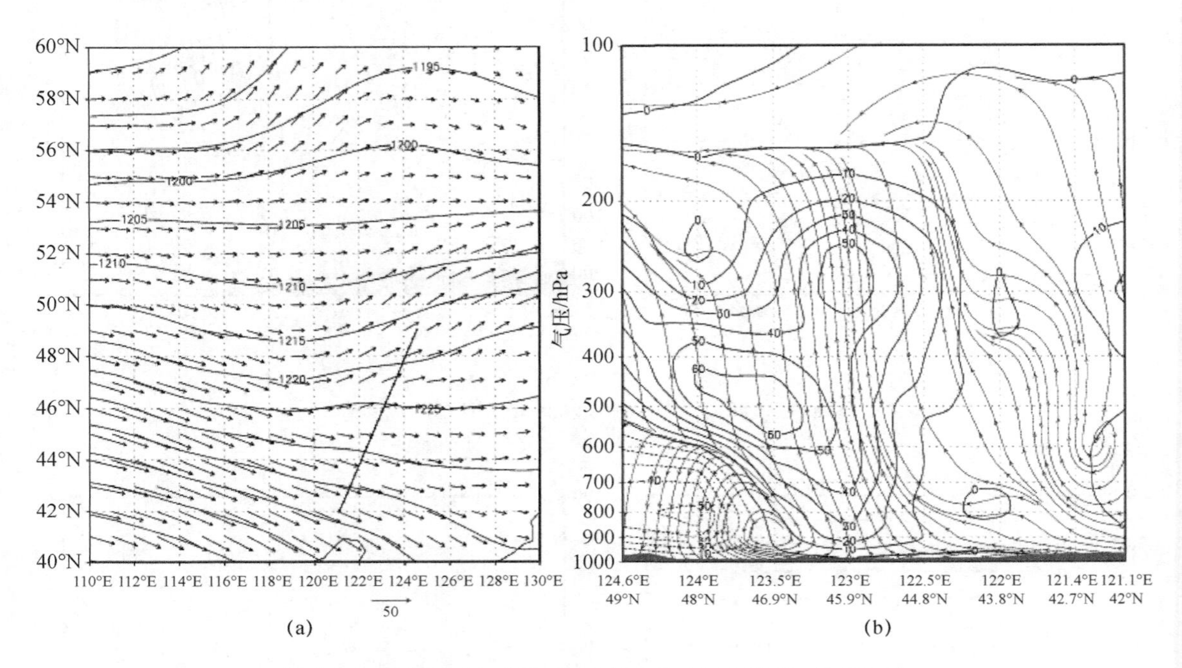

图 4.14　同图 4.10，但为 2006 年 8 月 10 日 20 时，剖面不同

10 日 14 时（成熟 1），200 hPa 等压面上的短波低槽东移到 118°—120°E，即大兴安岭山脉上空（图 4.11a）。剖面图上（图 4.11b）垂直上升运动范围明显扩大，伸展高度从坡底一直到 150 hPa，强度增强，上升运动速度迅速增加，最大上升速度出现在 300 hPa 为 70×10^{-3} m/s。反气旋环流东移，其范围向上发展。

10 日 20 时（成熟 2），200 hPa 短波低槽东移到 120°—122°E（图 4.12a），剖面图上（图 4.12b）地面的辐合中心虽然没有移动，但由于短波低槽东移的影响，上升气柱由倾斜状态变为垂直状态，最强上升速度出现两个中心，一个位于 300～400 hPa 为 80×10^{-3} m/s，另一个位于 700 hPa 为 50×10^{-3} m/s。整个上升气柱高度略有下降。反气旋环流高度降低。

11 日 02 时，200 hPa 等压面上的短波低槽东移到平原（图 4.13a）。槽后西北风和下沉气流取代强上升运动，上升运动区东移，且最大上升速度下降位于 800 hPa 附近为 40×10^{-3} m/s（图 4.13b）。

10 日 20 时第二个成熟期，该时刻从东北—西南并垂直于分支急流出口区做剖面（图 4.14），发现，剖面北部（123.5°E，46.9°N）的上升运动减弱，最大上升速度高度降低，而南部（123°E，45.9°N）的上升运动增强，最强上升运动发生在 300 hPa 附近，而且上升气流可以到达 200 hPa 高度以上。从流场分布看，低层西南气流与暴雨减弱时的云内下沉气流向南的出流相遇，辐合上升促使南部对流发展。

通过对 MCC 各阶段强辐散区水平和近垂直的剖面图上流场和垂直速度的分析可见，流场和垂直速度的空间结构特征为：MCC 产生前，GR 区是反气旋环流占主导地位，近地面偏东气流在大兴安岭背风坡辐合上升汇入到短波槽前的倾斜上升气流中，该倾斜上升气流在反气旋环流可以上空爬升到 200 hPa 高度附近。MCC 成熟阶段，随着短波低槽和反气旋环流的东移，背风坡上空的倾斜上升气流进入 MR 区域，并与背风坡对流层中下层的上升气流相通，上升气流范围扩大并贯穿整个对流层，上升速度也迅速增大，最大上升速度出现在 300 hPa 为 70×10^{-3} m/s。同时，从近南北向的剖面可见，暴雨区 600 hPa 以下出现下沉气流，并且下沉速度与减弱的上升气流速度相当；当下沉气流向南的出流遇到南部近地层西南气流辐合抬升，在暴雨区南部出现强对流天气，使暴雨区向该方向传播。MCC 减弱阶段，随着短波低槽东移，上升气流由倾斜状态变为垂直状态，上升运动高度降低。MCC 消散时，短波槽向东移出暴雨区，暴雨区内被槽后西北气流所控制，移出的上升气柱，上升运动强度减弱，高度降低。

4.6 α中尺度结构成因分析

MCC 发生、发展有两个物理量特别突出，一个是气旋性涡度的快速发展，另一个是强烈的上升运动。下面对这两个物理量发展演变及成因进行分析。

4.6.1 涡度发展演变及其成因分析

前面对 MCC 三个阶段的发展演变及相应区域内平均涡度进行了分析，下面分析暴雨区内过 46°N 的剖面上从底层到高层该三个阶段相对涡度的发展演变及形成原因。

正涡度为气旋环流，负涡度为反气旋环流，在下面的分析中，把正涡度区称为气旋环流（图中标注＋），负涡度区称为反气旋环流（图中标注－）。

2006 年 8 月 10 日 08 时（10 日 00UTC），在中蒙边界（116°—119°E，45°—48°N）对流层中下层（500～850 hPa）存在一个中尺度气旋环流（正涡度中心位于 118°E，48°N），其最内圈为 $4\times10^{-5}\,s^{-1}$，其前方有一个较强的反气旋环流，位于 GR 内（最内圈大于 $8\times10^{-5}\,s^{-1}$），反气旋环流的强度大于气旋环流（图 4.15a）。

2006 年 8 月 10 日 14 时，中蒙边界上空的对流层中下层气旋环流中心移到大兴安岭背风坡上空（121°E，46°N）（图 4.15 b）。从 08—14 时 6 h 正涡度中心向东移动了 3 个经距，向南移动了 2 个纬距（118°—121°E，48°—46°N），正涡度中心的强度也从 $4\times10^{-5}\,s^{-1}$ 加强到 $6\times10^{-5}\,s^{-1}$，其东部的反气旋环流向东移动，但移动较慢。这样气旋环流与反气旋环流之间的距离缩小，梯度加大。同时该气旋环流与在对流层高层（200 hPa）中蒙边界（118°E，46°N）出现的气旋环流构成斜压分布。

2006 年 8 月 10 日 20 时上述结构依然存在，只是都向东移动。对流层中层的正涡度已经进入 MR 内，气旋环流进一步增强，但其前方的反气旋环流明显减弱（图 4.15 c）。与垂直运动比较，正涡度中心和其前部的正涡度平流都位于垂直运动上升区中，且气旋环流中心处上升运动更强一些。

2006 年 8 月 11 日 02 时对流层中层的气旋环流东移并落入近地面，且强度减弱，高层气

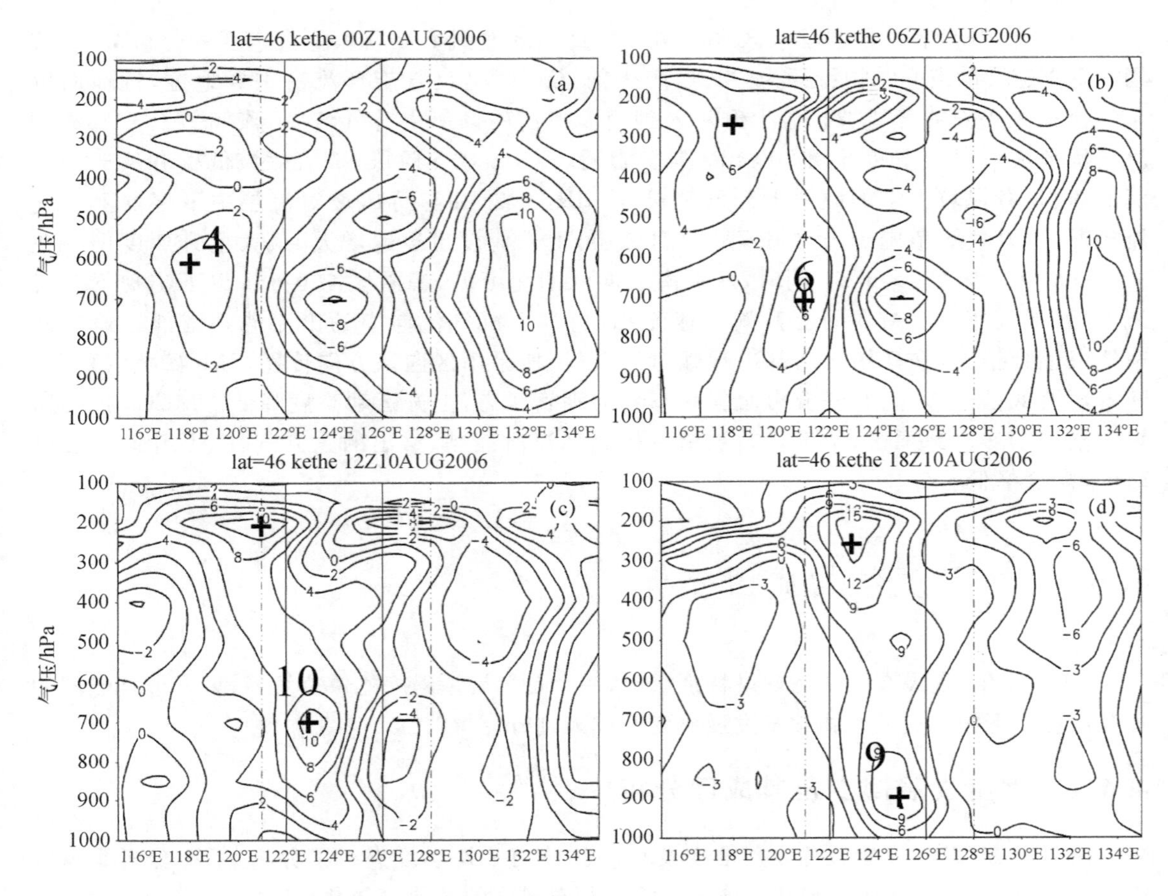

图 4.15　2006 年 8 月 10 日 08 时(a)、14 时(b)、20 时(c)和
11 日 02 时(d)垂直涡度沿着 46°N 剖面(单位:$10^{-5}\,s^{-1}$)

旋环流进入 MR 内,气旋环流的斜压性减弱。同时,前方的反气旋环流消失,在反气旋环流东北方 300～400 hPa 的反气旋环流增强(图 4.15d)。

11 日 08 时 MR 内近地面的气旋环流仍然维持,高层的气旋环流东移到低压上空,并略有前倾,大气斜压性减弱,过程结束(图略)。

由此可见,暴雨区上游中蒙边界上对流层中层的气旋环流,在向东南移动的过程中,当由高原降到背风坡和平原地区上空时,气旋环流迅速增强,并且在高层也有相应的气旋加强东移,与对流层中层气旋环流呈斜压分布。随着系统东移,当气旋环流的斜压分布不复存在并出现正压状态或高层气旋涡度前倾时,过程结束。另外,MCC 产生前期对流层中层的反气旋环流对成熟阶段对流层中层气旋环流的发展起到了较大的作用(这与前面 MCC 流场结构研究时,分析的反气旋环流的作用一致),当它消失时,气旋环流也不再发展。

从大兴安岭山脉下来的气旋涡度迅速增强,其原因可以通过位涡守恒来解释。

根据广义位涡方程:$\frac{d}{dt}\left(\frac{\boldsymbol{q}_a \cdot \nabla_3 S}{\rho}\right)=\frac{1}{\rho}\nabla_3 S\cdot[\nabla_3\times \boldsymbol{F}]+\frac{\boldsymbol{q}_a}{\rho}\cdot\nabla_3\left(\frac{\dot{Q}}{T}\right)$

式中：$\frac{\boldsymbol{q}_a \cdot \nabla_3 S}{\rho}$ 定义为绝对位涡，它是运动方程、连续方程与热力学能量的综合；方程右端第一项表示摩擦作用，第二项表示非均匀加热作用。显然在绝热、无摩擦的情形下，有绝对位涡守恒，即

$$\frac{\mathrm{d}}{\mathrm{d}t}\left(\frac{\boldsymbol{q}_a \cdot \nabla_3 S}{\rho}\right) = 0 \tag{4.1}$$

这就是 Ertel 位涡定理。该式表明，在无摩擦、绝热运动中，两等熵面之间气柱的绝对涡度虽然可以变化，但位涡是守恒的。对大尺度运动，根据尺度分析，略去小项，位涡守恒方程可以近似地写成

$$\frac{\mathrm{d}}{\mathrm{d}t}\left[\frac{c_p}{\rho}\frac{\partial \ln\theta}{\partial z}(\zeta + f)\right] = 0 \tag{4.2}$$

式中：$\frac{1}{\rho}\frac{\partial \ln\theta}{\partial z}$ 是和大气稳定度成正比的量。由于大尺度运动满足静力平衡，又因绝热过程中 θ 为常数，所以位涡守恒方程可以写成 $\frac{\mathrm{d}}{\mathrm{d}t}\left(\frac{\zeta + f}{H}\right) = 0$，其中 H 看作涡旋系统的有效厚度。对于一个流体气柱来讲，上式可以写成：$\frac{\zeta + f}{H} = \frac{\zeta_0 + f_0}{H_0} =$ 常数。令 $f = f_0 + \beta(y - y_0)$，则，

$$\zeta = -\beta(y - y_0) + f_0\left(\frac{H}{H_0} - 1\right) + \frac{H}{H_0}\zeta_0 \tag{4.3}$$

用(4.3)式来解释涡旋从高原向平原过渡时正涡度加强的现象(吕美仲 等，1990)。

当暴雨区上游中蒙边界对流层中层的气旋环流向东南移动时，正是向大兴安岭山脉爬升后向平原移动的过程。该过程中，$y < y_0$，由于 β 效应，即(4.3)式第一项的作用，使涡度增强。当气旋环流从大兴安岭山脉移到平原时，由于地形的作用，气旋环流的垂直气柱被显著地拉长，假设气柱仍保持在原来两个等位温面之间，由于 H 明显增大，(4.3)式第二项和第三项也明显增大，也可以看作若气柱拉长，(4.2)式中稳定度减小$\left(\frac{\partial\theta}{\partial z}\text{减小}\right)$，所以气旋性涡度明显增强。

由此可知，由于绝对位涡守恒，从高原而来的气旋环流当由高原向平原移动时，气旋环流增强，这可能就是为什么在高原的背风坡和平原地区容易形成 MCC 的一个原因。

由位涡守恒(4.2)式知道，大气层结稳定度的变化对气旋的发展有很大的作用，稳定度和风的垂直切变对气旋发展的作用将在中尺度对流条件部分具体分析。

从上面分析可见，涡度发展与地形有关，地形的动力作用使得高原向平原移动的气旋，其涡度发展。另外，在 MαCC 流场结构分析部分发现，在涡度的发展演变过程中，反气旋环流在暴雨形成过程中也起到很重要的作用。

4.6.2　温度平流及垂直运动

暴雨发展与垂直运动紧密相连，从平均的垂直运动分布可见，成熟阶段对流层中上层上升运动迅速发展，其原因除了中尺度的低层辐合和高层的强辐散外，还有温度平流和涡度平流随高度的变化。根据中纬度准地转 ω 方程(丁一汇 ，2005)：

$$\sigma \nabla^2 \omega + f_0^2 \frac{\partial^2 \omega}{\partial p^2} = f_0 \frac{\partial}{\partial p}\left[v_g \cdot \nabla\left(\frac{1}{f_0}\nabla^2 \phi + f\right)\right] + \nabla^2\left[\boldsymbol{v}_g \cdot \nabla\left(-\frac{\partial \phi}{\partial p}\right)\right]$$

对于等式右边第二项温度平流的拉普拉斯项，

$$\nabla^2\left[\boldsymbol{v}_g\cdot\nabla\left(-\frac{\partial\phi}{\partial p}\right)\right]\propto-\boldsymbol{v}_g\cdot\nabla\left(-\frac{\partial\phi}{\partial p}\right)=-\boldsymbol{v}_g\cdot\nabla\left(\frac{R\overline{T}}{p}\right)=-\frac{R}{p}\boldsymbol{v}_g\cdot\nabla\overline{T}$$

式中，$\overline{T}$ 是平均温度。

所以有：

$$\omega\begin{pmatrix}\text{上升}\\\text{下沉}\end{pmatrix}\propto\begin{pmatrix}+\text{涡度平流随高度增加}\\+\text{涡度平流随高度减少}\end{pmatrix}+\begin{pmatrix}\text{暖平流}\\\text{冷平流}\end{pmatrix}$$

中高纬度准地转条件下产生垂直运动的原因有两个方面，一是温度平流，二是涡度平流随高度的变化。下面对这两方面的作用进行分析。

通过各层等压面上温度平流和垂直运动分析发现，47°N 的情况可以比较好地揭示温度平流和垂直运动的关系。下面以 47°N 剖面上 2006 年 8 月 10 日 08 时、14 时、20 时、11 日 02 时及 11 日 08 时温度平流和垂直运动对比分析，揭示温度平流和垂直运动的关系（图 4.16）。

2006 年 8 月 10 日 08 时（10 日 00 UTC），在 GR 区西界 121°E 附近 500～400 hPa 存在最大暖平流中心（$>10\times10^{-5}$ ℃/s）（图 4.16a），并对应最大上升运动中心（>0.45 Pa/s）（图 4.16b），暖平流区和上升运动区分布相似，都是随着高度升高自西向东倾斜。与相对湿度分布比较，此时的暖平流是来自中蒙边界的中尺度云团内，应该是凝结潜热释放产生的暖平流。另外，冷平流和下沉运动也有很好的对应关系，121°E 附近，850 hPa 以下为冷平流和下沉运动，GR 区东部大面积的冷平流区对应着下沉运动。说明在暴雨产生前，暖平流对应上升运动，而且这个暖平流来自中蒙边界的 α 中尺度云团，冷平流对应下沉运动，符合准地转 ω 方程。

2006 年 8 月 10 日 14 时（10 日 06 UTC），在 GR 区西界 121°E 附近对流层中层的暖平流区域整体向东推进，从蒙古高原经大兴安岭山脉降到大兴安岭背风坡和平原上空的对流层中层，最大暖平流中心高度也从 500～400 hPa 降到 600～500 hPa，但仍对应最强上升运动区，同时近地面出现冷平流和下沉运动。在这个过程中上升运动比 08 时增强，暖平流一直维持但强度变化不大，说明除了暖平流对垂直运动的影响外，还有其他因素的影响。

2006 年 8 月 10 日 20 时（10 日 12 UTC），在暴雨区内与垂直运动相对应的 900～300 hPa 暖平流很弱，无暖平流中心，暖平流中心出现在近地面和对流层高层，其原因有待进一步认识。

2006 年 8 月 11 日 02 时出现与 20 时类似的情况，只是暖平流区域又进一步东移，系统已经东移到成熟区域东侧，而暖平流强度有所增强。

由上可见，暖平流与垂直运动有很好的对应关系，暖平流主要来自上游中尺度云团内的凝结潜热释放。故在暴雨前期，上游区域云团内的凝结潜热释放对下游区域的上升运动起着关键作用，尤其是从高原向平原移动的中尺度云团，当其与中低层上升运动重叠时可能易爆发强对流。因此，暖平流在暴雨初期和成熟期对上升运动的贡献较大，也可以解释 MCC 多产生在大山的背风坡处。

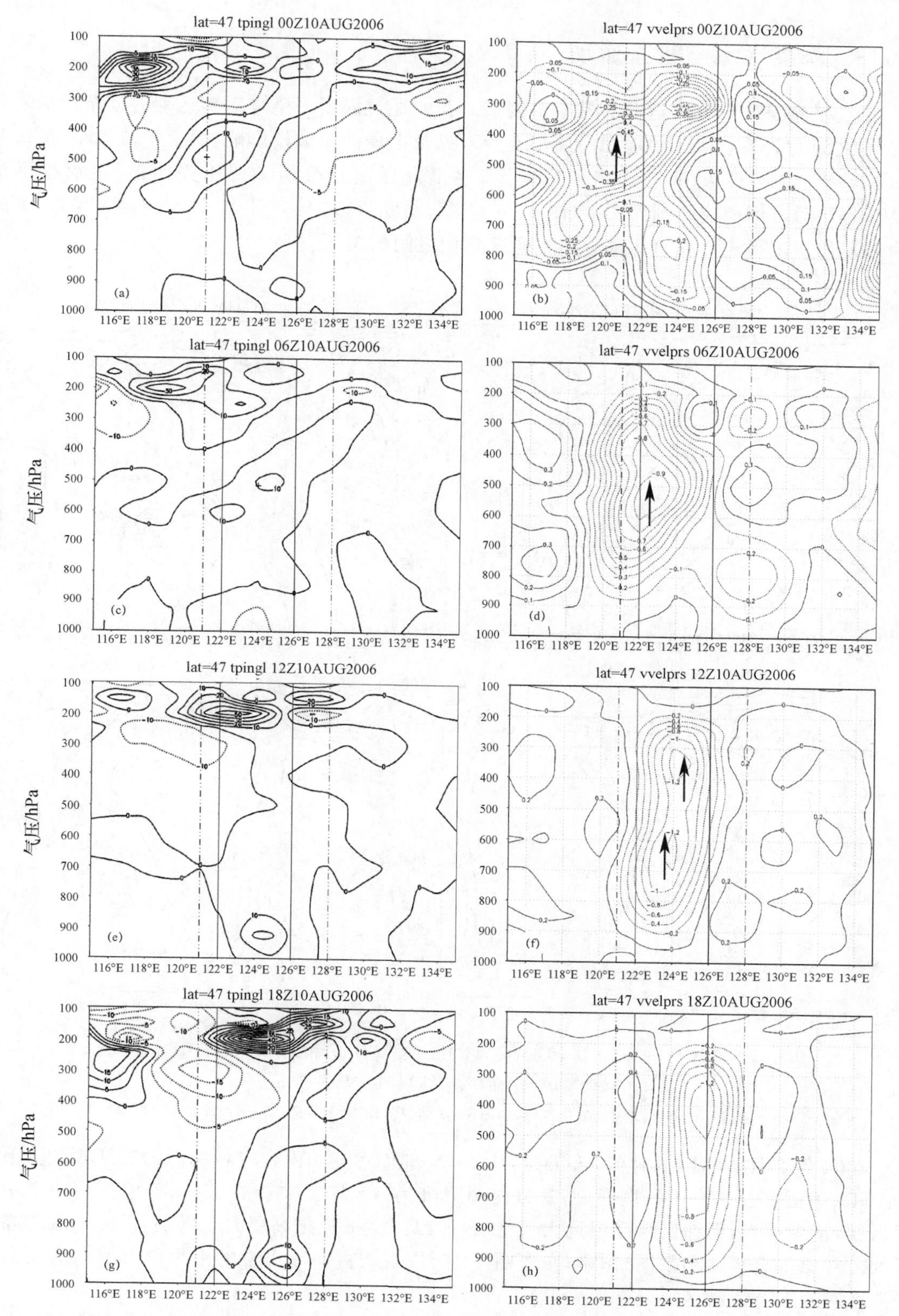

图 4.16 2006 年 8 月 10 日 08 时(a,b)、14 时(c,d)、20 时(e,f)和 11 日 02 时(g,h)温度平流(a,c,e,g,暖平流为“+”,单位:10^{-5}℃/s)和垂直运动(b,d,f,h,上升为负,单位:Pa/s)沿 47°N 的剖面

4.6.3 涡度平流与垂直运动

涡度平流是影响垂直运动的另一个因素。我们通过涡度平流与垂直运动的分布特征来研究它们之间的关系。由于中层到高层都是受西风带上弱的短波槽影响，涡度平流很小，量级只有 $10^{-9}\ s^{-1}$，高层最大时有 $10^{-8}\ s^{-1}$，因此，这里只做定性分析。把相关的正、负涡度平流(PVE、NVE)点到相应的剖面图上(图 4.17)，通过分析 2006 年 8 月 10 日 08 时到 11 日 08 时 5 个时刻的涡度平流与垂直运动分布来研究它们之间的关系。

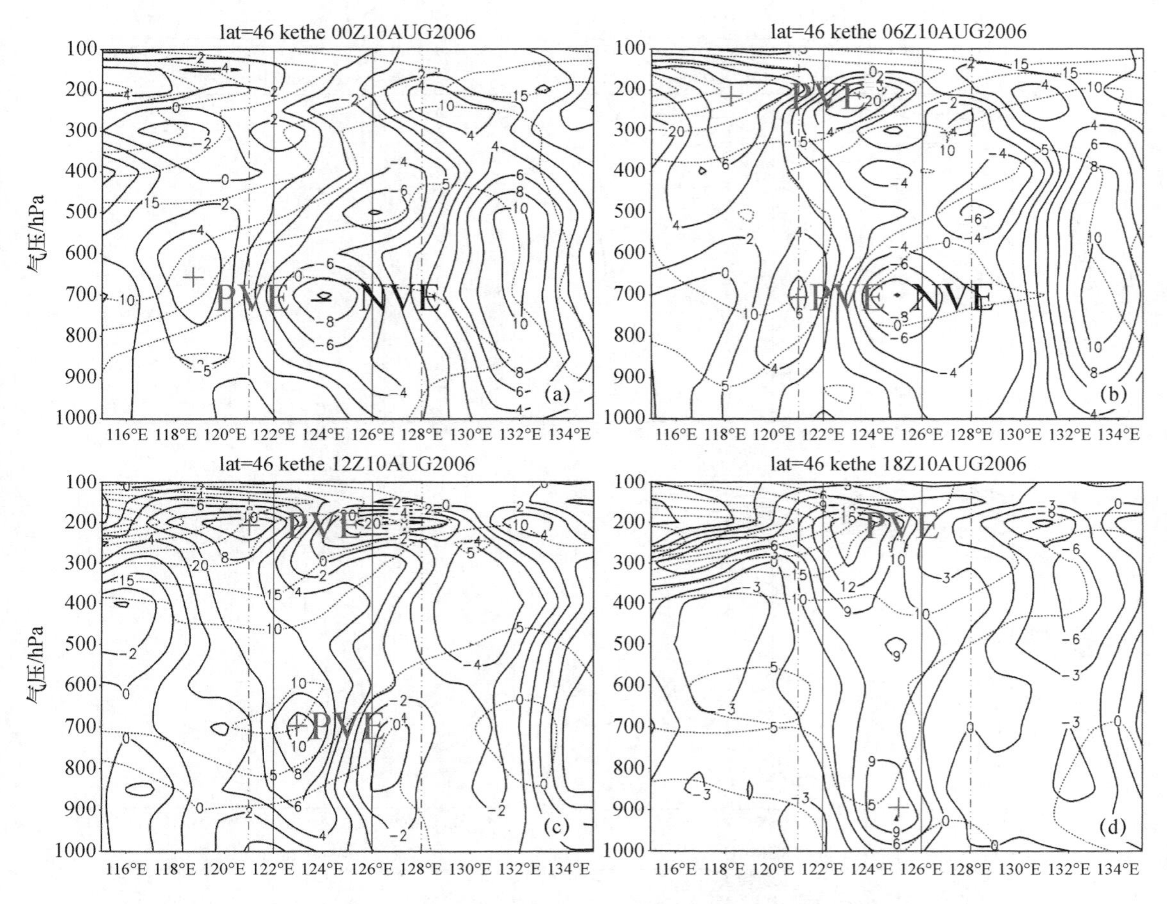

图 4.17　2006 年 8 月 10 日 08 时(a)、14 时(b)、20 时(c)和 11 日 02 时(d)垂直涡度、涡度平流与纬向风沿纬圈(46°N)的剖面

[+(-)：正(负)涡度(实线，单位：$10^{-5}s^{-1}$)，纬向风：虚线，PVE(NVE)：正(负)涡度平流(单位：$10^{-10}s^{-2}$)]

2006 年 8 月 10 日 08 时(00 UTC)，从 46°N 剖面可见(图 4.17a)高原(119°E 附近)上空 700 hPa 附近存在一个中尺度涡旋，其最内圈强度为 $4\times10^{-5}\ s^{-1}$，在150 hPa也存在一个中尺度涡度，量级相当，但纬向风高层远大于低层，所以涡度平流是高层大于低层，涡度平流随高度增加。对照垂直运动剖面图(图略，参考图 4.16)发现蒙古高原上空的中尺度气旋前的正涡度平流区对应上升运动区。

10 日 14 时 200 hPa(图 4.17b)，119°E 附近正涡度增加范围扩大，其下方是 700 hPa 东移的气旋，正涡度平流随高度迅速增加，在正涡度平流下方和 700 hPa 气旋之间是迅速增强的上升运动。

10 日 20 时，与 14 时类似(图 4.17c)。

11 日 02 时气旋东移落入近地面，高层的气旋和正涡度平流东移，高低层涡度之间仍呈斜压分布，正涡度平流随高度增加仍然存在，它们之间的上升运动也存在，只是整体东移(图 4.17d)。

11 日 08 时低层气旋与高层气旋呈正压或前倾分布，正涡度平流随高度变化为负，上升运动消失，过程结束(图略)。

由此可见，暴雨区上游中蒙边界对流层中层的气旋环流，在向东南移动过程中，当由高原降到背风坡和平原地区上空时，气旋环流增强，相应的正涡度平流也增强，虽然对流层中层短波低槽前的正涡度平流很小，但因为高层气旋发展和风速较大，并呈斜压分布，使得正涡度平流随高度增加，对应上升运动，当这种关系不存在时过程结束。虽然短波槽前涡度量级较小，但涡度平流随高度增加明显，对垂直运动发展有较大的贡献。

4.6.4 近地面高温、高湿、高能量锋区空间分布

大气高温、高湿、高能特征通常用高相当位温舌和高 CAPE 值表示。相当位温可以表示为湿静力能，所以高相当位温舌也叫高能舌，通常分布在对流层下层。以 850 hPa 为例分析 2006 年 8 月 10 日 08 时到 11 日 02 时期间对流层下层的相当位温分布状态(图 4.18)。

2006 年 8 月 10 日 08 时(图 4.18a)有一条 335 K 的相当位温暖舌从西南伸向 GR 区，同时在北部有 320 K 的干冷舌，冷暖锋区恰位于 GR 区内及附近区域。说明暴雨开始前，暴雨区西南部有高温高湿能量向暴雨区提供，同时暴雨区北部有干冷空气向暴雨区入侵，冷暖锋区交汇在 GR 区。

2006 年 8 月 10 日 14 时和 20 时(图 4.18b 和 4.18c)，这条湿舌和锋区一直维持在 MR 区，14 时 GR 西南部 340 K 向北挺进，GR 东北处出现 320 K 小中心，说明西南暖湿空气加强北上，北方冷空气也略有加强，使锋区加强。20 时到 11 日 02 时(图 4.18d)，西南暖湿空气逐渐东移南退，冷空气势力依然维持，锋区逐渐减弱。

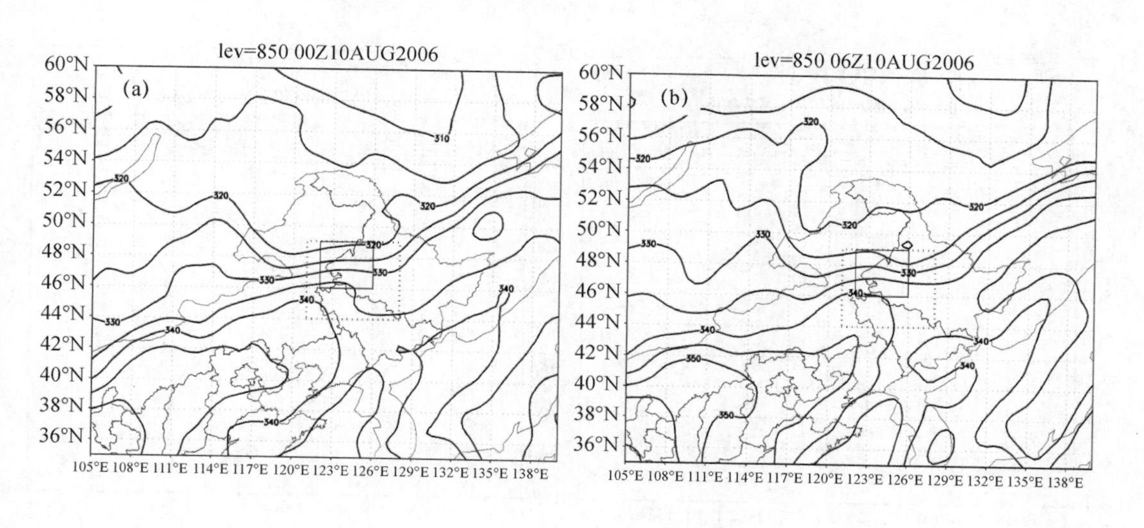

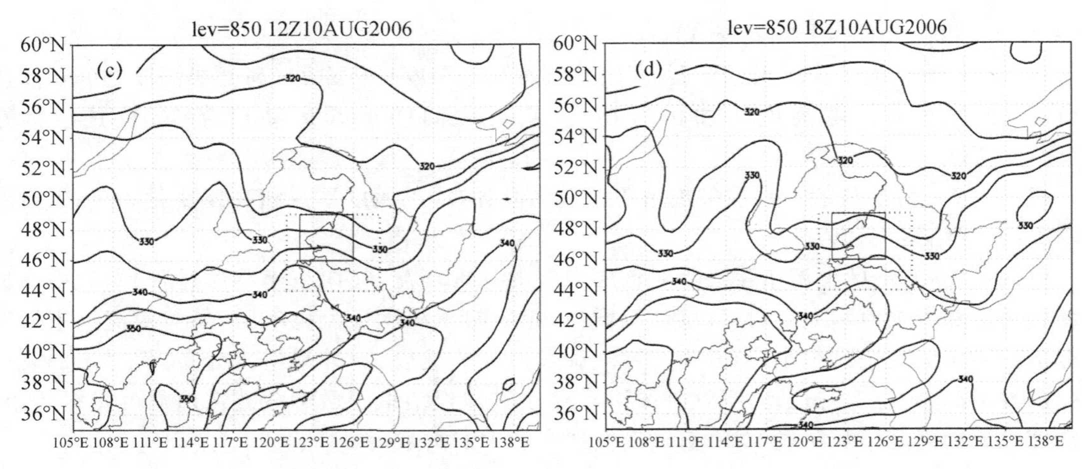

图 4.18　2006 年 8 月 10 日 08 时(a)、14 时(b)、20 时(c)和
11 日 02 时(d)850 hPa 相当位温 θ_e(K)分布

下面分别通过 46°N 和 123°E 经圈和纬圈剖面(图 4.19a、4.19b)分析相当位温随高度分布情况。

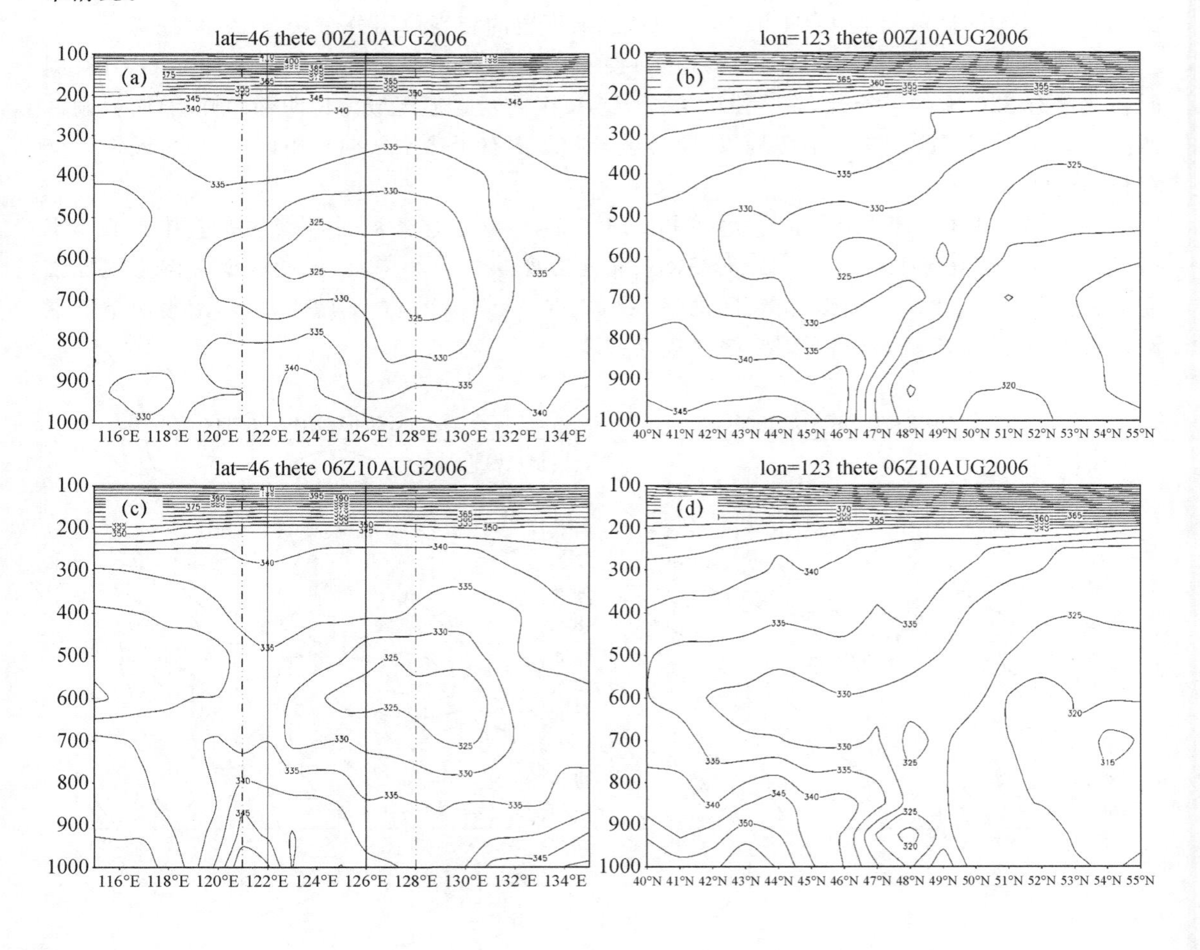

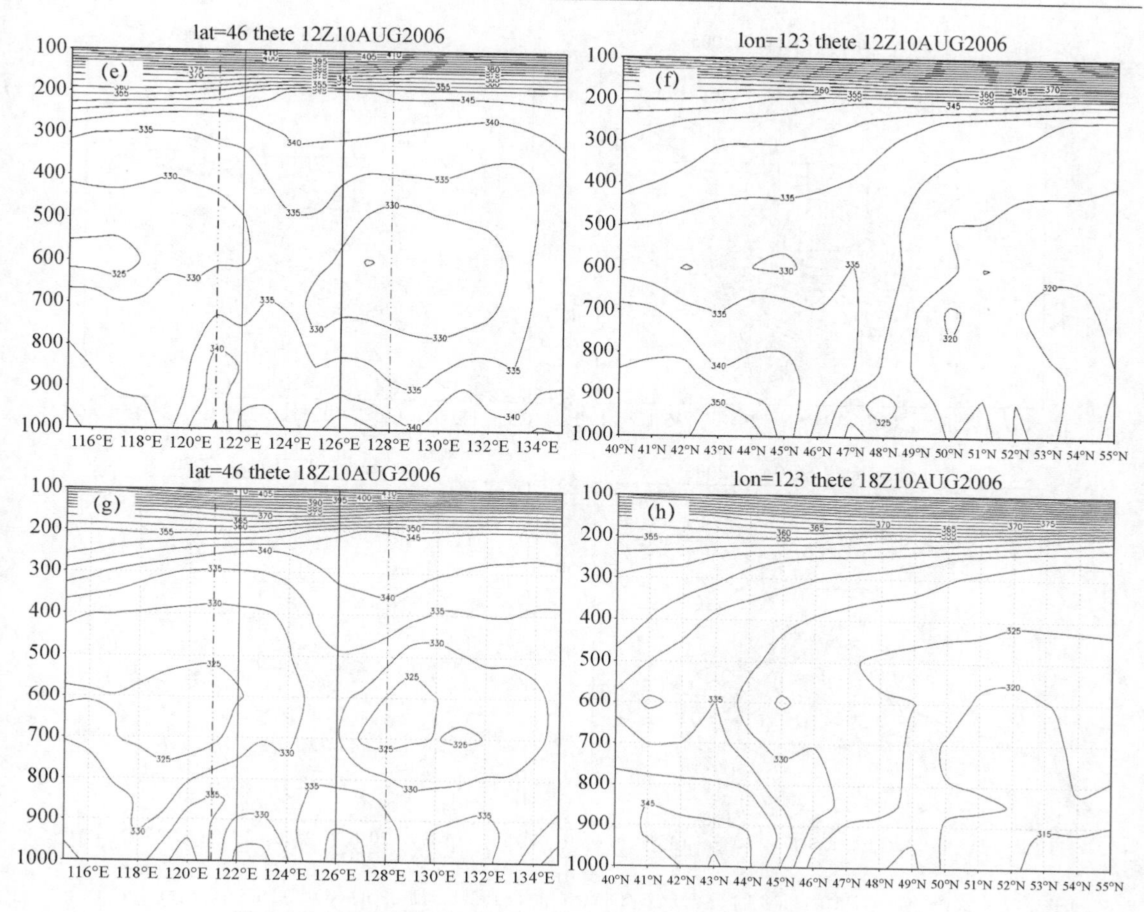

图 4.19　2006 年 8 月 10 日 08 时(a,b)、14 时(c,d)、20 时(e,f)和 11 日 02 时(g,h)θ_e 沿着 46°N(a,c,e,g)和 123°E(b,d,f,h)剖面图

从 08 时过 46°N 剖面可见，从西南伸到(124°E、46°N)的暖湿舌(330～335 K)可以达到 700～800 hPa 高度，600 hPa 附近是干冷中心(小于 325 K)；从该时刻过123°E剖面可见，西南暖湿和北方干冷空气形成的锋区(46°—48°N)主要在 850 hPa 以下，其中 900 hPa 以下锋区更强。14 时，从 46°N 剖面上可见，600 hPa 冷空气中心东移，西南暖湿空气加强；从该时刻 123°E 纬圈剖面可见，西南暖湿空气向北挺进，出现 355 K 线，北部冷空气也加强，出现 320 K 中心，同时锋区加强。20 时以后，西南暖湿空气和北方干冷空气都减弱，600 hPa 附近的干冷空气也减弱(图 4.19)。由此可见，暴雨发生之前，高温高湿能量锋区在近地面已经存在并可以维持到 850 hPa，暴雨发生期间有所增强，之后减弱或消失。

能量的另一个物理量是 CAPE，是可获得的对流有效位能。通过分析 2006 年 8 月 10 日 08 时到 11 日 02 时的地面 CAPE 分布可以看出，暴雨发生前，GR 区南部有高 CAPE 中心，GR 区内有 CAPE 锋区，暴雨发生时暴雨区位于 CAPE 锋区及偏北一些，暴雨结束后，CAPE 迅速减小，锋区消失(图 4.20)。

另外，从图 4.21 水汽通量和水汽通量散度分布，可以明显地看到水汽通量的最大中心在渤海湾[中心数值为 90×10^{-3} g/(s · hPa · cm)]，水汽通量舌伸向 GR 区东南部，在水汽通量舌的左侧 GR 区内是水汽通量的辐合中心，中心值达到 20×10^{-6} g/(s · cm^2 · hPa)。说明暴雨初生区近地层有水汽输送和辐合，水汽在这里集聚。

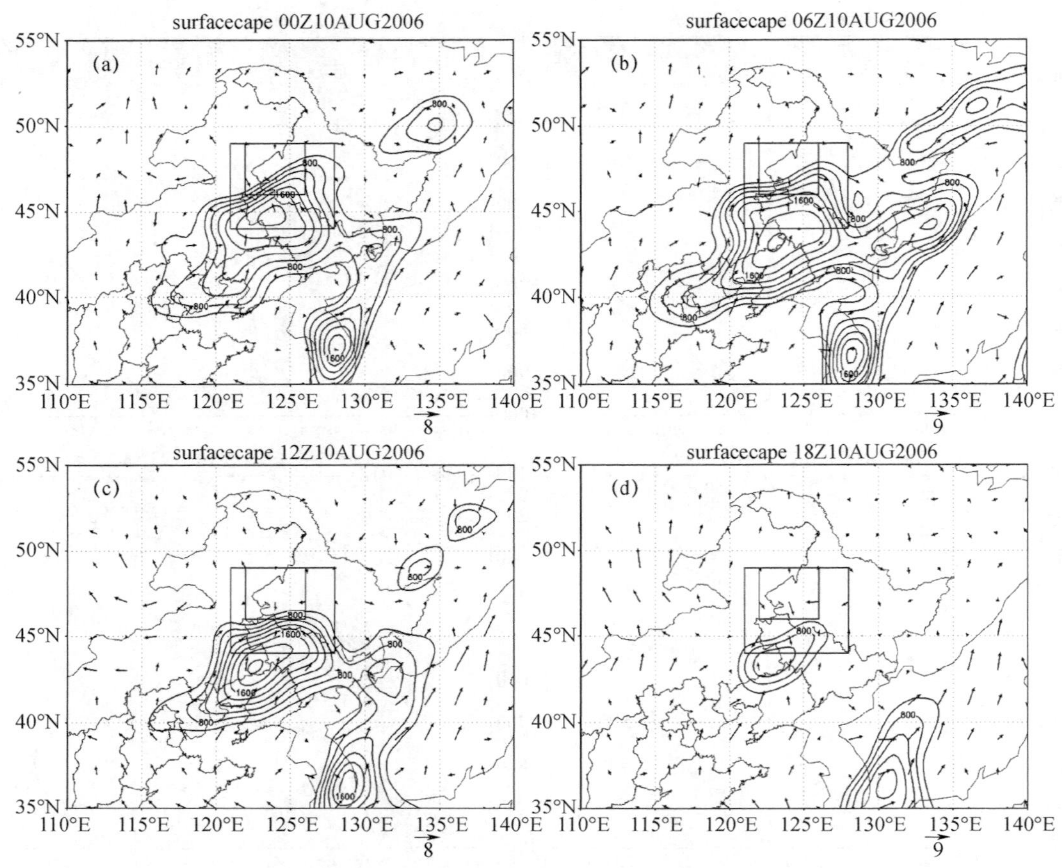

图 4.20　2006 年 8 月 10 日 08 时(a)、14 时(b)、20 时(c)和 11 日 02 时(d)CAPE(单位：J/kg)分布

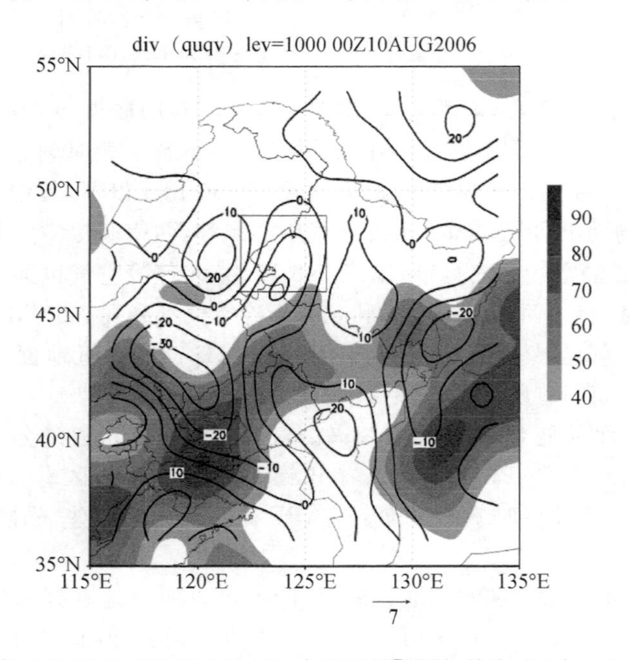

图 4.21　2006 年 8 月 10 日 08 时 1000 hPa 水汽通量[阴影，单位：10^{-3} g/(s · hPa · cm)]和水汽通量散度(实线，单位：10^{-6} g/(s · cm^2 · hPa))分析

从 KI 指数的分布图(图略)可以看到,有高 KI 指数从西南伸向 GR 区,并有大于 35 ℃的中心位于 GR 区,与 laing(1993)的结论比较一致(若 $KI>35$ ℃则雷暴范围将扩大),说明暴雨区和 $KI>35$ ℃紧密相连。

由此可以看到,地面高温高湿能量的积累和近地面能量锋区与暴雨区有密切的关系。

4.6.5 对流稳定度和风垂直切变

从前面 46°N 和 123°E 相当位温的剖面图(图 4.19)上看到了各个时刻相当位温随高度的分布:600 hPa 附近为相当位温低中心,高值区位于 850 hPa 以下,且在 850 hPa 以下,暴雨区北部为相当位温的低中心,暴雨区内和暴雨区南部是高相当位温脊。说明暴雨区内和暴雨区南部在 600 hPa 以下是对流不稳定区域,在 600 hPa 以上是稳定区域,而暴雨区南部比暴雨区内更不稳定。暴雨区北部是对流稳定状态。暴雨区东部由对流不稳定转为中性或稳定状态,西部为弱对流不稳定。

从图 4.19 中 123°E 剖面上可见,08 时(00 UTC)和 14 时(06 UTC)θ_e 北冷南暖的锋区集中在 850 hPa 以下,其中 900 hPa 以下 θ_e 基本上不随高度变化,即接近中性层结,900 hPa 到 850 hPa θ_e 随高度略有增加,即有很浅层的逆温,850 hPa 到 600 hPa θ_e 随高度降低,为不稳定层结,600 hPa θ_e 以上是稳定层结。说明暴雨是在对流不稳定的区域中发展起来的,但不是最不稳定的区域,而是在有密集锋区处,且近地面 900 hPa 以下是很浅层的中性层结,接着是浅层逆温,然后是 850~600 hPa 的不稳定层结,再向上就是稳定层结。

MCC 通常情况下发生在弱风速切变的环境中。本次过程是发生在两支强风速切变之间的弱切变区(图 4.22)。

用 200 hPa 与 850 hPa 纬向风的差值代表风垂直切变。由图 4.22a—4.22e 所示,实线代表风垂直切变,矢量箭头为 200 hPa 风矢量,内方框代表 MCC 初生(GR),外方框代表 MCC 成熟区(MR),在 MR 区域中选取 6 个点,中心点用空心圆表示,周围的 6 个方位点用实心圆表示。MCC 成熟区的风垂直切变为 10~20 m/s,在它的东北侧及西侧有两个强风速切变,即高空急流所在区。从 6 个方位点所在的纬向风垂直切变随时间演变图上(图 4.22f)可以清晰地看到,东北站点(EN)从 06—12 UTC 有一个较大的变化,从 6 m/s 增加到 33 m/s,说明东北部站点风垂直切变在暴雨加强时有一个迅速增加过程,即暴雨区东北部的高空急流有一个加强的过程,使暴雨区的高层辐散增加,抽吸作用有利于对流发展。

从 10 日 00 UTC 到 11 日 00 UTC 逐 6 h 5 个时次的 200~850 hPa 纬向风垂直切变(图 4.23)可见,最大风切变轴与高空急流轴基本重合,10 日 06—12 UTC 切变最强,GR 和 MR 位于南支最大风切变轴的左前侧和北支轴的右后侧之间弱切变区,切变数值为 10~20 m/s。

从 GR 内中心点(空心圆)各层的 MCC 各阶段的高空风场演变(图 4.23)可见,MCC 发生前最大风切变在对流层低层由偏南风转为偏西风,成熟期间 200 hPa 与 850 hPa 的风切变最强,200 hPa 出现 20~22 m/s 的大风,消散阶段 200 hPa 风速减弱。

总之,MCC 发生在两支强风速切变轴之间的弱风切变区域,风速切变数值为 10~22 m/s,在 MCC 发生之前对流层中低层风切变明显,为东南转偏西风;成熟阶段 200 hPa 风速迅速增加,与 850 hPa 之间的风切变最大;消散时 200 hPa 风速迅速减小,所以风垂直切变减小,近地面由西南转为偏北风。

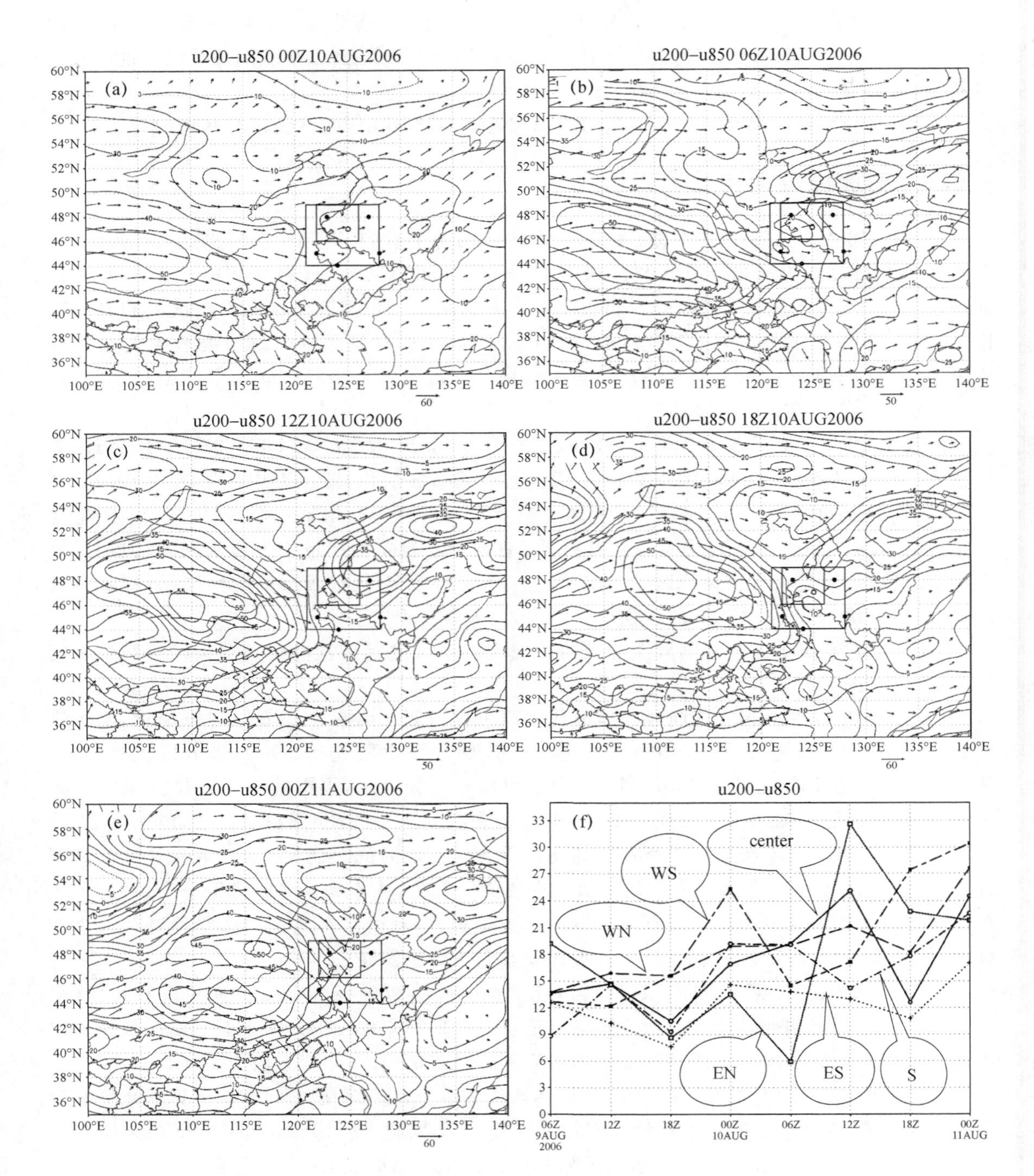

图 4.22　2006 年 8 月 10 日 08 时(a)、14 时(b)、20 时(c)和 11 日 02 时(d)、08 时(e)纬向风垂直切变和纬向风垂直切变随时间的变化(f)

(图 4.22a、b、c、d、e 实线为纬向风垂直切变,矢量箭头表示 200 hPa 风矢量,内方框为 MCC 产生区,外方框为 MCC 成熟区,方框内空心圆为 MCC 中心点,5 个实心圆点分别代表西北、西南、南、东南和东北 5 个方位上的点)

(图 4.22f 为 6 个方位点纬向风垂直切变随时间演变。中心:实线,西北:长虚线,东北:短虚线,西南:长短虚线,东南:点线,南:点虚线)

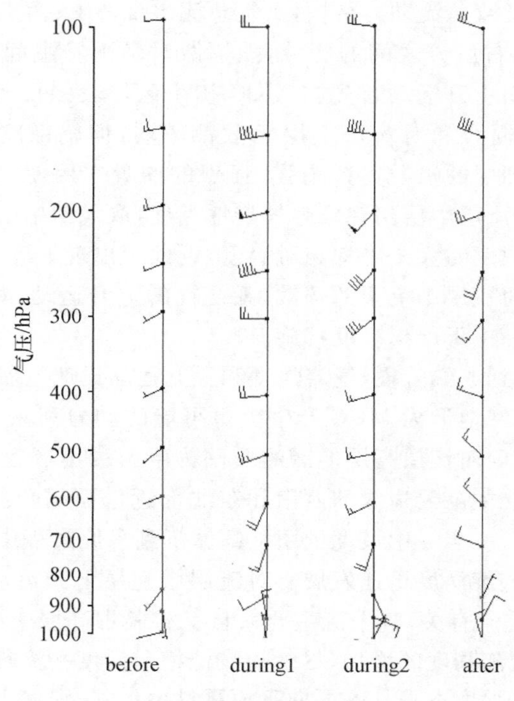

图 4.23 中心点风切变

4.7 小结和讨论

本章利用逐 6 h 的 NCEP 再分析资料，通过对制造“060810”特大暴雨过程的 MCC α 中尺度各阶段热力、动力结构和成因的诊断分析，可以得出如下结论：

1. MCC 水汽主要来源于渤海附近的湿区，该湿区可以追踪到远距离台风在对流层中下层偏南暖湿气流的水汽输送；同时，在对流层中层临近暴雨发生时也有偏西气流的水汽输送，可能与上游云团的水汽提供有较大的关系，其源地可以追溯到青藏高原对流层中层对流云团及相关联的孟加拉湾风暴。MCC 发生前，水汽输送集中在 700 hPa 和 925 hPa；成熟阶段则主要集中在 925 hPa；消散阶段水汽输送通道切断；来自西边界的水汽对暴雨初始时刻的产生起关键作用，南边界对流层中下层在成熟时刻水汽涌动对暴雨加强起关键作用。台风是最大的水汽源地，副高的有利位置和稳定维持是远距离台风水汽向渤海湿区然后向暴雨区输送的必要条件。

2. 利用温度离差来分析 MCC 的热力条件，结果表明 MCC α 中尺度热力结构和不稳定条件为：MCC 发生前，对流层中上层和低层为暖中心，850 hPa 干暖空气覆盖在近地面暖湿空气之上，形成干暖盖，有利于能量积累，且南部暖湿，北部干冷，导致能量锋区产生。MCC 成熟阶段，干暖盖消失，500 hPa 以下为冷性气团，冷中心位于近地面，对流层中上层仍维持暖心结构，且强度增加，暴雨发生在能量锋区上对流性较弱的环境中。MCC 消亡阶段，对流层中低层仍为冷性气团，消散区域对流层中上层的暖心强度减弱，暴雨区上空对流层中上层的暖心消失。

3. MCC 具有 α 中尺度双急流动力结构，高空急流出现两支：南支和北支，强辐散发生在南支急流左前方和北支急流右后方之间的区域，强辐散对暴雨发生起关键作用。MCC 初生阶段，短波槽前有组织的倾斜上升运动首先在 MCC 初生区域较强反气旋环流上方的对流层中上层发展，对流层中下层辐合和对流层上层辐散都较弱，但辐散略大于辐合。暴雨加强时(MCC 成熟阶段)对流层高层的辐散迅速增强，强烈的抽吸作用使对流层中上层(400 hPa 附近)上升运动迅速增强，对流层中层出现较强气旋性涡度，取代初生阶段的较强反气旋环流，涡度与散度同量级，但平均散度略大于平均相对涡度，近地面出现下沉运动。MCC 消散时，对流层中下层的辐合增强，但对流层中上层的辐散、系统性的上升运动、对流层中层的气旋性涡度明显减弱，对流层中上层和中下层出现反气旋。

4. 分析 MCC 从初生到成熟阶段，气旋涡度和上升运动迅速发展的原因表明：上游中蒙边界 α 中尺度云团和大兴安岭地形为 MCC 产生提供可能的动力和热力条件。α 中尺度云团通过槽前有组织的自西向东向对流层高层伸展的云砧为下游暴雨区上空输送水汽，在暴雨区上空首先产生中高云，然后在中高云边缘的西南和东北部近地面辐合的地方云团发展(本例中，在西南部的云团发展更强)。当 α 中尺度云团从高原下到平原过程中垂直气柱迅速拉长，根据位涡守恒，对流层中层的气旋涡度迅速发展。对流层中上层上升运动迅速增强的原因主要有两个，一个是与较强的暖平流有关，暖平流主要来自上游蒙古高原中尺度云团内的凝结潜热释放；另一个原因是涡度平流随高度的增加，尽管短波低槽前涡度平流很小，但由于系统的斜压性和高空急流的存在，也由于涡度本身从高原向平原移动中增加，涡度平流随高度增加明显；另外当中上层上升运动与暴雨区对流层中下层辐合引起的弱上升运动相叠加时，对流便迅速增强。

5. 通过对短波低槽型典型个例即 2006 年 8 月 10 日东北平原突发暴雨各阶段动力热力条件分析，可以得出 MCC 各成长阶段的如下特征：

MCC 初生阶段。对流层中下层为暖空气，850 hPa 附近为暖干空气，850 hPa 以下为暖湿空气，在暖湿空气上形成干暖盖，便于积累能量，925 hPa 偏南气流提供的暖湿气流汇集在干暖盖下方。800 hPa 以下，暴雨区南部为高能量区，暴雨区北部为低能量区，暴雨区位于能量锋区上。近地面有辐合线，暴雨区为辐合区。对流层中层，暴雨区处于短波低槽前的弱高脊上，短波低槽位于蒙古高原上空，低槽前有 α 中尺度云团在槽前出现倾斜上升运动，并向下游高层扩展，扩展的云砧覆盖槽前弱脊上空，形成中高云，并出现暖中心和上升运动。对流层高层有双高空急流结构，在青藏高压北部高空急流左前方和东北地区东北部高空急流的右后侧之间为辐散区，耦合对流层中下层的暖湿气流北端左侧弱辐合区，出现上升运动。

MCC 成熟阶段。暴雨强度达到最强，925 hPa 偏南气流增强，北端左侧对流层中低层辐合增强，850 hPa 的干暖中心消失，低层的暖湿空气被冷空气堆和辐散气流控制。对流层中层短波低槽渐入暴雨区，高原的 α 中尺度云团从高原进入背风坡和平原，垂直气柱迅速拉长，中尺度气旋发展。对流层中高层因为凝结潜热释放成为暖区，之上为冷区。对流层高层，东移的青藏高压北部的高空急流增强，高空急流东北支急流迅速发展，青藏高压北部高空急流左前方和东北地区东北部高空急流的右后侧之间的辐散迅速增强，与近地面加强的低空西南气流北端左侧辐合耦合加强，上升运动增强并贯穿整个对流层。

MCC 消散阶段。此时，在暴雨区，对流层中下层为冷空气堆和气旋环流，对流层中层和高层位于加强的低槽后，为西北气流控制。低空西南气流北端辐合和高空急流左前方辐散区之间的相互配置关系不复存在，暴雨区暴雨结束。此时，近地层冷空气仍然维持，对流层中高层的暖区和对流层高层的冷区高度都降低，强度减弱。

第5章 “060810”β中尺度对流系统发生发展过程卫星云图分析

在第3章和第4章曾利用常规观测资料和NCEP资料对“060810”MCC大尺度环流背景、α中尺度热力、动力条件进行了诊断分析，并对其形成原因进行了一些探讨。暴雨是多尺度过程，尤其与β中尺度关系密切，要分析暴雨β中尺度现象并探讨其形成原因，仅凭常规观测资料和NCEP资料还远远不够，必须用更为精细的卫星遥感、新一代多普勒雷达、自动站等资料进一步分析。

为了探寻东北短历时暴雨的预报线索，利用自动站、卫星和常规气象观测资料相结合的方法，研究2006年8月10日最大1 h雨量达到90.8 mm(泰来，其中后半小时降水82 mm)的东北中西部百年一遇短历时特大暴雨中尺度对流系统(MCS)发展过程，及其发生的天气尺度背景和中尺度环境与触发机制。通过红外卫星云图和高分辨率的可见光云图，分析MCS如何从一个γ中尺度发展为α中尺度对流复合体(MCC)的过程。分析表明，与6个市(县)半小时雨量超过33 mm相关联的MβCS分别发生在第2阶段，第1阶段在MCC形成之前，MβCS主要向东移动(最后合并成MCC)，第2阶段在MCC成熟阶段，MβCS出现在MCC的西南边缘，而且最强短历时暴雨就发生在这里。从分辨率更高的可见光云图上可以发现，有北、西两条积云线，它们交汇的地方MβCS强烈发展并产生暴雨。分析MCS加强和产生暴雨的原因表明：①暴雨发生前夕暴雨区域具有高温、高湿和对流性不稳定层结，并存在明显的对流有效位能增加、抬升凝结高度及自由对流高度降低的现象，有利于暴雨发生；②β中尺度云团之间的合并，使MCS迅速发展，产生暴雨；③北、西两条积云线分别与地面风场中的两条辐合线相对应，在它们交汇处的较强辐合导致β中尺度云团强烈发展产生暴雨。分析MCS在MCC西南方向传播的原因表明，两条辐合线的移动方向和速度决定了暴雨MCS的传播方向。另外，偏北气流的出现和新老云团的代谢过程是触发暴雨的关键因素。上述分析结果也为短历时暴雨的预报提供了有用的线索。

5.1 资料的获取与处理

本章和下一章中尺度观测资料的获取和处理一并在本章介绍。

高分辨率的卫星资料来自国家卫星气象中心于2004年10月19日发射成功的FY-2C静止卫星半小时一张的圆盘资料，共有5个通道(IR1、IR2、IR3、IR4、VIS)。IR1的波长为10.3～11.3 μm；IR2的波长为11.5～12.5 μm；IR3(水汽通道)的波长为6.3～7.6 μm；IR4的波长为3.5～4.0 μm；以上红外通道的水平分辨率均为5 km。VIS(可见光)的波长为0.55～0.90 μm，水平分辨率为1.25 km。反演的云顶亮温资料(TBB)，分辨率为1°×1°。在使用卫星资料过程中,把圆盘卫星云图数据转换成 BMP 格式,把 TBB 数据转换成 grads 格式。

雷达资料分别来自黑龙江省气象台和白城雷达站,包括黑龙江省的齐齐哈尔雷达和吉林省的白城雷达,使用 CINRAD/cc 5 cm 新一代多普勒天气雷达获得的基数据,在分析雷达资料过程中,使用安徽四创电子有限公司的 CINRADBROWSER2.0 软件对雷达基数据和反演产品进行分析。

逐时多要素加密自动站资料来自国家气象中心,涉及全国范围,重点包括东北三省和内蒙古自治区。逐分钟多要素自动站资料来自黑龙江省气象信息中心和龙江、齐齐哈尔、杜尔伯特蒙古族自治县(杜蒙)、泰来、镇赉和洮南等市(县)气象局。

在对以上资料处理和使用过程中,遇到困难最多、花费时间最长的是逐分钟自动站资料。主要原因是近几年新安装的观测设备所观测的数据缺乏质量控制,也缺少使用经验,以致因资料问题,研究过程经过了几次反复。总结处理逐分钟自动站资料过程,主要进行如下几方面的工作:

(1)校验数据的合理性。首先,1 h 内的每分钟降水数据相加所得的总和,应该与该小时的小时降水量数据相等;其次,探测设备经过标定,状态良好,且使用该设备所获得的探测数据通过了质量检验。

(2)校验数据的一致性。在校验数据合理性的前提下,首先校验每分钟自动站观测数据与相应时刻雷达数据的一致性,每 6 min 的雷达回波数据应该和分钟降水量有比较好的对应关系,然后校验逐分钟的气象要素与降水量之间的对应关系,它们之间的关系要满足气象学原理,如强的分钟降水应该有气象要素的显著变化。

(3)校验数据的连续性。在校验数据合理性和一致性的基础上,根据大气连续性原则,逐分钟的数据应该是连续的。

(4)根据上述原则,订正数据。在校验数据合理性、一致性和连续性的基础上,对有断点且其中断点比较少的自动站资料进行了适当的订正,但对于断点较多或错误较多的数据只能舍弃不用。如齐齐哈尔本站气压有几分钟没有值,对其进行了订正(图 5.1b)。在绘图时,订正前没有值的地方假定与前一分钟数值一致(图 5.1a,圆圈内)。又如 2006 年 8 月 10 日泰来每小时的地温、气温和露点温度,由于 13:30 左右突发强暴雨,风大雨强使 14 时和 15 时数据不可靠(图 5.2a,大圆圈所示),考虑气候情况和当时气象条件对其进行订正,并与周围数据保持一致性(图 5.2b),而对于 14 时和 15 时每分钟的温度数据,因为都不正确无法进行订正,只能放弃。齐齐哈尔及泰来的其他数据和其他自动站的逐分钟数据在后面的使用过程中保持原始状态。

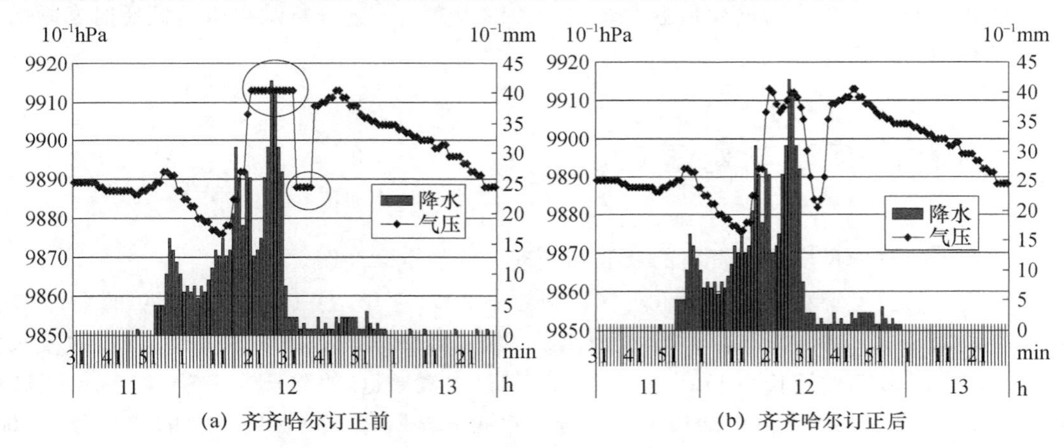

(a) 齐齐哈尔订正前　　(b) 齐齐哈尔订正后

图 5.1　2006 年 8 月 10 日 11:31—13:30 齐齐哈尔每分钟本站气压订正前后数据

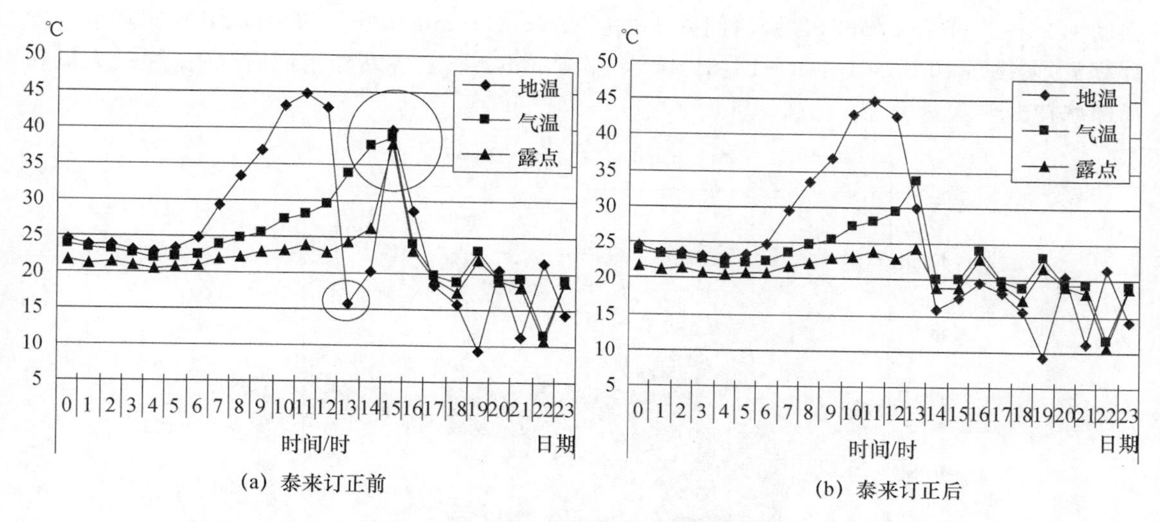

图 5.2 2006 年 8 月 10 日 0—23 时泰来地温、气温、露点温度订正前后数据

5.2 降水中尺度时变特征

2006 年 8 月 10 日，多个 β 中尺度对流系统（MβCS）组成的中尺度对流复合体（MCC）影响东北大部分地区，给东北中西部 6 个市（县）（龙江、齐齐哈尔、泰来、杜尔伯特、镇赉和洮南）带来成片短历时大暴雨（图 5.3），24 h 降水量分别为 62 mm、72 mm、122 mm、55 mm、92 mm 和 62 mm，其中有 3 个市（县）最大 1 h 雨量达到百年一遇最大 1h 雨量标准（中国科学院水利电力部水利水电科学研究所，1963），最强的泰来站为 90.8 mm。

东北中西部暴雨区内 6 个市（县）的暴雨相继出现（图 5.4），呈现 6 个 β 中尺度雨峰，每一个 β 中尺度雨峰中又含有一峰或多峰 γ 中尺度分布，体现了 β 和 γ 中尺度降水特征（图 5.4，图 5.5）。6 个站最强整点 1 h 降水量（出现时间）分别为 41.4 mm（10—11 时，后半小时 38.7 mm）、60.3 mm（12—13 时，前半小时 53.9 mm）、90.8 mm（13—14 时，后半小时 82 mm）、33.9 mm（13—14 时，后半小时 33.9 mm，）、77 mm 和 55 mm（16—17 时，前半小时 63.5 mm，中间半小时 48.3 mm）。以上 6 个市（县）除了龙江和杜尔伯特外，其他 4 个市（县）的暴雨几乎出现在一条直线上（包括齐齐哈尔到泰来之间的泰来县内 5 个乡镇的暴雨，5 个乡镇的雨量显示略），这条线上的暴雨强于线两侧市（县）的暴雨，而且这条线的中部暴雨最强（泰来和镇赉）。

从这 6 个暴雨站点两小时内每分钟的降水量分布（图 5.5）发现，对流性降水占暴雨的绝大部分，并且集中在 20 min 到 1 h 左右，每分钟的雨强分布并不均匀，呈一峰或多峰分布，体现了 β 和 γ 中尺度降水特征。

如果以每分钟大于 0.5 mm 连续出现降水的时间作为集中强降水时间（表 5.1，图 5.5），则 6 次 β 中尺度雨峰持续时间和降水量分别为：龙江 10:30—11:09，降水量50.1 mm；齐齐哈尔 11:51—12:31，降水量 61.4 mm，泰来 13:23—14:14，降水量 101.5 mm；杜蒙 13:41—14:02，降水量 34.8 mm；镇赉 16:00—16:45，降水量 74.9 mm；洮南 16:17—16:51，降水量

51.6 mm。以上几个站持续强降水时间为22～52 min,降水量 34～101.5 mm。平均瞬间降水强度 1.25～1.95 mm/min,最强瞬间降水强度 2.5～4.9 mm/min。如果以 10 min 降水强度计算,泰来最强 10 min(13:46—13:55)降水 32.5 mm。以上各站降水同时伴有雷暴、大风和局部冰雹出现。

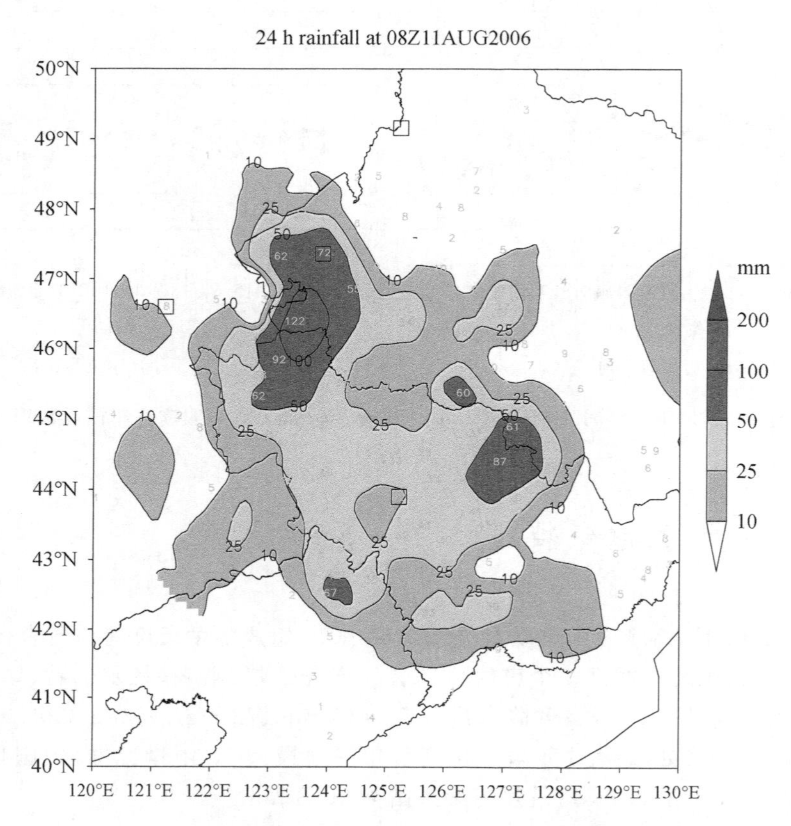

图 5.3　2006 年 8 月 10 日 08 时—11 日 08 时 24 h 降水量

(四个黑色空心小方框分别代表后面将提到的四个探空站:暴雨区内的齐齐哈尔、东北部的嫩江、西部的索伦、东南部的长春)

在以上 6 个市(县)降水中,泰来站不论 24 h 降水量(122 mm)、最强整点 1 h(13:01—14:01)降水量(90.8 mm)、平均瞬间降水强度(1.95 mm/min)和最强瞬间降水强度(4.9 mm/min)都是最强的,半小时(13:31—14:01)降水量为 82 mm,最强 10 min(13:46—13:55)降水量为 32.5 mm。

从图 5.5 中还可以看到,在集中强降水阶段出现多个降水峰值,并与气压涌升相对应,说明在 β 中尺度雨团出现同时伴有雷暴高压和 γ 中尺度气压涌升。

从以上降水实况分析表明,该次暴雨过程历时短、强度大,多个雨峰相继出现,具有明显的 β(γ)中尺度和对流性降水特征。

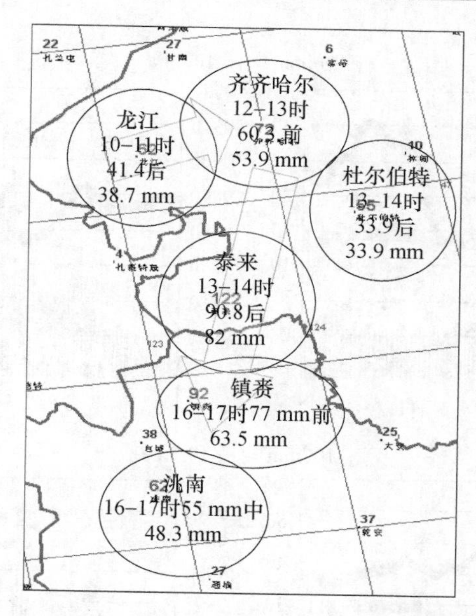

图 5.4 2006 年 8 月 10 日 08 时—11 日 08 时 24 h 降水量和短历时暴雨时变特征(箭头所示)
(分别给出 6 个站点最强整点 1 h 降水出现时间、降水量和其中最强半小时出现时段及降水量)

表 5.1 6 个市(县)短历时暴雨降水特征

站点	最强整点 1 h 降水量(mm)/出现时间	≥0.5 mm/min 集中降水总量(mm)	集中降水始终时间/持续时间(min)	平均瞬间降水强度(mm/min)	最强瞬间降水强度(mm/min)/出现时间
龙江	41.4 (10:01—11:00)	50.1	10:30—11:09 (40)	1.25	2.8 (10:45)
齐齐哈尔	60.3 (12:01—13:00)	61.4	11:51—12:31 (38)	1.61	4.2 (12:27)
泰来	90.8 (13:00—14:00)	101.5	13:23—14:14 (52)	1.95	4.9 (13:52)
杜蒙	33.9 (13:00—14:00)	34.8	13:41—14:02 (22)	1.58	4.4 (13:44)
镇赉	77 (16:01—17:00)	74.9	16:00—16:45 (46)	1.62	3.3 (16:13)
洮南	55 (16:01—17:00)	51.6	16:17—16:51 (35)	1.58	2.5 (16:29)

该个例与近年来北方发生的 3 次短历时暴雨过程比较,强于 2004 年 7 月 10 日 16—20 时北京出现的突发暴雨天气(降水量最大的丰台 1 h 最大雨量达 52 mm,10 min 降水 23 mm)(何立富 等,2007;陶祖钰 等,2004);弱于 2005 年 8 月 14 日在北京市密云县石城镇发生的一次持续时间只有一个多小时的短历时局地特大暴雨过程(其中张家坟 80 min 的降水过程雨量达到 220 mm)(张春喜 等,2008);与 2007 年 7 月 18 日山东济南暴雨(最强市政府站 1 h 降水量 51 mm,最强 10 min 降水 29.6 mm)比较,1 h 雨量稍弱于济南市政府站,但最强的 10 min 降水量强度超过济南市政府站。

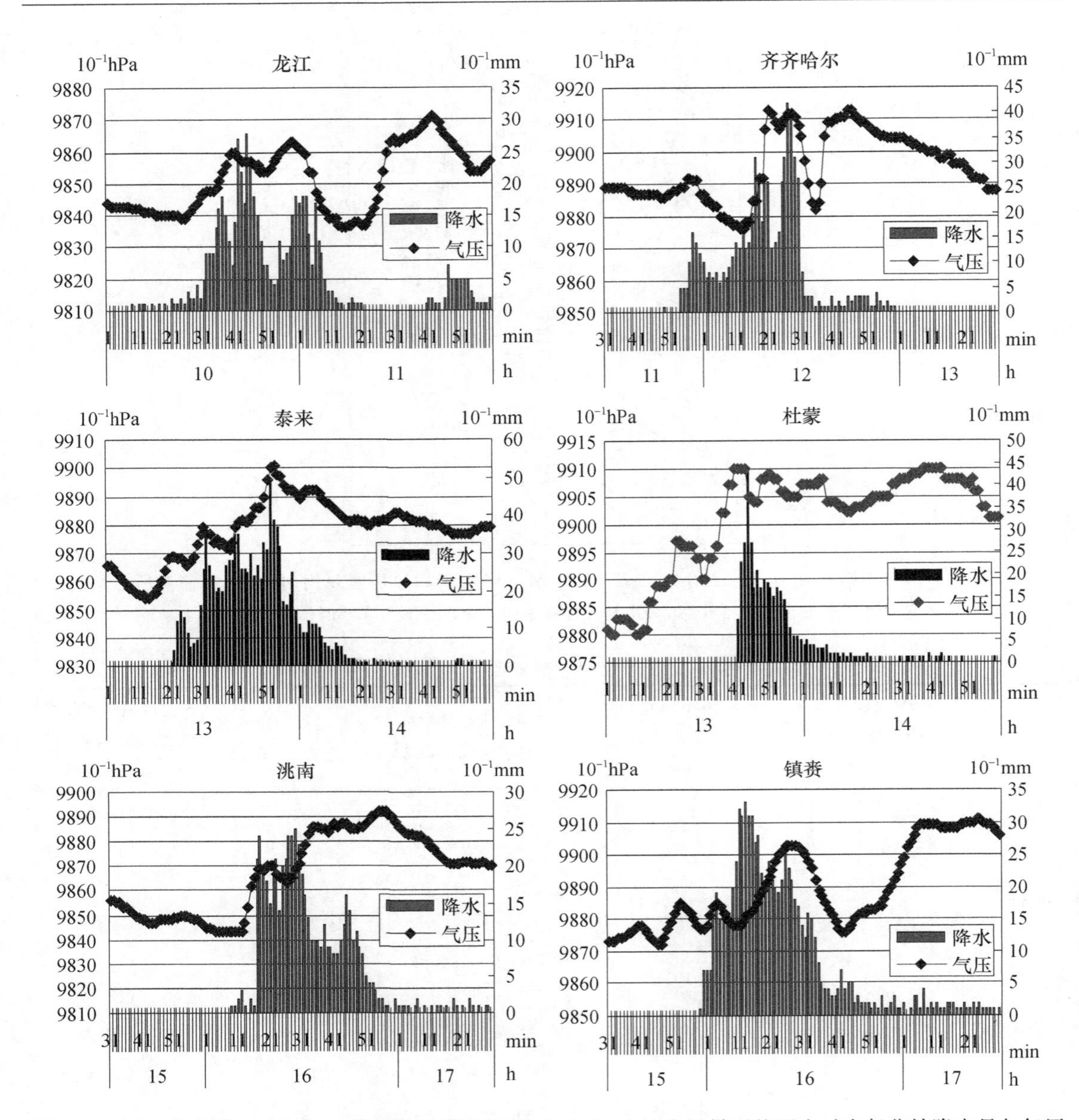

图 5.5　龙江、齐齐哈尔、泰来、杜蒙、洮南、镇赉 2006 年 8 月 10 日出现暴雨的两小时内每分钟降水量与气压

（龙江：10：01—11：60，泰来：13：01—14：60，齐齐哈尔：11：31—13：30，

杜蒙：13：01—14：60，洮南：15：31—17：30，镇赉：15：31—17：30）

5.3　天气尺度环流背景

2006 年 8 月初，500 hPa 等压面上中高纬地区，乌拉尔山（60°E，60°N）附近有一极锋低涡（乌拉尔山低涡）旋转少动，并不断有弱冷空气沿着中高纬平直西风环流向东移动，当移到东部地区（130°E，60°N）时不断有低槽或低涡形成。8 日 20 时到 9 日 08 时，在大兴安岭以北 60°N 附近生成一个东北冷涡（北涡），其底部的槽线扫过东北中北部地区，给该地区带来一次降水天

气。8月10日08时，乌拉尔山低涡东移到西伯利亚平原(90°E,60°N)附近(图5.6)，同时从乌拉尔山低涡北部又有一股冷空气南下，使乌拉尔山低槽加深，与此同时，北涡再度加强，北涡南部45°—50°N中蒙边界处出现西风带短波低槽，前一天的低槽东移到黑龙江东部，使黑龙江东部的降水仍在持续。分析北涡再度加强的原因，可能与东移的乌拉尔山低槽的暖平流有关，该暖平流使贝加尔湖附近的高压脊加强，加强的高压脊引导西北冷空气南下进入北涡底部，促使北涡再度加强并出现低槽(图5.6)。8月10日20时，随着乌拉尔山低槽东移，蒙古低槽也向东进入黑龙江省，并位于大兴安岭山脉的背风坡中(图略)。

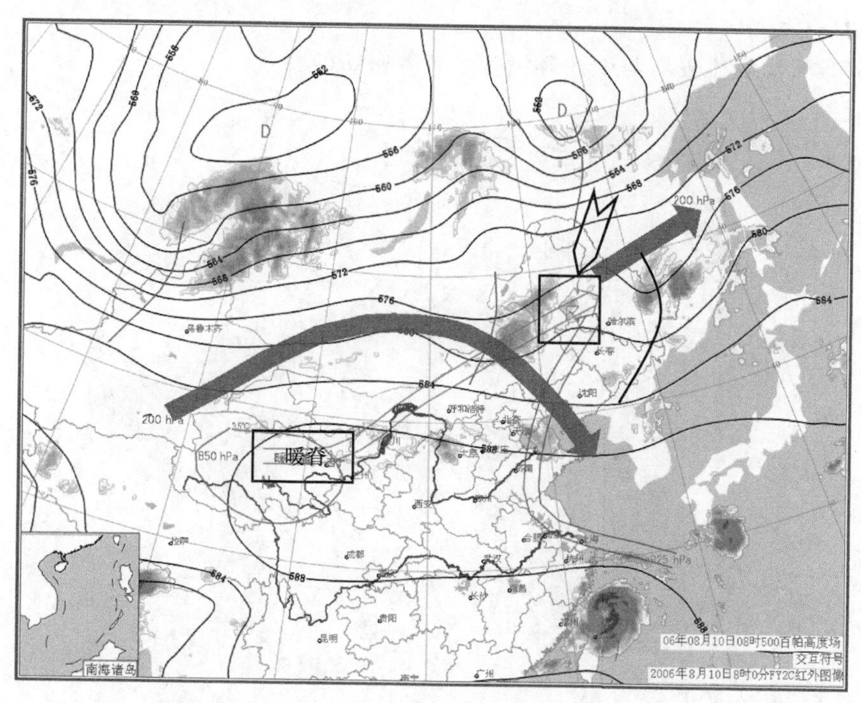

图5.6 2006年8月10日08时500 hPa分析和云图、200 hPa高空急流、925 hPa暖湿输送气流叠加显示(彩图见书后)

[黑色实线：500 hPa等高线(单位：dagpm，间隔4 dagpm)，蓝色实箭头：200 hPa高空急流，蓝色空箭头：925 hPa暖湿输送带，红线和空心红色箭头：35 ℃暖中心和850 hPa暖温度脊，棕色实线：槽线，燕尾空心箭头：对流层中低层干舌]

500 hPa中纬度地区，从8月9日20时和10日20时副高有两次明显的西进过程，进入大陆上空与青藏高压相连，使副高脊线维持在35°N附近。10日08时到11日20时因为东海台风“桑美”对副高的托举作用，副高一直维持少动(图5.6)。

850 hPa，在青藏高原是一个大热源(并有一个热低压)，有35 ℃闭合暖中心，其暖温度脊一直延伸到暴雨区上空。

925 hPa，暴雨前夕(2006年8月10日08时)有暖湿气流从台风“桑美”沿着副高边缘先以东南风(8～10 m/s)输送到华北，然后以西南风(6～8 m/s)经渤海向东北输送(图5.6)。暴雨发生期间，随着台风增强，出现低空急流，水汽输送增强。2006年8月10日06—18时位于台湾以北东海海面上的台风“桑美”与暴雨区位于同一经度附近，这是向东北地区水汽输送的最佳位置。

200 hPa，8月9日青藏高原北部高压及高压北部的高空急流持续向东推进，高空急流出现分支,一支向东南,一支向东北。8 月 10 日 08 时青藏高原北部的高压已经东移到青藏高原的东北侧中蒙边界附近,其北部高空急流向南的一支(南支急流)呈反气旋弯曲,向东北的一支(北支急流)呈西南—东北向,暴雨加强时北支急流亦加强,暴雨区位于南支急流的东北侧和北支急流的右后侧之间的强辐散区(图 5.6)。

2006 年 8 月 10 日地面天气图上(图 5.7),蒙古和东北东南部为高压和高压脊控制。两者之间是一条弱低压带,弱低压带中存在两条辐合线。北面的辐合线(fh_1)对应 500 hPa 北涡下面的低槽前,西边的辐合线(fh_2)对应蒙古低槽前。在蒙古低槽和西边的辐合线之间是正在减弱东移的蒙古云团。

暴雨 MCS 云团发生发展与上述环境背景有着密切的关系。

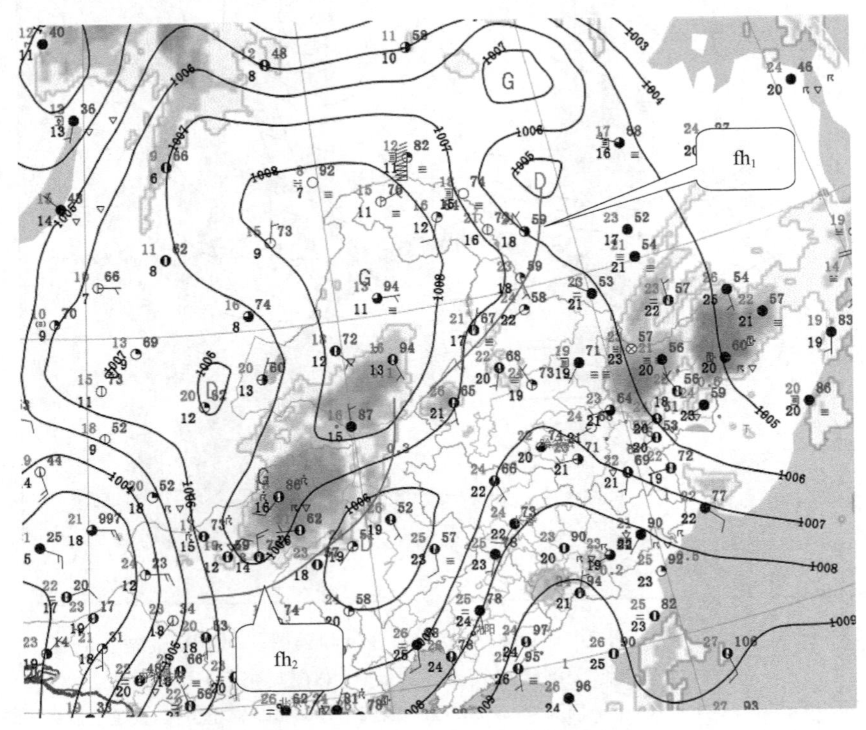

图 5.7 2006 年 8 月 10 日 08 时地面天气分析和 FY-2C 红外卫星云图

[黑色实线:等压线(单位:hPa,间隔 1 hPa),粗实线:辐合线,G:高压中心,D:低压中心]

5.4 MCS 卫星云图发生、发展和演变

蒙古云团前(图 5.7),北支辐合线(fh_1)的尾部产生了一个中尺度对流系统(MCS,后面称 A),它的发生发展过程导致这次短历时暴雨。根据 MCS 红外云图上的表现特征,把 MCS 发展过程分为两个阶段:MCC 形成前(06—12 时)和 MCC 成熟阶段(12—18 时)。高分辨率的可见光和红外云图都监测到这两个阶段 MCS 发展变化,东北中西部的短历时暴雨就发生在这段时间,其中龙江暴雨发生在 MCC 形成前,齐齐哈尔、杜尔伯特、泰来、镇赉和洮南暴雨发生在 MCC 成熟阶段。

5.4.1 MCC 形成前(6—12 时)

为了清晰地说明 MCS 的发生发展演变过程，在 TBB 图中（图 5.8、图 5.9）只显示 −32 ℃、−52 ℃、−60 ℃及−60 ℃以下的四个层次，并以达到−52 ℃以下的云为对流云团。

2006 年 8 月 10 日 06 时(图 5.8、图 5.9)中高纬度(42°N 以北)有 3 个 α 中尺度云团：西北方向贝加尔湖云系、东北方向东北冷涡云系、中部位于 500 hPa 蒙古交界处短波低槽前的蒙古云团(MG)。蒙古云团由 3 个云团组成(mg_1、mg_2、mg_3)。蒙古云团(mg)整体向东移动，其中的 mg_1 快速向东北方移动，由 10 日 00 时(119°—121°E，44°—48°N)移到图 5.8 中(124°E，48.7°N)，6 h 移动约 460 km，速度约为 77 km/h，此时强度已经减弱。未来的 MCS 初始对流(A)将产生在 mg_1 和 mg_2 之间的少云或薄云区。

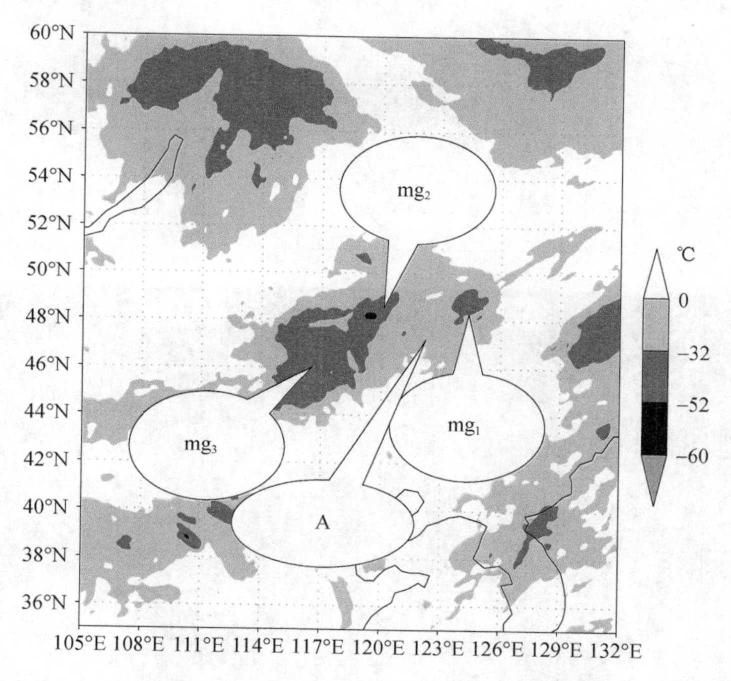

图 5.8 2006 年 8 月 10 日 06 时 FY-2C TBB 分布

07 时 mg_1 仍清晰可见(图 5.9a，aa)，在 mg_1 和东移的 mg_2 之间，生出 3 个 γ 中尺度小云团(图 5.9a 中，d_{11}、d_{12}、d_{13})。

08 时 mg_1 减弱，d_{12} 发展(初始对流云团 A)，d_{11}、d_{13} 减弱消失(图 5.9b)。在可见光云图(图 5.9bb)上可以见到云团 A 由两个更小的 γ 尺度云团组成。

09 时，云团 A 发展面积增大向四周扩展，向南延伸到龙江上空，云团 A 中出现小于−52 ℃的云顶亮温(图 5.9c，cc)。

10 时东移的 mg_2 和云团 A 合并，使 A 云团面积迅速扩大，小于−52 ℃的面积也随之增加，并向东扩展覆盖齐齐哈尔上空(图 5.9d，dd)，说明云团合并后面积迅速扩大的同时对流增强。

11 时，云团 A 继续加强，−52 ℃面积明显扩大并向东延伸。龙江位于−52 ℃内的南部边缘。在可见光云图上(图 5.9e，ee)云团 A 的南部边缘清晰光滑，初具椭圆特征，并有两条积云线交汇在这里。

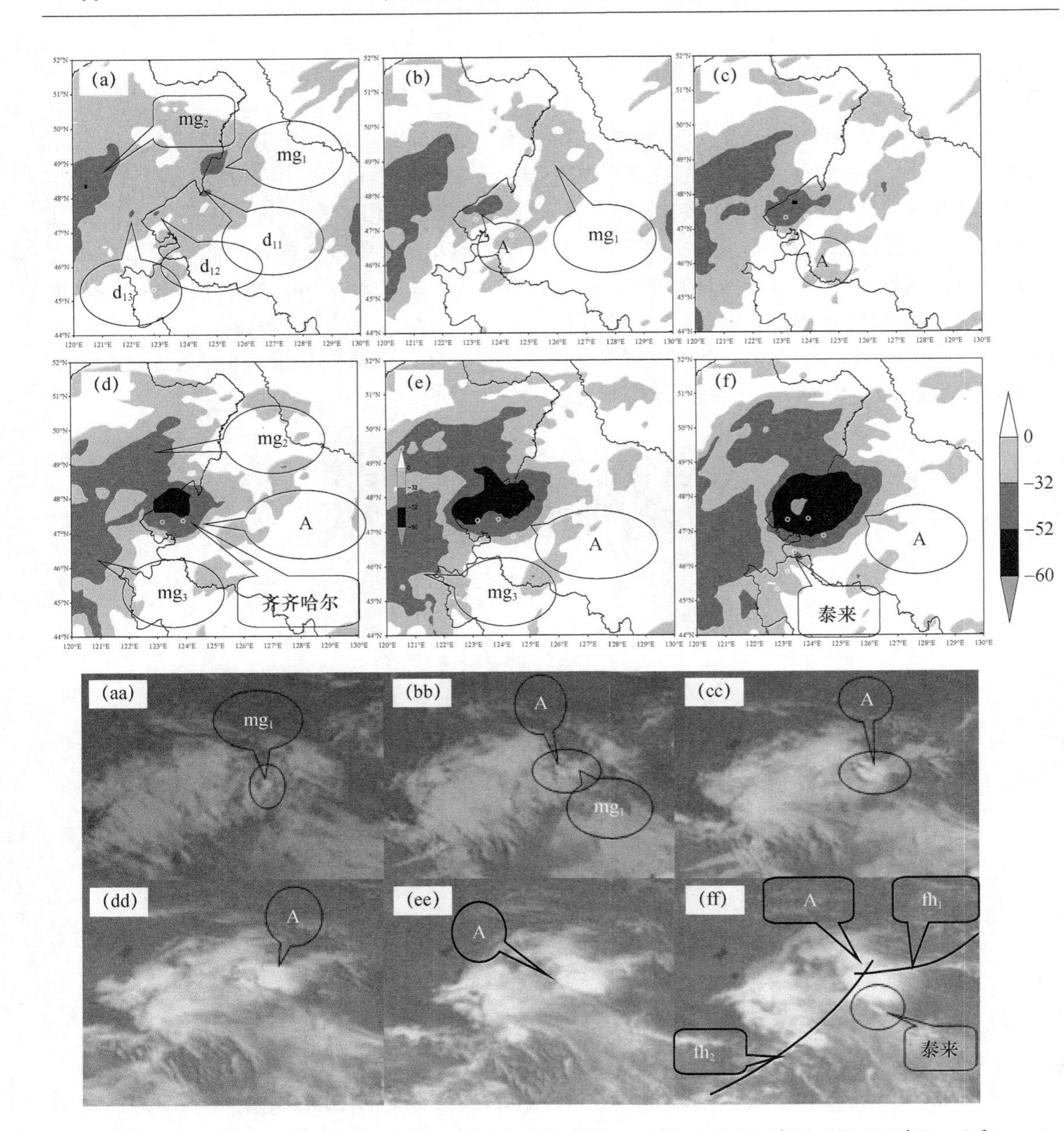

图 5.9　2006 年 8 月 10 日 07 时(a,aa)、08 时(b,bb)、09 时(c,cc)、10 时(d,dd)、11 时(e,ee)和 12 时(f,ff)云团 A 形成 MCC 前 FY-2C TBB 和高分辨率可见光云图

(6 个小圆圈为 6 个暴雨站点，观测时间为 07—12 时，间隔 1 h)

12 时，云团 A 进一步发展，小于－52 ℃面积扩大同时形成椭圆形，中心出现低于－60 ℃的云顶亮温(图 5.9f)。此时的 A 云团覆盖面积和后续的持续时间达到 Maddox(1980)定义 MCC 标准，因此，此时的云团 A 已经发展成为椭圆形的 MCC。MCC 西部和南部边界比较清晰，东部边界模糊，有发散的云羽。可见光云图上可以见到有两条明显的积云线(北支 fh_1 和西支 fh_2)交汇在齐齐哈尔上空(图 5.9ee,ff)。

龙江暴雨发生在 10—12 时，是云团 A 在发展过程中经过龙江时所致，最强半小时降水出现在 10:30—11:00 为 38.7 mm。

通过前面的分析可知，云团A产生在mg_2前和mg_1后空隙之间，云团合并使面积迅速增大，对流加强，加强的对流向东移动。云团A的发生发展，除了与这里天气尺度环境有密切的关系外，与这里的中尺度环境有着更密切的关系。

5.4.2 MCS产生的中尺度环境条件

选取暴雨区内的齐齐哈尔、暴雨区东北部的嫩江、东南部的长春和西部的索伦4个探空站（图5.3中以黑色空心方框显示），计算了暴雨发生前后4个探空站的物理量（表5.2）。由表5.2可见，暴雨发生前（9日20时），嫩江、长春对流有效位能（CAPE）超过3126 J/kg，假相当位温、相对湿度、总温度和可降水量超过353 K、83%、50 K和54 mm，抬升指数达到−7 K和−8 K，抬升凝结高度较低（947 hPa和937 hPa）；索伦对流有效位能为0，相对湿度较低，但总温度较高。说明在暴雨发生之前，偏南气流已经把南方高温高湿空气输送到暴雨区北部，并在此积聚了较高的高温高湿能量，较低的抬升凝结高度和较高的抬升指数，非常有利于空气整层抬升，而暴雨区的西部为干暖区。

表5.2 东北中西部探空站点资料计算的对流有效位能（CAPE）、对流抑制能量（CIN）、总温度（*TT*）、抬升凝结高度（LCL）、K指数（*KI*）、大气可降水量（*PW*）、地面抬升指数（*LI*）、地面假相当位温（θ_{se}）和地面相对湿度（*RH*）

时间	站点	CAPE/(J/kg)	CIN/(J/kg)	*TT*/K	LCL/hPa	*KI*/K	PW/mm	*LI*/K	θ_{se}/K	*RH*/%
9日20时	嫩江	3126	57	50	947	12	54.1	−8	353	88
	索伦	0	0	53	881	30	56.7	0	333	73
	齐齐哈尔	1502	217	47	904	30	69.3	−3	347	70
	长春	3368	6	50	937	39	97.3	−7	358	83
10日08时	嫩江	0	0	44	936	27	57.7	1	330	82
	索伦	172	376	57	909	41	77.2	−1	334	82
	齐齐哈尔	2203	6.8	55	961	35	87.1	−7	346	88
	长春	2063	1.9	50	966	39	82.7	−5	351	94
10日20时	嫩江	760	103	43	962	32	71.2	−3	338	94
	索伦	0	0	45	909	32	63.7	2	330	82
	齐齐哈尔	197	260	49	974	34	86.2	0	333	93
	长春	2544	5	51	936	38	97.5	−7	353	84
11日20时	嫩江	217	93	45	936	27	58.2	0	333	82
	索伦	0	0	37	937	−16	35.0	8	324	94
	齐齐哈尔	517	0	44	975	31	71.5	0	333	94
	长春	564	0	41	965	26	82.4	0	338	94

暴雨发生期间（10日08—20时），08时，嫩江的CAPE值和总温度迅速降低（3126 J/kg→0和50→44 K）；齐齐哈尔可降水量、CAPE值、总温度和相对湿度猛增（69.3→87.1 mm、1502→2203 J/kg、47→55 K和70%→88%），抬升指数增加（−3 K→−7 K），而抬升凝结高度降低（904→961 hPa）。说明暴雨前夕，暴雨区北部（嫩江）首先出现了降水，对流有效位能全部释放，同时温度降低，而暴雨区内（齐齐哈尔）高温高湿能量迅速增加，抬升凝结高度降低，抬升能力增强。

20 时齐齐哈尔 CAPE 值、总温度和假相当位温迅速降低(2203→197 J/kg、55→49 K 和 346→333 K)、对流抑制能量和相对湿度迅速增加(6.8→260 J/kg 和 82%→93%)，但可降水量变化不大。说明暴雨区内降水出现在 08 时之后和 20 时之前，降水之前猛增的高温高湿能量，降水后迅速降低，但并没有完全释放，使大气可降水量仍维持。长春站降水发生在 10 日 20 时之后和 11 日 08 时之前，所以 10 日 20 时仍维持较高能量，11 日 08 时能量迅速降低。

由此可以看出，暴雨区内暴雨发生前夕高温高湿能量迅猛增加，同时抬升凝结高度降低；暴雨区北部在暴雨发生前能量首先被释放，释放的能量通过偏北气流对暴雨区突增的高温高湿能量有触发作用；暴雨区南部在暴雨发生前后一直维持较高对流有效位能，并通过持续的偏南气流向暴雨区输送能量。

从地面天气图上也可以看到暴雨区一直维持较高温度。暴雨区暴雨发生前，连续 3 d 最高气温超过 30 ℃，而其南部连续 6 d 30 ℃以上。8 日最高气温达到 32～34 ℃。9 日暴雨区东部的降水过程对暴雨区气温稍有影响(降了 1～2 ℃，仍在 30 ℃以上)(图略)。

从 3 个探空站(嫩江、齐齐哈尔、长春)的 $T-\lg p$ 图及随时间演变图可见，暴雨发生前(2006 年 8 月 10 日 08 时，图 5.10)，在 925 hPa 抬升凝结高度附近有一浅层逆温，逆温层以下为中性层结，逆温层以上和自由对流高度以下为绝对稳定层结。从整层温度、露点曲线(图 5.10A、B)也可以看出 850 hPa 以下暖湿，700 hPa 附近相对干冷(图略)。说明暴雨区附近大气层结处于对流不稳定状态(位势不稳定)。如果有整层抬升，达到自由对流高度以上，可能发生强对流。实践证明，很多强对流天气过程都发生在位势不稳定的情况下，而抬升凝结高度和自由对流高度在暴雨前明显的降低(如 9 日 20 时为 708 hPa，10 日 08 时降为 750 hPa)非常有利于对流抬升。

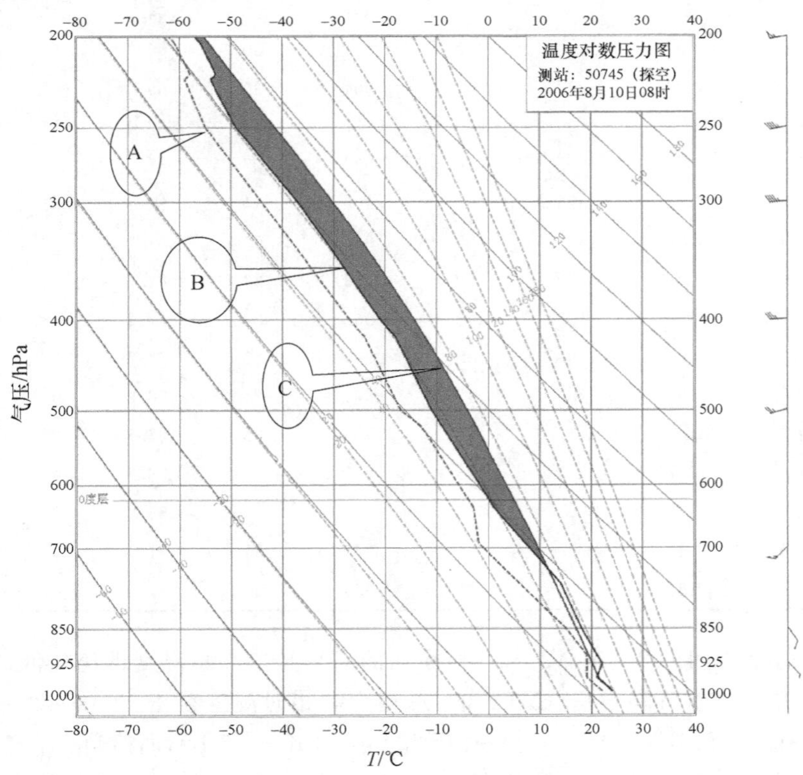

图 5.10　2006 年 8 月 10 日 08 时齐齐哈尔站探空曲线

(图中 A 线为露压曲线，B 线为层结曲线，C 线为状态曲线)

分析风场垂直分布可以看出，暴雨发生前(10 日 08 时)，400 hPa 以下(上)，风随高度顺(逆)转，说明暴雨发生前，400 hPa 以下(上)，有暖(冷)平流，增加了对流不稳定度。暴雨发生前(10 日 08 时)风垂直切变为：低层偏东风，其中 850 hPa 为东南风 3 m/s，高层偏西风，其中 200 hPa 为 17 m/s，850～200 hPa 的风速变化为 14 m/s，说明有中等强度的风垂直切变，最大风向切变出现在 850～700 hPa，由偏东风转为西南风。这样的层结分布为短历时暴雨的发生奠定了基础。

5.4.3 MCC 成熟之后(12—18 时)

如前所述 12 时 A 云团(图 5.9ff)已经发展成为 MCC，并有两条明显的积云线(北支 fh_1 和西支 fh_2)交汇在齐齐哈尔上空，使齐齐哈尔暴雨开始并持续 30 多分钟。12—18 时 MCC 持续向其西南方向扩展，并不断与其周围老云团和前方新云团合并，使 A 云团面积持续膨胀，成为庞大的 MCC。

13 时，A 云团向西南方向继续扩展，－52 ℃已经部分覆盖泰来上空(图 5.11a)。从可见光云图上看得更为清楚，MCC 西南端伸展出两个细而尖的云(Jj_1 和 Jj_2)，Jj_1 位于泰来上空(图 5.11aa)。Jj_1 从 13：00 到 13：30 面积迅速膨胀，相应的覆盖面积约由 990 km^2 增大到 5976 km^2，约增加了 6 倍，Jj_1 面积迅速扩大的同时泰来暴雨开始，并出现明显的上升云顶。

14 时 MCC 继续向西南端伸展，低于－52 ℃和－60 ℃TBB 面积迅速扩大，并出现－60 ℃以下的云顶亮温(图 5.11b,bb)。13：30—14：00 对流发展最强，泰来上空和云团 A 向西南方发展的切面处对流云团发展最强和最持久。泰来的强降水就发生在 13—14 时。另外，13—14 时 fh_2 上出现 B、C 等小云团，其中 B 云团发展最明显，14 时位于内蒙古的突泉上空，并向东北方向移动，与 MCC 传播方向相向运动。

15 时 MCC 继续向西南端伸展，并与向东北方向移动并迅速发展的 B 云团合并(图 5.11c,cc)。由可见光云图可见，B 云团是由两个小云团组合而成(图 5.11cc)。

16 时，与 B 云团合并后的 MCC 又与 mg_3 合并，面积继续扩大同时对流发展，出现低于－60 ℃的云顶亮温，强对流正位于吉林的镇赉和洮南上空(图 5.11d)。从可见光云图上，在镇赉、洮南附近出现多处上冲云顶(图 5.11dd，由于临近傍晚，上冲云顶识别能力比 14 时以前明显增强)。

16—17 时期间 MCC 在镇赉和洮南上空发展，有好几处出现上冲云顶，其西南端(位于洮南上空)又有指状云团突现(图 5.11ee)，说明在洮南附近又出现向西南方的传播。16—17 时造成镇赉和洮南短历时暴雨是 B 云团合并到 MCC 云团后对流强烈发展造成的。

17—18 时西南端突现的指状云继续发展，镇赉、洮南依然出现多处上冲云顶，此时的上冲云顶非常清晰(太阳落山前看得清楚)，其中最强的 TBB 和上冲云顶已经移到洮南站东部(图 5.11f,ff)。18 时以后太阳落山，无可见光云图。从红外 TBB 云图和自动站资料可见，18 时以后 MCC 减弱，东北中西部 6 个市(县)的短历时暴雨结束。

从上面的分析可以看出，成熟阶段的 MCC 有两个特点：①12 时以后成熟的 MCC 不断与周围的老云团和新生云团合并，面积不断扩大，同时对流增强；②MCC 不断向西南端发展，西南端多处出现上冲云顶，此处对流发展最强。

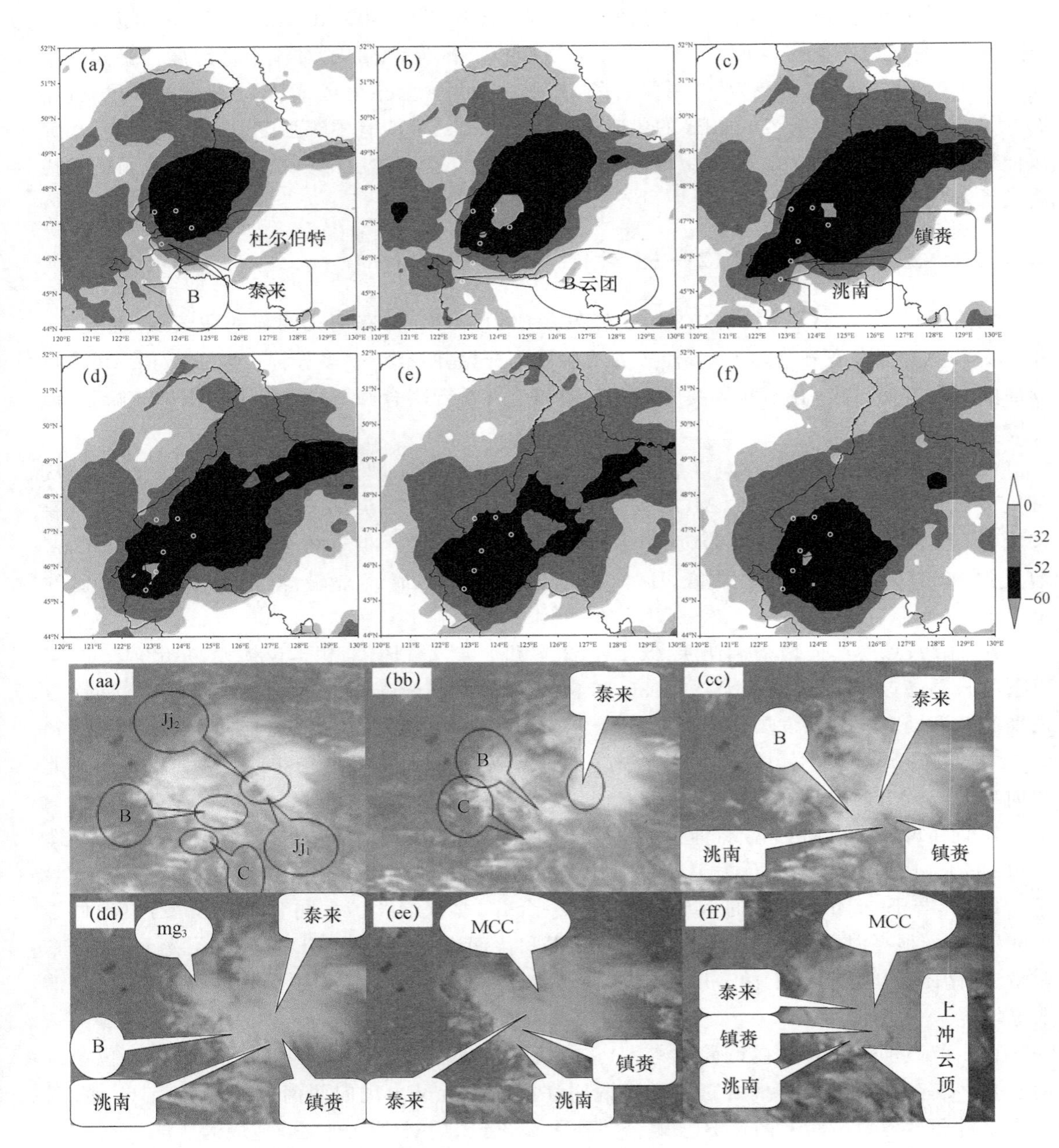

图 5.11　2006 年 8 月 10 日 13 时(a,aa)、14 时(b,bb)、15 时(c,cc)、16 时(d,dd)、17 时(e,ee)、18 时(f,ff)MCC 成熟阶段 FY-2C TBB 和高分辨率可见光云图

(6 个小圆圈为 6 个暴雨站点)

5.4.4　MCS 传播与辐合线

分析 MCS 向西南端传播的原因发现：北、西两条辐合线的移动速度和方向决定了 MCS 的传播方向。并且，可见光云图上的积云线与地面辐合线一一对应。根据每 3 h 一次的地面天气图，绘制了它们的动态分布(图 5.12)。11 时位于龙江附近，14 时交汇在泰来，17 时在镇

赉和洮南附近，20时在哈尔滨东南。根据每小时的自动站地面图可知，12时交汇在齐齐哈尔附近。可见北辐合线向东南移动，西辐合线向偏东方向移动，它们的交汇点随着时间是先向偏东方向移动(MCC成熟之前)，然后是自东北向西南方向推移(MCC成熟阶段)，之后是自西向偏东方向移动。这些交汇点出现的时间和位置与这次短历时暴雨出现的时间和位置一致，说明地面两条辐合线的交汇是产生暴雨的主要原因之一。

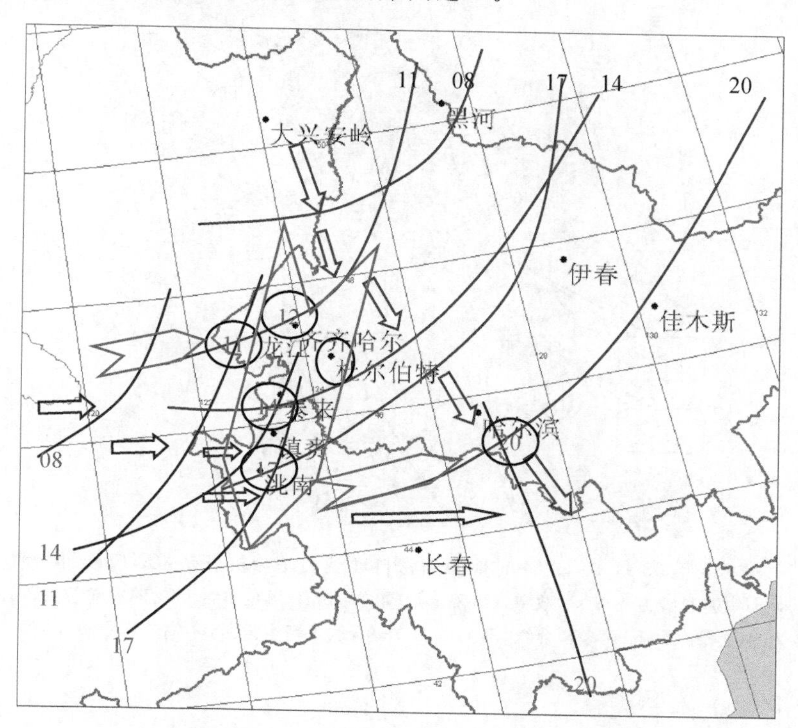

图5.12 2006年8月10日08—20时北(上，蓝色实线)、西(下，棕色实线)两条辐合线及其交点(绿色空心圆)随时间演变(彩图见书后)

(蓝色箭头为北支辐合线的移动方向，棕色箭头为西支辐合线的移动方向，红色燕尾空心箭头为两条辐合线交点随着时间的变化)

交汇点的位置取决于两条辐合线的移动方向和移动速度。当西支辐合线向东移动缓慢，北支向东南移动较快时，交汇点自东北向西南方向移动(如图5.12中12—17时)；如果北辐合线移动缓慢，西辐合线向东移动较快，则它们之间的交汇点向偏东方向移动(如08—12时和17—20时)。

为了进一步说明暴雨产生的位置与辐合线和云团的关系，我们把14时自动站地面天气图的气压场、风场、1 h降水量和红外卫星云图叠加在一张图上(图5.13)。如前所述，13:01—14:01泰来出现91 mm的降水，云团内其他地方的小时降水量在2 mm以下。由图5.13可见，北、西两条辐合线交汇于MCC的西南端泰来附近。即最强降水发生在MCC的西南端。由此进一步说明，暴雨MCS的传播方向与两条辐合线的交汇点位置和云团之间的关系。

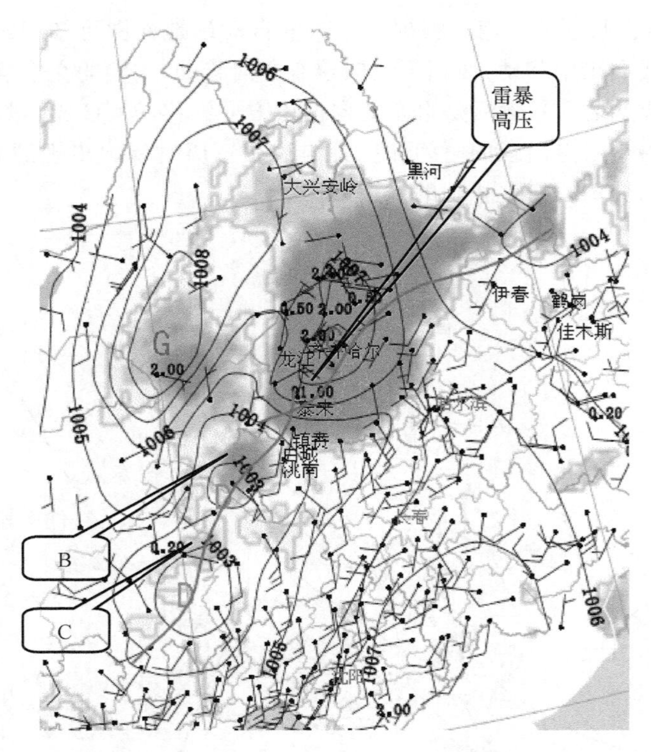

图 5.13　2006 年 08 月 10 日 14 时地面加密自动观测站分析、FY-2C 红外云图叠加显示
[阴影:云图,地面风场(长线为 4 m/s),数字:1 h 降水量(单位:mm),黑色实线为等压线(单位:hPa,间隔 1 hPa),加粗实线为北(上)和西(下)两条辐合线,B、C 为西支辐合线上新生云团,G:高气压中心,D:低气压中心]

5.5　触发机制

中尺度对流系统是在有利的条件下生成的。这种有利条件是:高温、高湿、对流性不稳定层结,有中等强度的风速垂直切变等。但即使有这种有利的环境条件出现,并不一定就有中尺度系统的生成。中尺度系统的生成除满足上述有利的环境条件外,还需要触发的条件。这是目前中尺度系统问题中最关键的问题之一(陶诗言,1980)。

由图 5.14 可见,08 时初始对流发展的地方(123°—124°E,47°—48°N 处的 −32 ℃云团),有 4 股气流向这里汇聚,第 1 股为经渤海的偏南气流(4～8 m/s)到达初始对流南侧,第 2 股为由渤海经西南气流转为东南气流(2～4 m/s)到达初始对流右侧,第 3 股为东北或偏北气流(2～4 m/s),到达初始对流北部,第 4 股为位于初始对流西部的偏西气流(2 m/s)。偏南气流最强,偏西气流最弱。4 股气流汇集的地方正是 2 h 之后暴雨发生的地区。这里辐合强度超过 1.0×10^{-5} s^{-1},中心强度达到 2.0×10^{-5} s^{-1}以上。说明地面风场强辐合促使初始对流发展。那么,是哪一股气流的最后出现起到触发初始对流的作用呢?

从自动站每小时地面风场的时间演变过程可知,在暴雨发生前,初始对流附近的偏南暖湿气流、东南气流和很弱的偏西气流一直维持,只有暴雨区北部和东北(或偏北)气流在 8 日 06—09 时风向由偏南风转为东北(或偏北)风,这股东北(偏北)气流的出现增强了初始对流附近的辐合。说明暴雨区北部及东北部的东北(偏北)气流是触发初始对流发展的关键因素。

这股东北气流来自何处呢？通过分析前面的高空形势和北支辐合线的发展变化认为它主要来自北涡，所以北涡的再次加强和由它引导的冷空气南下使近地面辐合加强是暴雨初始对流发展的触发机制。

初始对流发展为暴雨云团后，其强下沉气流对其传播方向新生暴雨云团的发展起很重要的触发作用。从图 5.13 可以看出，与 MCC 云团相对应的是一个次天气尺度的高压系统，最内圈海平面气压为 1008 hPa。泰来附近的高压是由于强降水导致的雷暴高压，因为泰来 13 时没有降水，正处于中尺度低压内(图略)，海平面气压为 1003.7 hPa，14 时由于强降水，气压升高为 1006.1 hPa。从泰来本站 13:01—15:00 每分钟降水和气压随时间的变化也可以看出(图 5.5)，降水前后都是低气压，强降水对应气压升高(雷暴高压)，而且降水峰值与气压峰值有很好的对应关系。13:01、14:01 虽然不是降水前低压和雷暴高压的最低和最高值，但可以说明自动站 13、14 时地面天气图可以代表降水前低压和雷暴高压。因此可以认为泰来雷暴高压与 MCC 内其他站点由雨后冷气团占主导地位形成的高压一起构成高压系统。泰来附近的雷暴高压在天气图上表现为高、低压之间的密集等压线。泰来本站的偏北风和其左侧站点的东北风说明雷暴高压伴随着强下沉气流在近地面向西南涌出，与其南部较强的偏南气流形成较强辐合，促使其西南部西支辐合线上的 B 云团迅速发展。如前所述，B 云团 14—15 时强烈发展，并与 MCC 云团合并，形成范围更大的 MCC。此后以西南端发展起来的新云团为主体继续向西南方向传播。这种新老云团之间的代谢过程本身也是后续暴雨的一种触发机制，在这点上与寿绍文等(1978)的观点一致。

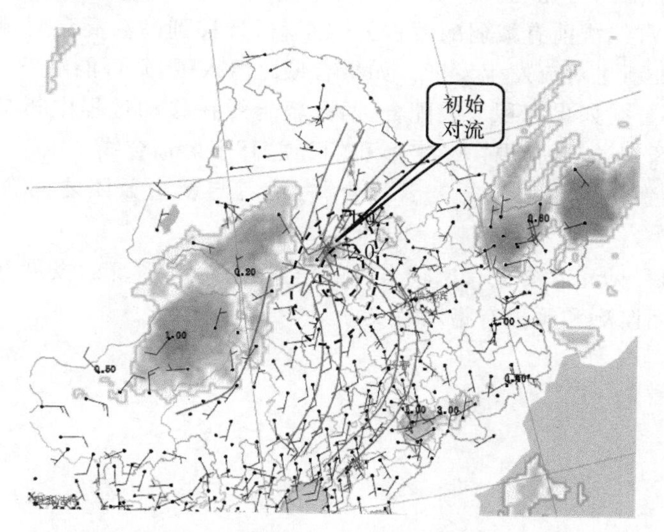

图 5.14 2006 年 8 月 10 日 08 时自动加密观测站地面分析、FY-2C 红外云图、1 h 降水量(两位小数)、地面风场(长线代表 4 m/s)叠加

[4 个双箭头代表 4 个方向气流，实线代表北(上)、西(下)两条切变线，加粗点虚线为等辐合线(单位：$10^{-5}s^{-1}$)]

5.6 小结和讨论

综上所述，做如下小结：

1. 此次过程是发生在中高纬平直西风环流、蒙古短波低槽东移加深形势下的一次短历时

暴雨过程。

2. 通过红外云图和高分辨率的可见光云图，分析了暴雨 MCS 如何从 γ 中尺度成长为 α 中尺度 MCC 的过程，阐述了 MCS 发展的原因。卫星云图北、西两条积云线对应地面天气图上北、西两条辐合线。这两条辐合线在移动过程中交汇，在交汇处 MCS 迅速发展是暴雨产生的主要原因。暴雨 MCS 在辐合线交汇处与邻近云团或新生云团的合并是 MCS 发展和产生暴雨的另一个原因。这两个原因与 Wilson 等(1986，1993)、Purdom(1976)、Lemon(1976)、俞小鼎等(2005)、方宗义等(2006)描述的美国强对流发展的成因是一致的。

3. 高温、高湿、对流性不稳定层结是 MCS 发生发展的有利环境条件。暴雨发生前夕对流凝结高度、自由对流高度明显降低有利于 MCS 对流发展。

4. MCS 在 MCC 成熟之前主要向东传播，MCC 成熟之后主要向西南传播。传播的方向由北、西两条辐合线的移动方向和速度决定。它们交汇点的位置随时间的变化决定了暴雨 MCS 的传播方向。在两条辐合线的交汇处，辐合明显增强，促使对流新生。

5. 来自东北冷涡的东北(或偏北)气流携带的冷空气南下引起近地面辐合加强，是暴雨初始对流的触发机制。初始对流发展为暴雨云团后，其强下沉气流沿近地面涌出加强了其传播方向新云团的发展，这种新老云团的代谢过程是后续暴雨的触发机制。

6. 预报中应该注意的问题是：

(1)东北短历时暴雨往往发生在无明显天气系统的环境下，要警惕高温、高湿、对流性不稳定区域发生短历时暴雨的可能性。

(2)如果上游蒙古低槽前有减弱的蒙古云团东移，且移到高温高湿对流不稳定区域上空，要警惕其前方边缘处新生对流发生发展。如果有偏北风入侵，则可能触发对流。

(3)近地面层辐合线如果有积云线配合，两条辐合线在移动过程中相交，在相交处会产生强对流。对东北地区来说，要警惕“人”字形和“T”或“J”字形辐合线。

(4)蒙古云团前新生对流如果与老云团合并，或者与新生云团之间合并，会加强对流的发展。

(5)高分辨率的可见光云图含有比较丰富的信息，对天气系统的发展有指示意义，尤其对中小尺度强对流云团监测和预报有指示意义。

第6章 “060810”β(γ)中尺度对流系统结构雷达图分析

暴雨β(γ)中尺度对流系统发生、发展规律和动力结构是中尺度对流系统发生、发展机理研究中一个备受关注的问题。对这些问题的研究国外开展的较早，对某些类型的组织形式和中尺度系统的结构已经有了相当全面的认识(Fujita，1959；Ogura et al.，1980；Bluestein et al.，1985；Smull et al.，1985；McAnelly et al.，1986；Parker et al.，2000；Jirak et al.，2003；Houze et al.，1989，1990；Nachamkin et al.，1994)。国内学者也有一些研究(寿绍文 等，1989，2003；寿亦萱 等，2007)。通过研究发现MCS中存在各种形式不同的对流，所对应的组织形式和结构也有较大差异。东北地区的中尺度对流系统组织形式和结构与美国的MCS有很多相似的地方，但也有差异。以往由于资料的限制对东北地区中尺度对流系统，尤其β中尺度对流系统结构的观测及分析很少。目前，多普勒雷达、自动站及卫星是获得高分辨率资料的三种主要观测工具，由其获得的资料对研究中尺度系统具有很大帮助。

在第5章中，已利用卫星、常规观测资料和逐时、分自动站资料，对2006年8月10日强暴雨的MCC发生发展演变过程、中尺度环境条件、传播规律和触发机制进行了分析。在此基础上，本章将进一步利用雷达、卫星和逐时、分自动站资料对MCC β(γ)中尺度对流系统过境前后气象要素特征、由γ中尺度发展为β中尺度的升尺度过程和飑线结构进行分析，以加深对东北暴雨β(γ)中尺度的认识，并期望为短时临近预报提供依据。

本章所用的雷达资料分别来自黑龙江省气象台和白城雷达站，包括黑龙江省的齐齐哈尔雷达和吉林省的白城雷达，是使用CINRAD/cc 5 cm新一代多普勒天气雷达获得的基数据和反演产品。

6.1 MCC在雷达图上为飑线

第5章中所分析的MCC在成熟前(10日06—12时)和成熟后(10日12—18时)的发展演变过程被齐齐哈尔和白城雷达观测到(图6.1)。图6.1中所显示的是MCC发展较强的两个整点时刻(14时和15时)的云图。图6.1中两个互有重叠的圆，分别代表着两部多普勒雷达的有效探测范围，其中，北面的圆为齐齐哈尔雷达站(红色实心圆)，南面的圆是白城雷达站(蓝色实心圆)，有效探测半径均为150 km，两站相距约210 km，共同探测到的暴雨站点是泰来站(两圆重叠区域中的空心圆点)。

分析发现，在卫星云图上为椭圆形的MCC，在雷达图上表现为逐渐发展起来的一条线状长回波带(图6.2)。图6.2分别对应图6.1中两个时刻1.5°仰角反射率因子两部雷达强度基数据回波拼图。这条带上南部是由多个单体侧向排列而形成的狭窄的活跃雷暴带，构成强回波区；北部是层状云，层状云中有一些次强对流回波。这条活跃雷暴带不断向西南发展，从齐齐哈尔一直发展到内蒙古科尔沁右翼中旗南部的高力板，大约 315 km 长，50 km 宽。这条线状的中尺度对流系统是先出现一个雷暴，以后在雷暴移动方向的后方有新的雷暴周期性地触发，并不断并入原来雷暴中而发展成线状雷暴带。这条线状雷暴带满足飑线定义（寿绍文 等，2003；张玉玲，1999；张杰，2006）。

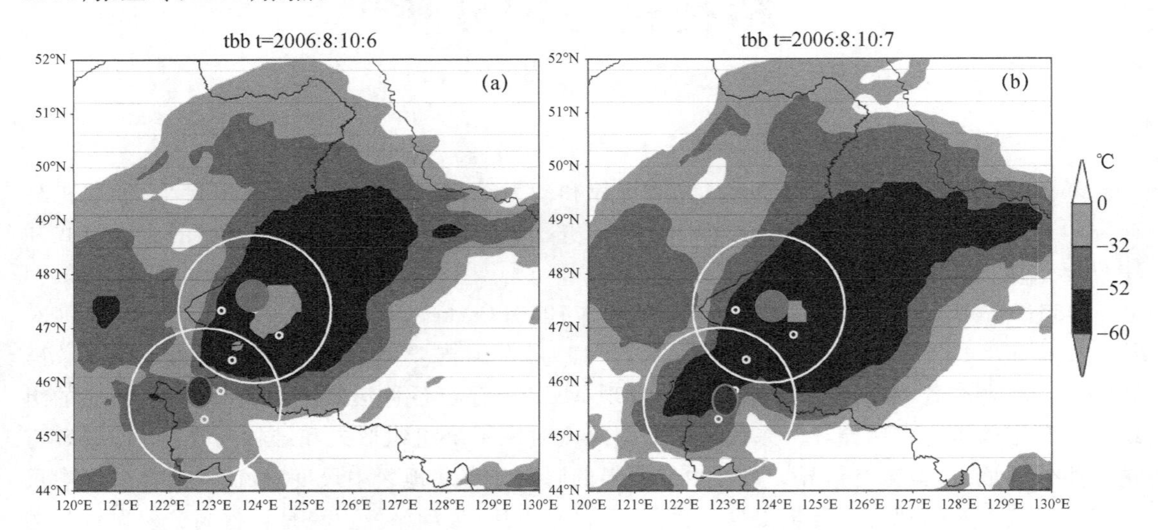

图 6.1　2006 年 8 月 10 日 14 时(a)和 15 时(b)TBB(彩图见书后)

［两个大圆分别为齐齐合尔(上)和白城(下)雷达有效探测范围(半径 150 km)，实心圆分别为齐齐哈尔(上)和白城(下)雷达观测点位置，其余的几个空心圆分别为其他 5 个暴雨站点，其中泰来为两部雷达都能观测到的暴雨点］

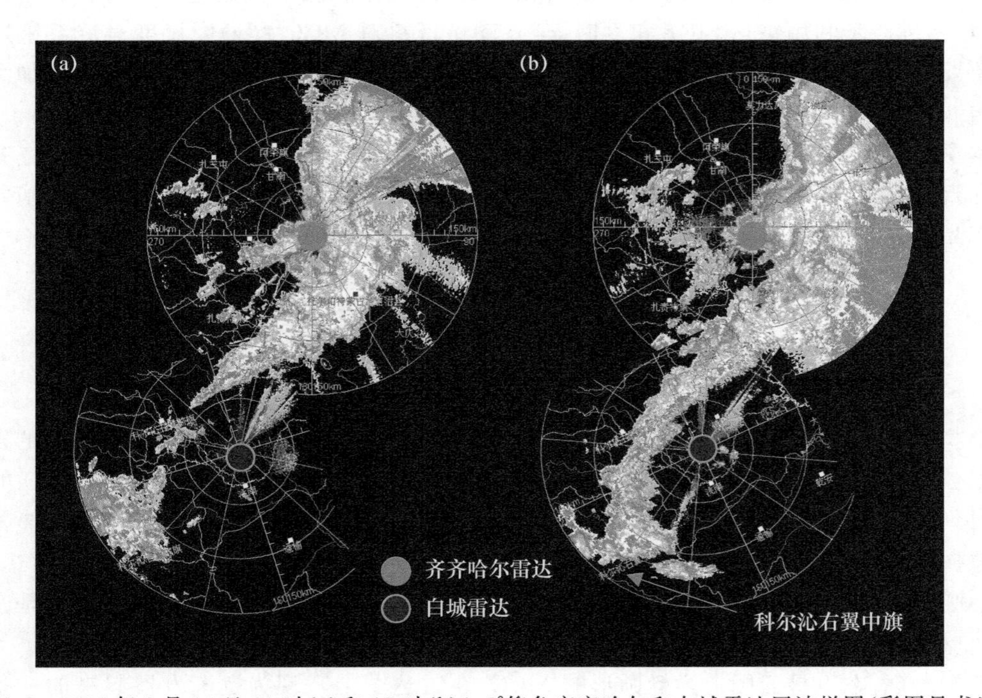

图 6.2　2006 年 8 月 10 日 14 时(a)和 15 时(b)1.5°仰角齐齐哈尔和白城雷达回波拼图(彩图见书后)

6.2 飑线过境气象要素变化

6.2.1 温、湿变化

温度、露点和相对湿度数据来自 2006 年 8 月 10 日 6 个暴雨站点的观测资料。每小时整点时刻的气温(地温、露点、相对湿度),即每小时第一分钟的值,称为时气温(时地温、时露点温度、时相对湿度);每小时内的最高、最低气温(地温)称为时最高、最低气温(地温)。发生集中强降水之前的峰值气温(地温)简称前气温(前地温),发生集中强降水之后首先达到的谷值气温(地温)简称后气温(后地温),两者差值称为前后气温(地温)差。

图 6.3a—图 6.6a 为龙江、齐齐哈尔、泰来和杜蒙整点的气温、地温和露点温度,图 6.7a、图 6.8a 为镇赉和洮南的最高气温、最高、最低地温和小时相对湿度图,图 6.3b—图 6.8b 是强降水的 2 h 内每分钟的气温和降水变化,表 6.1 给出 6 个站点时气温、最高、最低气温、最高、最低地温各项的对比。

从图 6.3 和表 6.1 龙江温度和湿度变化可以看,龙江降水开始前 09 时时气温为 23.2 ℃,08 时到 09 时 1 h 内的时最高气温出现在 08:20,为 23.6 ℃(表 6.1),以后气温开始下降,最大 1 h降温幅度出现在 10—11 时,就是集中降水时段。气温从 10 时到 11 时下降了 3.2 ℃,地温下降了 4.1 ℃。11:00—12:00 继续降水 18.7 mm,温度持续下降,气温和地温分别又下降了 0.9 ℃和 0.3 ℃。整个降水期间气温从 08:20 的前气温 23.6 ℃下降到 12:38 的后气温 18.3 ℃,前后气温差为 5.3 ℃;地温从 08:14 的前地温 30.5 ℃下降到 12:11 的后地温 19.1 ℃,前后地温差为 11.4 ℃。露点温度变化从 10 时 22.8 ℃下降到 12 时 18.7 ℃,下降了 4.1 ℃,但温度露点差即湿度一直较大(0.3 以下)。

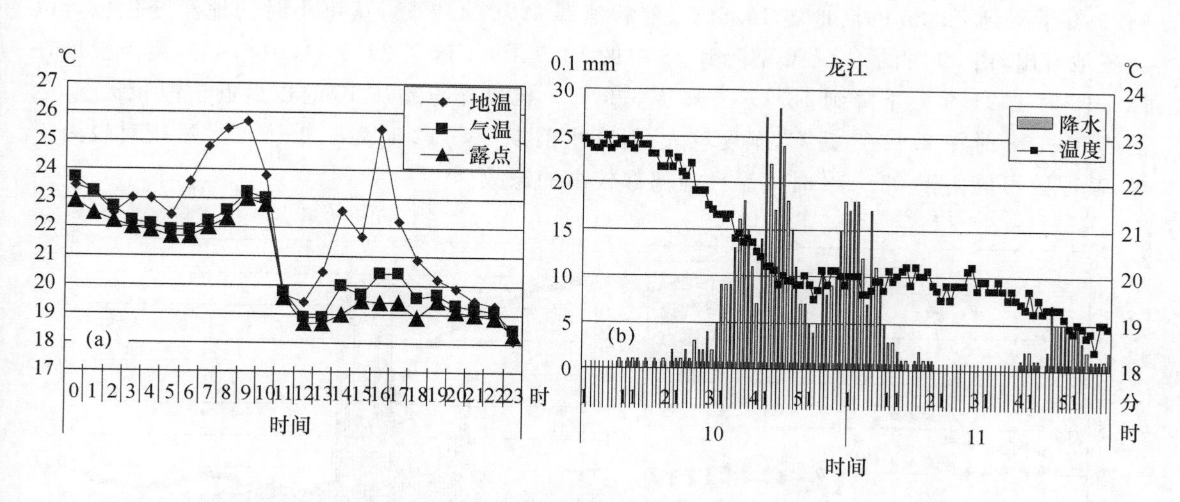

图 6.3 2006 年 8 月 10 日龙江站温度和湿度变化

(a)时气温、时地温和时露点温度变化;(b)10:00—11:59 每分钟气温和降水变化

表 6.1　6 个暴雨站点飑线过境前后气温变化　　(单位:℃)

站	时气温			降水前后气温及前后气温差			降水前后地温及前后地温差		
	降水前(时间)	降水后(时间)	差值	降水前(时间)	降水后(时间)	差值	降水前(时间)	降水后(时间)	差值
龙江	23.2 (09:00)	18.9 (12:00)	3.3	23.6 (08:20)	18.3 (12:38)	5.3	30.5 (08:14)	19.1 (12:11)	11.4
齐齐哈尔	26.4 (09:00)	18.7 (13:00)	7.7	26.9 (09:09)	18.2 (12:38)	8.7	44.2 (09:07)	19.5 (12:30)	24.7
杜蒙	28.5 (11:00)	20 (14:00)	8.5	28.7 (11:10)	19.8 (13:47)	8.9	48.6 (11:12)	20.9 (13:47)	27.7
泰来	33.7 (13:00)	19.5 (14:00)	14.2	40.6 (12:50)	19.1 (13:26)	21.5	51.8 (11:27)	11.3 (14:07)	40.5
镇赉	29.5 (11:00)	20.2 (17:00)	9.1	29.9 (10:47)	20.1 (18:01)	9.8	49.5 (11:37)	20.5 (16:56)	29
洮南	28.6 (14:00)	19.6 (17:00)	9.0	28.7 (14:06)	19.3 (16:37)	9.4	40.9 (13:43)	20.6 (16:49)	20.3
平均			8.63			10.6			26.05

从龙江站集中降水的 10—11 时每分钟的温度变化可以看出,集中降水(10:09)开始后,气温明显下降,第一个降水峰值期间(10:09—10:53)气温下降最明显,从 10:09 的 22.9 ℃降到 10:54 的 19.5 ℃,44 min 降低了 3.4 ℃。第二个峰值气温下降比较缓慢。

从图 6.4 和表 6.1 齐齐哈尔温度和湿度变化可以看出,齐齐哈尔气温从 09:09 开始下降,09 时气温为 26.4 ℃,13 时气温降至 18.7 ℃,下降了 7.7 ℃。整个降水期间气温由 09:09 的前气温 26.9 ℃下降到 12:38 的后气温 18.2 ℃,前后气温差为 8.7 ℃;地温由 09:07 的前地温 44.2 ℃下降到 12:30 的后地温 19.5 ℃,前后地温差为 24.7 ℃,从每小时的地温变化也可以清楚地看出,由 09 时的 42.7 ℃下降到 13 时的 19.9 ℃,下降了 22.8 ℃(图 6.4)。露点温度在 12—13 时由 21.9 ℃下降到 18 ℃,下降了 3.9 ℃。温度露点差从 13 时以后近于饱和状态,之前的 01—08 时在 2.1～3.5 ℃,湿度较大,但降水前期 09—12 时为 4.3～5.2 ℃,相对较为干燥,其原因可能由于 09—12 时气温和地温都较高的缘故。

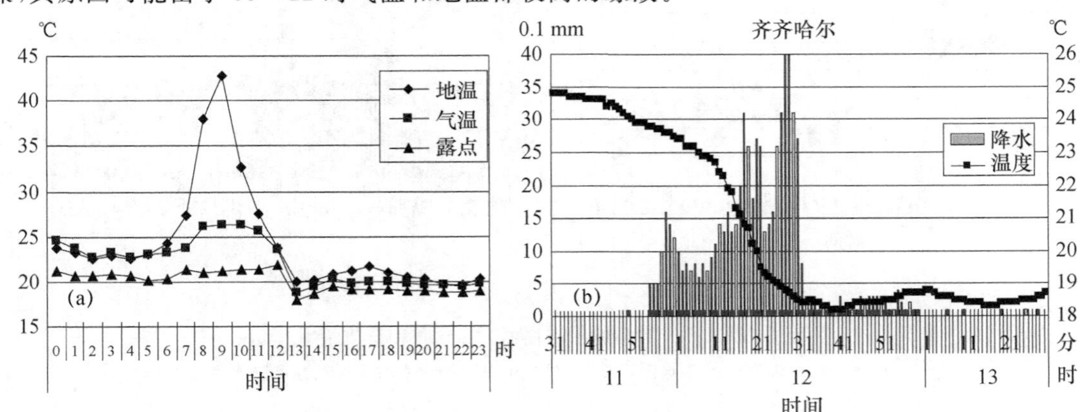

图 6.4　2006 年 8 月 10 日齐齐哈尔站温度和湿度变化

(a)时气温、时地温和时露点温度变化;(b)11:31—13:30 每分钟气温和降水变化从齐齐哈尔 11:31—13:30 每分钟的温度变化趋势看(图 6.4b),在对流降水阶段(11:54—12:31),从降水前 11:54 的 23.8 ℃开始气温就明显地下降,当对流降水结束时(12:31)温度已经降到 18.4 ℃,37 min 气温下降了 5.4 ℃。

从图 6.5 和表 6.1 泰来的温度和湿度变化可以看出,13 时时气温为 33.7 ℃,之前 12:50 出现时最高气温 40.6 ℃,14 时下降,时气温为 19.5 ℃,此时气温变化 14.2 ℃。泰来降水前后气温变化也较大,由 12:50 的前气温 40.6 ℃下降到 13:26 的后气温 19.1 ℃,前后气温差 21.5 ℃。然而,变化最大的是地温,由 11:27 的前地温 51.8 ℃下降到 14:07 的后地温 11.3 ℃,前后地温差竟达 40.5 ℃。湿度变化类似齐齐哈尔。泰来在 13:01—14:59 的每分钟温度数据误差较大,因此暂不去讨论。

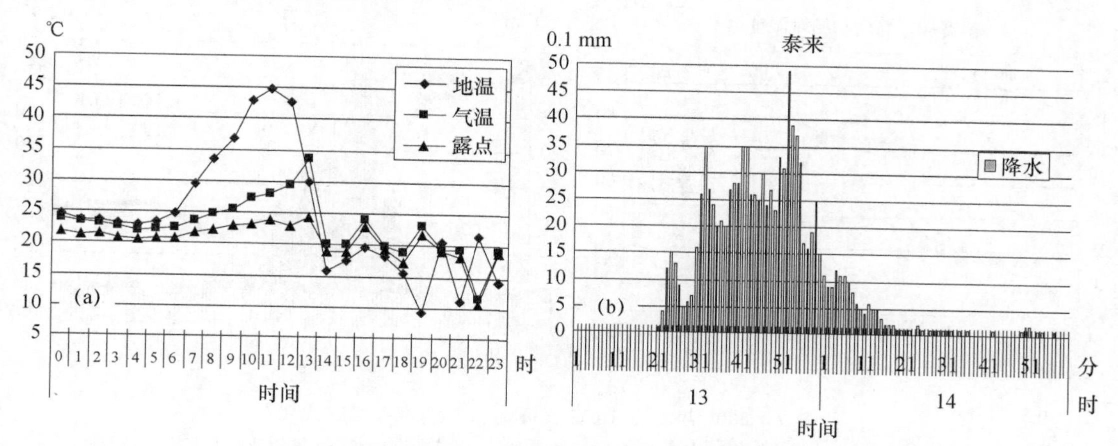

图 6.5 2006 年 8 月 10 日泰来站温度和湿度变化

(a)时气温、时地温和时露点温度变化;(b)13:01—14:59 每分钟降水变化

从图 6.6 和表 6.1 杜尔伯特(杜蒙)的温度和湿度变化可以看出,11 时时气温 28.5 ℃,降水后 14 时降为时气温 20 ℃,下降了 8.5 ℃。降水前后气温由 11:10 的前气温 28.7 ℃下降到 13:47 的后气温 19.8 ℃ ,前后气温差 8.9 ℃;地温由 11:12 的前地温 48.6 ℃下降到 13:47 的后地温 20.9 ℃,前后地温差 27.7 ℃。湿度变化同上面几个站。

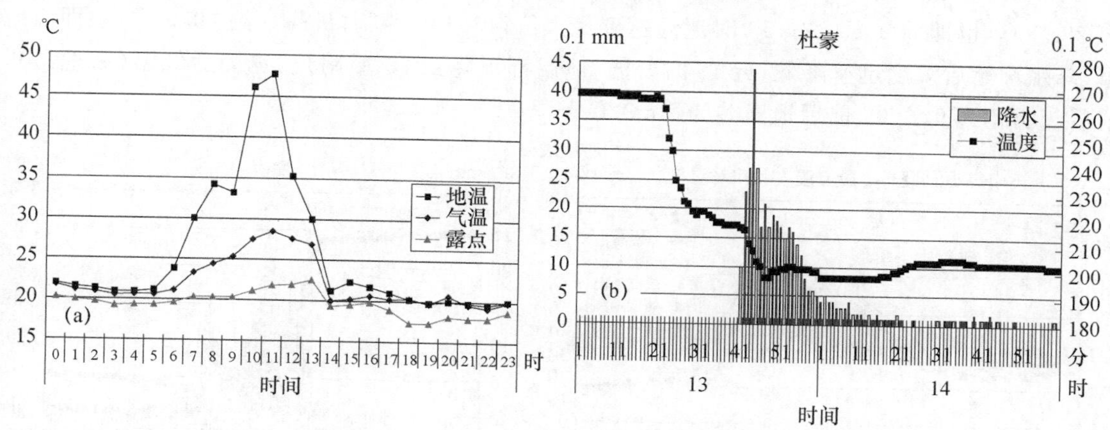

图 6.6 2006 年 8 月 10 日杜蒙站温度和湿度变化

(a)时气温、时地温和时露点温度变化;(b)13:01—14:59 每分钟气温和降水变化

从杜蒙 13—14 时每分钟的温度变化看,明显降温发生在对流降水前 10 min(13:21)和开

始降水后约 10 min(13:47 左右),从 13:21 的 26.6 ℃到 13:47 的 19.8 ℃,26 min 降低 6.8 ℃,以后温度维持在一个较低水平,变化不大。

从图 6.7 和表 6.1 镇赉温度和湿度变化可以看出,镇赉 10—12 时气温和地温都达到最高,其中 10:47 达到时最高气温为 29.9 ℃,时最高地温出现在 11:37 为 49.5 ℃,它们也是前气温(前地温)以后开始下降,降水后(17 时以后)地温和气温趋于一致维持在后气温(后地温)20 ℃附近。前后气温差为 9.8 ℃,前后地温差为 29 ℃。10 日相对湿度一直维持较高 70%以上,但在气温和地温升高的高温阶段,相对湿度下降,降水开始后,相对湿度又继续增大,达到 90%以上,结论同上面几个站。

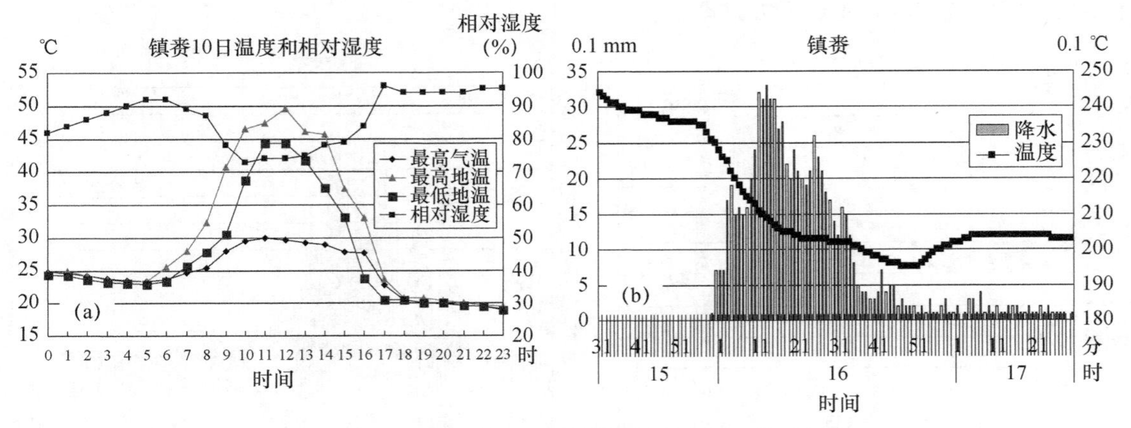

图 6.7　2006 年 8 月 10 日镇赉站温度和相对湿度变化

(a)每小时最高气温、最高(最低)地温和相对湿度变化;(b)15:31—17:30 每分钟气温和降水

从分钟温度和降水分布可以看出,降水前 20 min(15:21)从 27.6 ℃开始下降(图中未显示),15:31 后仍继续下降,直到对流性降水后(16:51)达到最低 19.5 ℃,90 min 下降 8.1 ℃。相对湿度也有一个突变,温度开始下降(15:21)的 3 min 内从 70%以上迅速降到 70%以下,然后开始升高,随着降水的发生,继续升高,降水开始 10 min 后达到 90%以上(图略)。

图 6.8 和表 6.1 洮南温度和湿度变化显示,13—15 时气温达到最高,14:06 达到时最高气温 28.7 ℃,也即前气温;12—14 时地温达到最大值,13:43 达到时最高地温 40.9 ℃,也即前地温;降水开始后温度迅速降低,近 17 时气温、地温都下降到 20 ℃附近,也即后气温(后地温)。前后气温差为 9.4 ℃,前后地温差为 20.3 ℃。

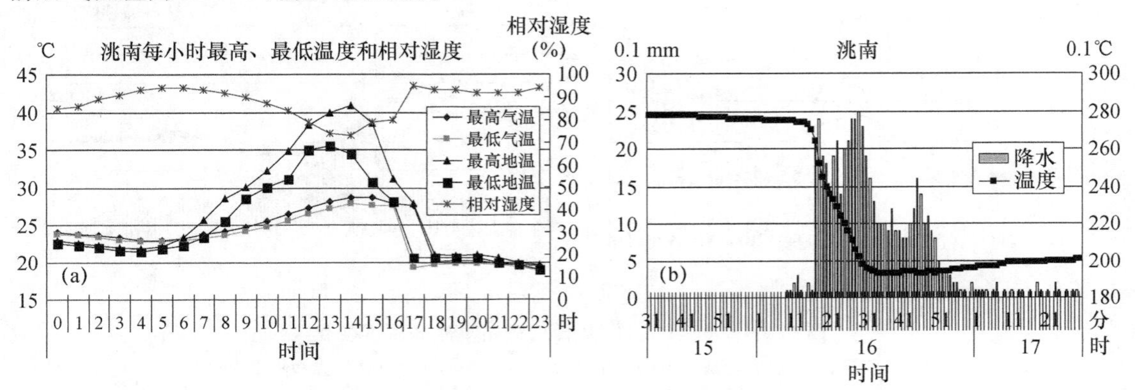

图 6.8　2006 年 8 月 10 日洮南站温度和相对湿度变化

(a)每小时最高气温、最高(最低)地温和相对湿度变化;(b)15:31—17:30 每分钟气温和降水

从 16—18 时每分钟的温度和湿度变化看，温度突降发生在 16:15 的 27.3 ℃到 16:34 的 19.3 ℃，即明显降温发生在强降水开始后的十几分钟内，即从 16:15—16:34，19 min 气温降低 8 ℃。相对湿度同上面站的结论。

对前面 6 个站降水前后气温、地温（表 6.1）及湿度进行对比分析发现，集中强降水发生前后温度都呈明显的下降变化，降水前后时气温降低值平均为 8.63 ℃，前后气温差平均为 10.6 ℃，前后地温差平均为 26.05 ℃。从每分钟的对流性降水与温度变化曲线可见，龙江 44 min降低了 3.4 ℃(0.08 ℃/min)，53 min 气温下降了 6.6 ℃(0.1 ℃/min)，泰来 60 min 下降 14.2 ℃(0.2 ℃/min)，镇赉 90 min 下降 8.1 ℃(0.09 ℃/min)，洮南 19 min 气温降低 8 ℃(0.4 ℃/min)，平均每分钟降低 0.14 ℃。

各站湿度变化降水前后不很明显，因为在降水前湿度已经很大，降水后又继续加大，只是在最高气温附近的几小时有些下降。

6.2.2 气压变化

通过对 2006 年 8 月 10 日 6 个站点每小时的本站气压和小时内最高、最低气压分析发现，伴随着降水过程，本站气压或者小时内最高或最低气压随着时间有一次气压陡升或气压鼻的过程。以黑龙江省龙江站和吉林省镇赉站为例（图 6.9），其他站情况有类似的结果（略）。即降水前气压较低，降水过程中到降水结束时气压陡升，然后气压恢复正常波动。

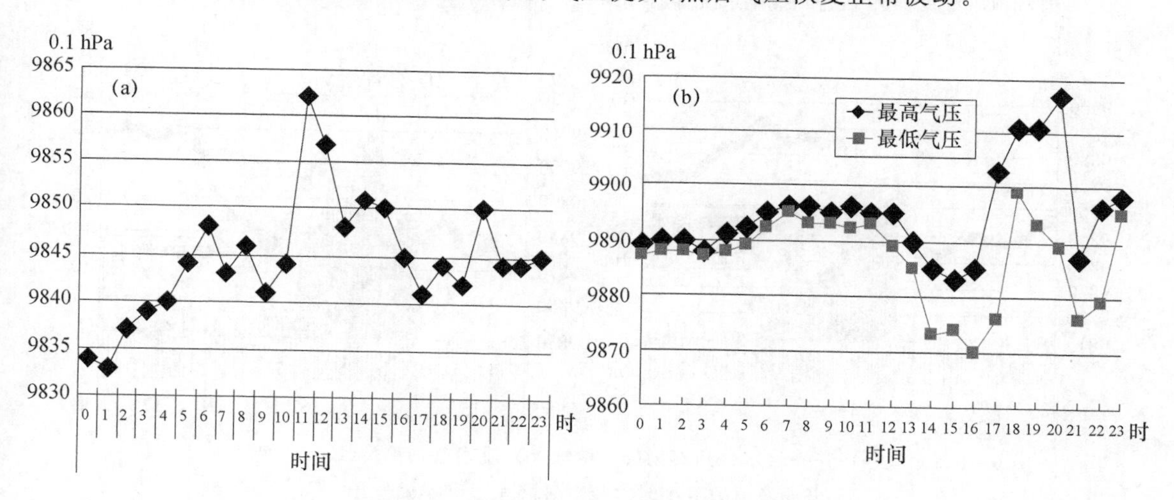

图 6.9 2006 年 8 月 10 日龙江每小时本站气压变化(a)和镇赉每小时最高、最低气压(b)

根据每小时的资料可以看出降水期间气压涌升过程，而根据每分钟的资料则可以看出对流性降水期间更小尺度的特征。

由 6 个暴雨站点降水期间 2 h 内每分钟的气压变化情况（图 6.10 和表 6.2）可以看出，降水前后即飑线过境前后，气压场分别出现了前低压、雷暴高压、尾流低压和冷空气高压。各站前低压、雷暴高压、尾流低压具体出现时间、强度变化和平均强度变化不尽相同。

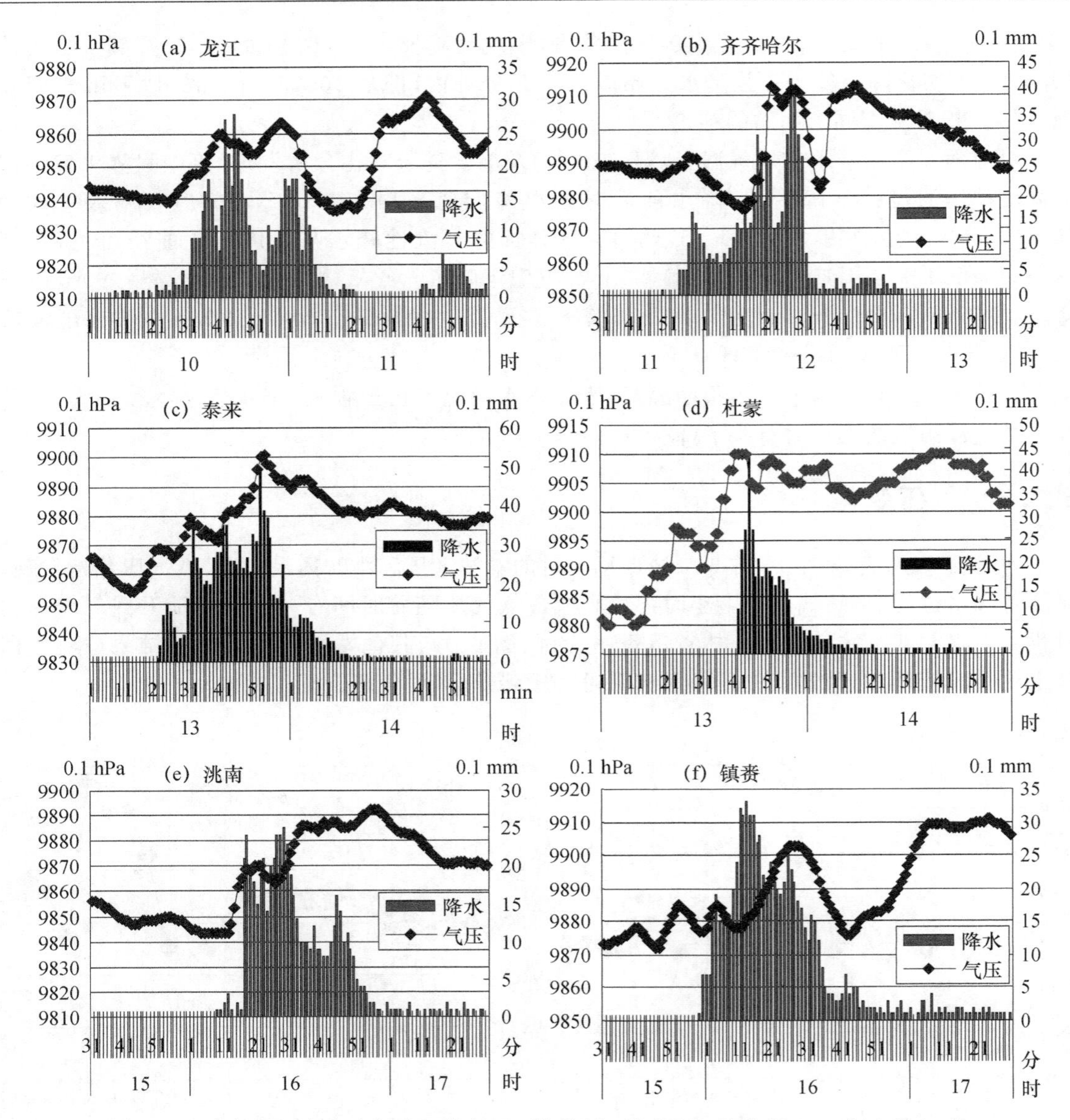

图 6.10 龙江(a)、齐齐哈尔(b)、泰来(c)、杜蒙(d)、洮南(e)、镇赉(f)2006 年 8 月 10 日出现暴雨的两小时内每分钟降水量和本站气压

(龙江:10:01—11:60,泰来:13:01—14:60,齐齐哈尔:11:31—13:30,杜蒙:13:01—14:60,洮南:15:31—17:30,镇赉:15:31—17:30)

表 6.2 6 个暴雨站点飑线过境前后气压变化

站名	前低压/hPa(出现时间)	雷暴高压/hPa(出现时间)	雷暴高压与前低压差值/hPa/变化时间(min)	平均瞬间强度变化/(hPa/min)	尾流低压/hPa(出现时间)	雷暴高压与尾流低压差值/hPa/变化时间(min)	平均瞬间强度变化/(hPa/min)
龙江	983.9 (10:25)	986.3 (10:59)	2.4 35	0.069	983.6 (11:15)	2.7 16	0.169
齐齐哈尔	987.6 (12:11)	991.3 (12:21)	3.7 10	0.37	988.2 (12:35)	3.1 14	0.221

续表

站名	前低压/hPa(出现时间)	雷暴高压/hPa(出现时间)	雷暴高压与前低压差值/hPa/变化时间(min)	平均瞬间强度变化/(hPa/min)	尾流低压/hPa(出现时间)	雷暴高压与尾流低压差值/hPa/变化时间(min)	平均瞬间强度变化/(hPa/min)
泰来	985.4 (13:13)	990.1 (13:53)	4.7 41	0.115	987.7 (14:54)	2.4 60	0.04
杜蒙	988.0 (13:11)	991.0 (13:37)	3.0 40	0.075	990.2 (14:14)	0.8 32	0.025
镇赉	987.2 (15:47)	990.3 (16:26)	3.1 39	0.079	987.6 (16:42)	2.7 16	0.169
洮南	984.3 (16:09)	989.2 (16:56)	4.9 47	0.104	986.9 (17:48)	2.3 52	0.04

从龙江站关键降水期间 2 h(10—12 时)内每分钟的气压变化看(图 6.10 和表 6.2 龙江),前低压出现在 10:24—10:25 为 983.9 hPa,此时已出现少量降水,紧接着气压升高,降水期间出现的两个气压鼻分别与降水峰值相对应,然后在 11:01—11:30 出现低压谷,最低值为 983.6 hPa(11:14,11:15),形成尾流低压。尾流低压出现的时间只有 10 min,平时在天气图上很少观测到。尾流低压的值低于前低压值。尾流低压后又出现气压涌升,气压涌升为 987.1 hPa(11:41)。后面的很弱的降水峰值又对应一次气压涌升,称为冷空气高压,以后恢复正常的气压摆动。

龙江较强对流性降水期间,本站气压变化经历了前低压—雷暴高压(与降水峰值对应)—尾流低压。本站气压从前低压到雷暴高压 35 min 气压升高 2.4 hPa,从雷暴高压到尾流低压 16 min 降低 3.5 hPa,从前低压到尾流低压时间持续约 1 h。

齐齐哈尔在 2 h 对流性降水期间(11:31—13:30),有一次明显的气压变化过程(图 6.10 和表 6.2 齐齐哈尔),最高气压出现在 12:21 为 991.3 hPa 和 12:27 为 991.3 hPa,分别对应降水峰值。前低气压出现在降水的初期 12:11 为 987.6 hPa。最高气压除了出现在 12:21 为 991.3 hPa 外还出现在 12:45 为 991.3 hPa,分别为雷暴高压和雷暴过后的弱降水对应的冷空气高压。与龙江相比,齐齐哈尔降水强度明显增强,气压变化幅度也增强,即从 12:11 最低气压到 12:21 最高气压 10 min 气压升高 3.7 hPa。尾流低压出现在对流性降水后 12:33—12:35。从前低压到尾流低压持续时间约半小时。尾流低压之后是冷空气高压,持续时间较长约半小时左右。

泰来对流性降水发生期间(13—14 时),气压鼻和降水峰值有很好的对应关系(图 6.10 泰来和表 6.2 泰来)。雷暴高压最高气压出现在 13:53 为 990.1 hPa。前低压出现在13:13—13:14为 985.4 hPa 。从前低压到雷暴高压,41 min 内气压升高 4.7 hPa。尾流低压最低值出现在 14:54 为 987.7 hPa,尾流低压似乎持续时间较长,因为 17—19 时才有冷空气高压出现(图略)。由上可见,泰来降水前后也出现了前低压、雷暴高压、尾流低压和冷空气高压。雷暴高压期间的 6 个气压峰值分别对应 6 个降水峰值,表明了 β 中尺度降水过程中的 γ 中尺度特征。

杜蒙对流性降水发生期间(13—14 时),前低压出现在 13:10—13:11为 988 hPa,此时还没有发生降水，即发生在降水前 30 min，之后气压涌升，涌升时为 13:37 的气压 991 hPa，并对应较强的降水，之后有尾流低压出现在 14:14—14:15 为 990.4 hPa，再后是冷空气高压（最高值出现在 14:41 附近为 991 hPa）。前低压和雷暴高压最高值的差值 3.0 hPa，尾流低压较弱。

镇赉对流性降水发生的 2 h(15:31—17:30)，前低压 987.2 hPa(出现在 15:47)，雷暴高压最高值出现在 16:26 为 990.3 hPa，尾流低压出现在 16:42 为 987.6 hPa。从前低压到雷暴高压 39 min 升高 3.1 hPa，从雷暴高压到尾流低压 16 min 气压降低 2.7 hPa。与前几个站不同的是，最强降水峰值没有出现最强雷暴高压值，但次强雷暴高压与降水峰值对应的比较好。镇赉的尾流低压和冷空气高压比较明显，与龙江类似。

洮南对流性降水发生的 2 h(15:31—17:30)，最低气压出现在 16:04—16:12 为984.3 hPa，最高气压出现在 16:55—16:57 为 989.2 hPa，尾流低压出现在 17:48 为986.9 hPa。雷暴高压的峰值落后于降水峰值。尾流低压比较弱，持续时间稍长，冷空气高压出现在后面的弱降水之后。

综合以上各站的情况可知，各站都出现不同程度的前低压、雷暴高压、尾流低压和冷空气高压，其强度变化不尽相同（表 6.2），齐齐哈尔和泰来从前低压到雷暴高压平均瞬间强度变化最大，齐齐哈尔 10 min 气压升高 3.7 hPa(0.37 hPa/min)，泰来 41 min 升高 4.7 hPa (0.115 hPa/min)，其他几个站平均瞬间强度变化都超过 0.069 hPa/min。尾流低压与雷暴高压比较，齐齐哈尔 14 min 降低 3.1 hPa(0.221 hPa/min)、龙江 16 min 降低 2.7 hPa (0.169 hPa/min)和镇赉 16 min 降低 2.7 hPa(0.169 hPa/min)，其他站都未超过 0.04 hPa/min。（图 6.10）。

前低压、雷暴高压在每分钟气压变化曲线上表现比较明显，在每小时的自动站地面天气图上也可以分析出来，最明显的是龙江和泰来，因为它们气压变化接近整点，所以在每小时的地面天气图上表现比较明显（图 6.11）。10 时（图 6.11a）龙江附近是一个暖性小低压，11 时（图 6.11b）伴随着龙江及其附近两个乡镇（白山、黑岗）短时暴雨的出现，气压升高，在地面图上表现为冷高压前侧密集的等压线。同时风场也发生了明显的变化。13 时在泰来出现暖性小低压（图 6.11c），是风暴经过泰来前的前低压，14 时随着泰来 91 mm 降水及其附近 5 个乡镇暴雨的出现，泰来的暖性前低压，被密集的等压线所取代，成为冷性的雷暴高压（图 6.11d）。

雷暴高压在地面天气图上表现为密集的等压线，在变压图上表现为正变压中心和冷空气堆，图 6.12 是对图 6.11c、6.11d 密集等压线区域放大后显示的 13—12 时、14—13 时的 1 h 变压和变温，可以看出，图 6.12a 13 时泰来附近 1 h 气压降低 1 hPa，升温 4 ℃，这是风暴来临前的低压；图 6.12b 14 时，泰来及其附近的 5 个乡镇和杜蒙附近气温下降 5 ℃、气压升高 2 hPa 以上，泰来本站气压 1 h 气压升高 2.3 hPa，并伴随着雷暴发生，这个区域是雷暴高压区域。同样在图 6.12a 齐齐哈尔附近气温下降 5 ℃，气压升高 1 hPa 以上，齐齐哈尔本站气压 1 h 升高 1.7 hPa，伴随着雷暴发生，这个区域雷暴高压区域。同样也可以验证在龙江附近 10 时和 11 时出现前低压和雷暴高压。

对于尾流低压，因为其维持时间比较短（如齐齐哈尔、龙江、镇赉），通常十几分钟，又没有出现在整点时刻，所以在每小时的地面天气图上很难捕捉。

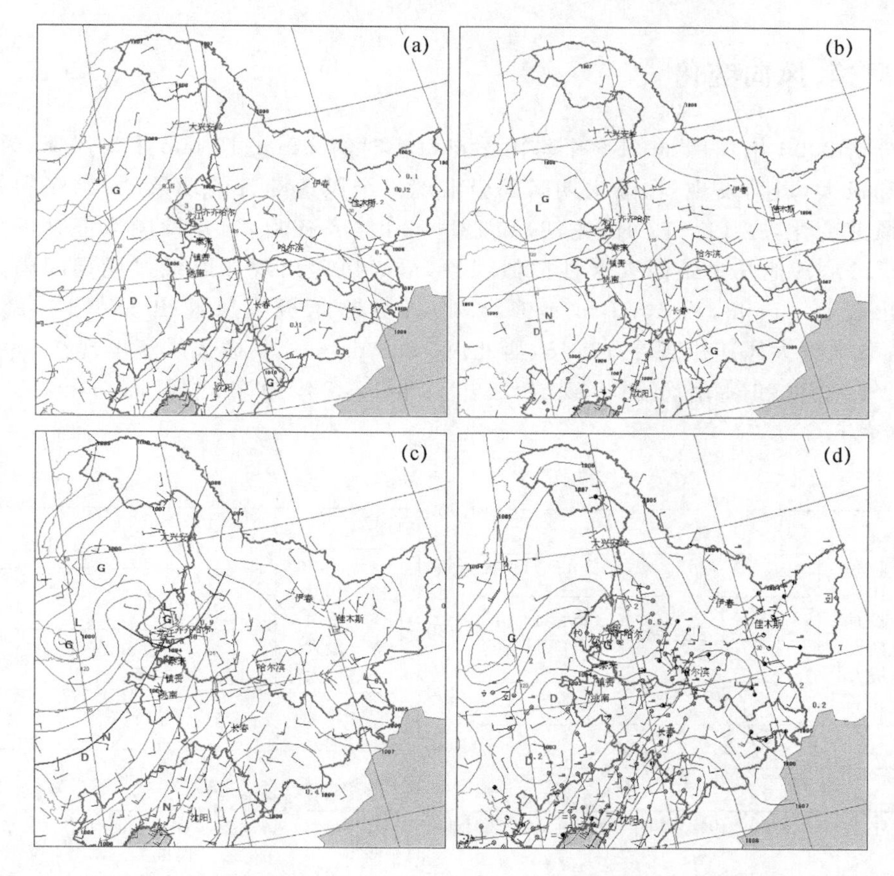

图 6.11 2006 年 8 月 10 日 10 时(a)、11 时(b)、13 时(c)和 14 时(d)自动站地面天气图分析
(实线为等压线,G\D 气压中心,L\N 冷暖中心,数字为 1 h 降水量)

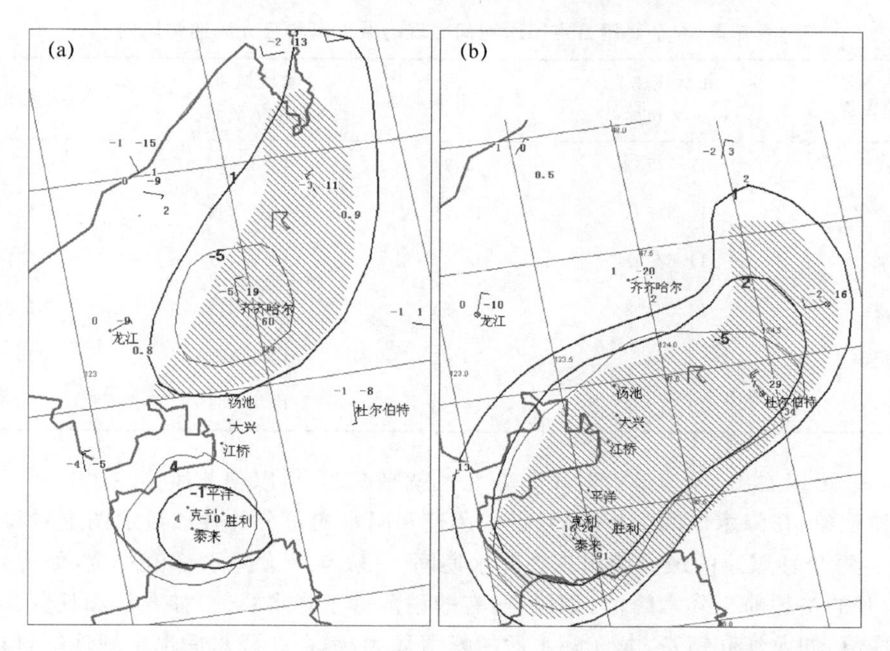

图 6.12 2006 年 8 月 10 日 13 时(a)和 14 时(b)自动站地面天气图及 1 h 变压、变温
[粗实线为变压(单位:hPa),细实线为变温(单位:℃),阴影区为雷暴区]

6.2.3　风速、风向变化

通过分析2006年8月10日6个暴雨站点每小时的2 min、10 min平均风速、瞬时风速、最大风速和极大风速，发现：在降水期间都会出现一个风速陡升的现象，如龙江和齐齐哈尔每小时的风速变化，在11—12时（龙江）和12—13时（齐齐哈尔）几种风速都有一个陡升的过程（图6.13），其他几个站都有这种类似现象，最大风速出现在飑线过境期间内。如龙江极大风速出现在11:08，为13.3 m/s，东北风；齐齐哈尔极大风速出现在12:17，西北风22.1 m/s；泰来极大风速出现在13:45，西北风18.8 m/s；杜蒙极大风速出现在13:45，西北风22.6 m/s；镇赉和洮南分别出现在15:25和16:28，为东北风13.5 m/s和西北风18.6 m/s（表6.3）。

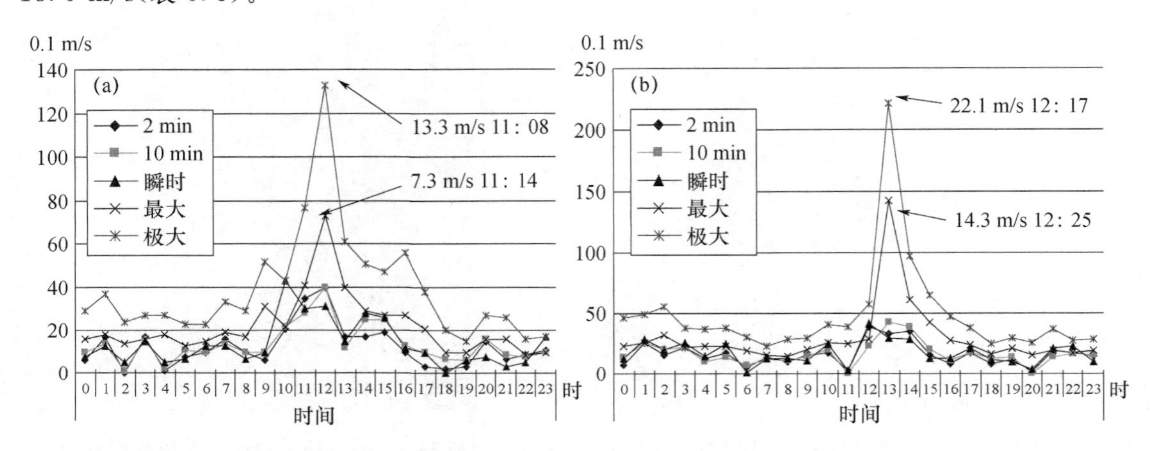

图6.13　2006年8月10日龙江(a)和齐齐哈尔(b)风速随时间变化

表6.3　6个暴雨站点降水期间出现的最大风和极大风速和风向

类 站	最大风速/(m/s)/风向(°)	最大风出现时间	极大风速/(m/s)/风向(°)	极大风出现时间
龙江	7.3/73	11:14	13.3/67	11:08
齐齐哈尔	14.3/304	12:25	22.1/292	12:17
泰来	11.6/297	13:54	18.8/297	13:45
杜蒙	14.0/312	13:51	22.6/311	13:45
镇赉	8.6/31	16:11	13.5/37	15:25
洮南	12.6/306	16:33	18.6/305	16:28

由表6.3可以看出，风速最大时不是西北风就是东北风，以偏北风为主。

对这种现象，在降水期间2 h内的风向、风速和降水的每分钟叠加显示图上看得比较清楚（图6.14）。每分钟风速的最大值出现在降水期间，一般与最大降水峰值对应，如齐齐哈尔、泰来和洮南，有的略超前于降水峰值，如镇赉，有的稍落后于降水峰值，如龙江和杜蒙。有的风速出现多个峰值，如龙江和镇赉，龙江降水后的峰值最大，镇赉在降水后也出现峰值，但不如前一个峰值。

最大风速出现时除了龙江和镇赉是东北风外，其他几个站都是西北风，所以可以认为北风生雨，从而也进一步验证了龙江站所降的第一场暴雨是由于东北风增强使云团进一步发展，即东北冷涡的引发作用造成的。初始对流触发起来以后，强降水产生下沉气流，湿下沉冷丘向前的出流增加前方辐合强度，在强辐合处产生新的对流，所以湿下沉冷丘对其前方的后续暴雨有触发作用。

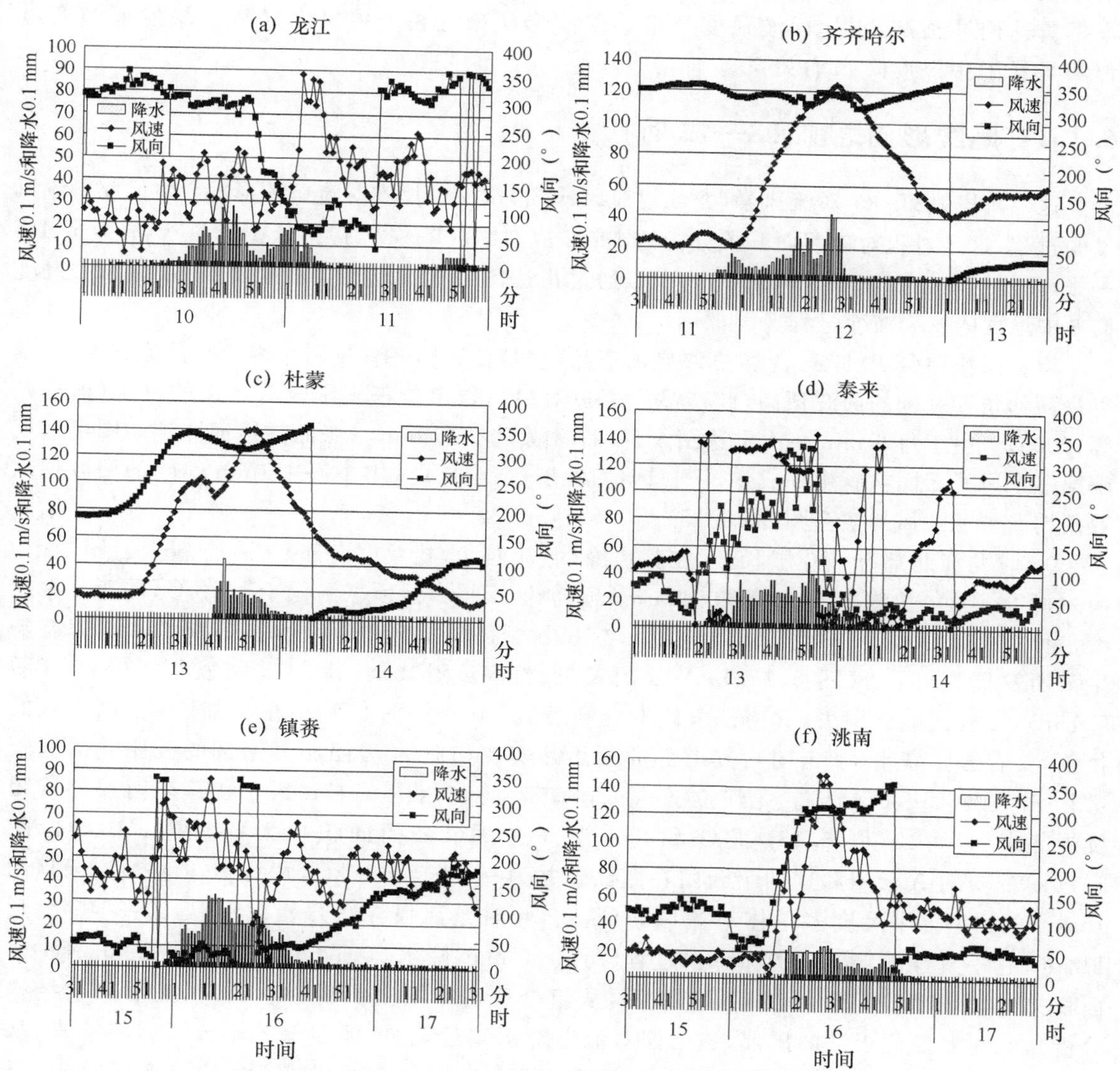

图 6.14 2006 年 8 月 10 日龙江(a)、齐齐哈尔(b)、杜蒙(c)、泰来(d)、镇赉(e)、洮南(f)飑线过境时降水、风速及风向(°)随时间的变化

6.3 飑线发展演变

前面分析了飑线过境引起突发暴雨，使气压涌升、风速陡升，温度迅速降低的现象，那么飑线是如何发展起来的呢？其组成形式如何呢？下面通过齐齐哈尔和白城新一代多普勒天气雷达(CINRAD/CC)观测到的这次对流降水过程，分析飑线形成发展演变过程。

齐齐哈尔雷达天线位于123°56′4″E,47°22′N,海拔高度222.00 m。白城雷达天线位于122°49′48″E,45°37′48″N,海拔高度209.70 m。两部雷达的有效探测范围为150 km。泰来和扎赉特旗等地区位于两部雷达共同探测范围内。泰来距离齐齐哈尔雷达约117 km,距离白城雷达约95 km,距离白城更近一些。β中尺度对流风暴发展演变分为两个阶段:飑线形成前(08—12时)和飑线形成阶段(12—18时)。下面分别从这两个阶段根据雷达回波顶高、雷达回波强度及雷达回波形状来分析β中尺度对流风暴发展演变过程和与暴雨中尺度降水的关系。

6.3.1　飑线形成之前(08—12时)

这个阶段是第一个对流风暴(龙江对流风暴S_1)由γ中尺度对流单体形成β中尺度对流风暴的过程,这个过程对应前面云图分析的MCC成熟前(06—12时)。云图是每30 min或1 h一张,而雷达图是每间隔6 min一张,所以通过雷达图分析可以更详细地看到S_1由γ中尺度向β中尺度的发展演变过程。

雷达回波顶(ET)是16个数据级别的产品,它是在≥18 dBz反射率因子被探测到时,显示以最高仰角为基础的回波顶高,此产品可通过对最高顶定位来识别较有意义的风暴(俞小鼎等,2006)。由于每6 min一次雷达图太密,而间隔10～15 min一张的雷达回波顶高图可以反映第一个风暴云团从新生到成熟再到减弱的发展过程,因此,用10～15 min间隔的回波顶高数据构造了龙江风暴演变图(图6.15)。

08时龙江北部有一片层状云,在其边缘(龙江西北,扎兰屯南部)有一个新生云团(A云团)(图6.15a),长约10 km,宽约5 km,云顶高约12 km,云顶亮温低于－54 ℃,属于γ中尺度,对应图5.9b中A云团。08:13(图6.15b)A云团发展到最强,同时,其南部和北部有新生云团发展。08:30(图6.15c),A云团及其北部云团减弱,南部云团发展。08:41(图6.15d),A云团减弱消失,其南部云团发展到最强。09时(图6.15e)在08时A云团出现的位置,又有云团新生(A′云团),其南部的云团减弱。如此A云团和其南部的云团此消彼长(图6.15f、6.15g、6.15h)。龙江位于A云团南部,10时(图6.15i)龙江和其东南部的云团发展起来。10:17(图6.15j)龙江和其东南部这两个云团面积扩大并相连。10:34(图6.15k)减弱的A云团和这两个云团在龙江合并为一个长约50 km,宽约40 km,最高云顶约15 km的团型β中尺度多单体对流风暴(S_1)。此时龙江强降水开始。S_1从10:30持续到11:09,它一直伴随着龙江的强降水过程(历时39 min,降水50.1 mm)。11:18(图6.15n)S_1面积扩大,形状发散,但中心的强度增强,从组合反射率图上出现钩状回波(见后面的结构分析),此时龙江位于它的尾部,该云团对流性降水接近尾声,但西部的小云团即将移来,从图5.5(龙江)知,它造成的降水不强。11:30(图6.15o)S_1东移向雷达中心(齐齐哈尔)靠近,并与西部的小云团合并,面积扩大。

由上分析可以看出,在一片层状云的边缘出现一系列γ中尺度小云团,包括A云团和其南部云团,A云团和其南部云团此消彼长,经过几次再生过程后,南部云团在龙江附近发展起来,并由2～3个γ中尺度单体云团合并成一个β中尺度多单体对流风暴(S_1)。云团发展周期在50 min左右。龙江暴雨就是S_1过境时产生的。随着S_1东移,其后边界离开龙江,龙江暴雨结束。

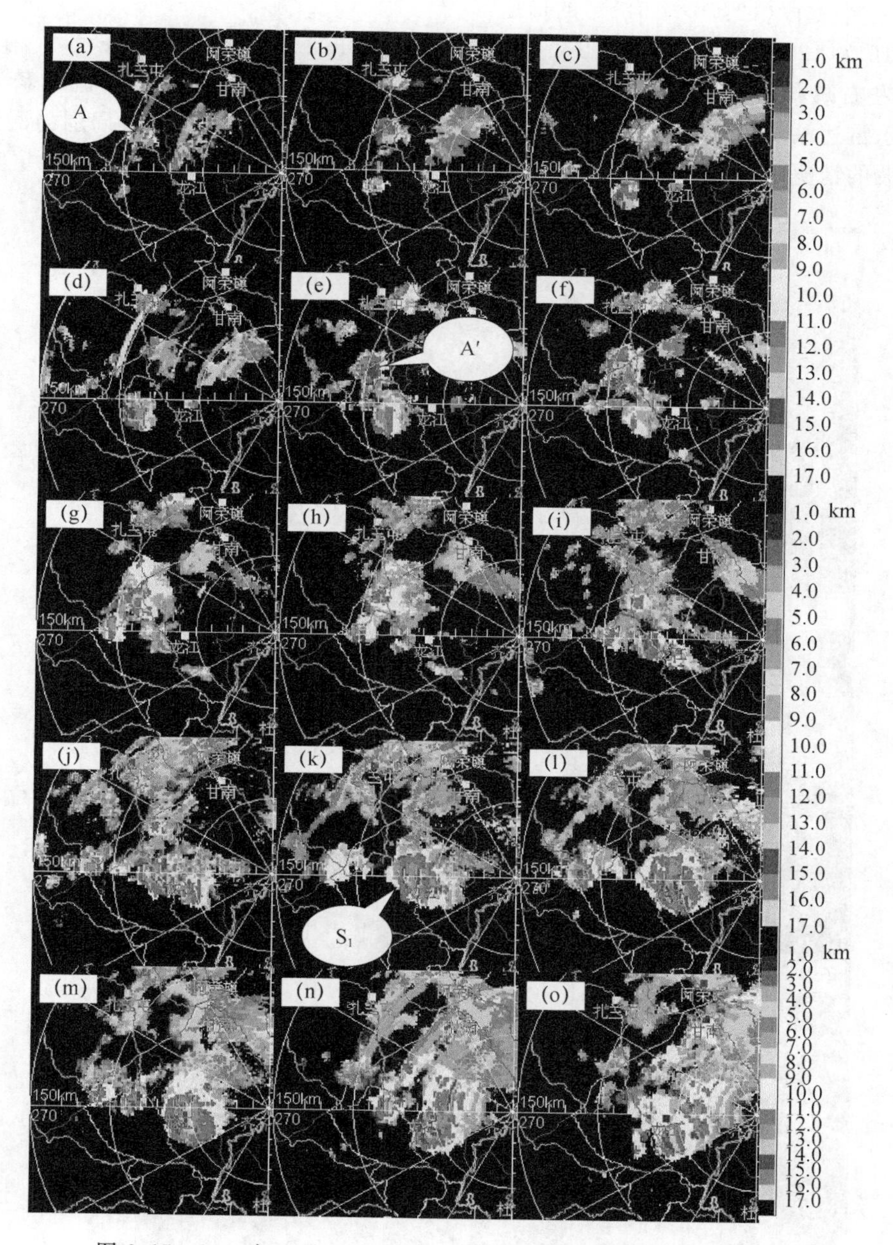

图 6.15　2006 年 8 月 10 日 08:00—11:30 齐齐哈尔雷达回波顶高

(a)08:00,(b)08:13,(c)08:30,(d)08:41,(e)09:03,(f)09:15,(g)09:32,(h)09:43,(i)10:00,(j)10:17,(k)10:34,(l)10:45,(m)11:02,(n)11:18,(o)11:30

6.3.2　飑线形成阶段(12—18 时)

该阶段是第一个 β 中尺度对流风暴东移同时向西南传播形成飑线,对应前面云图分析的 MCC 成熟之后(12—18 时)的阶段。整个飑线并不是连续的,可以分为 4 个飑段:第一飑段(12:00—13:17),第二飑段(13:13—14:30),第三、第四飑段(14:29—16:30)。

(1)第一个飑段(12:00—13:17)的形成

图 6.16 为 12:03—13:17 间隔 15 min 左右齐齐哈尔雷达组合反射率图。

12 时左右减弱东移的 S_1 向齐齐哈尔靠近,并继续加强,我们称这时的对流风暴为 S_2。由于齐齐哈尔雷达站观测仰角的限制,齐齐哈尔上空处于盲区内,但可以通过周围的回波推测本站上空回波的情况。

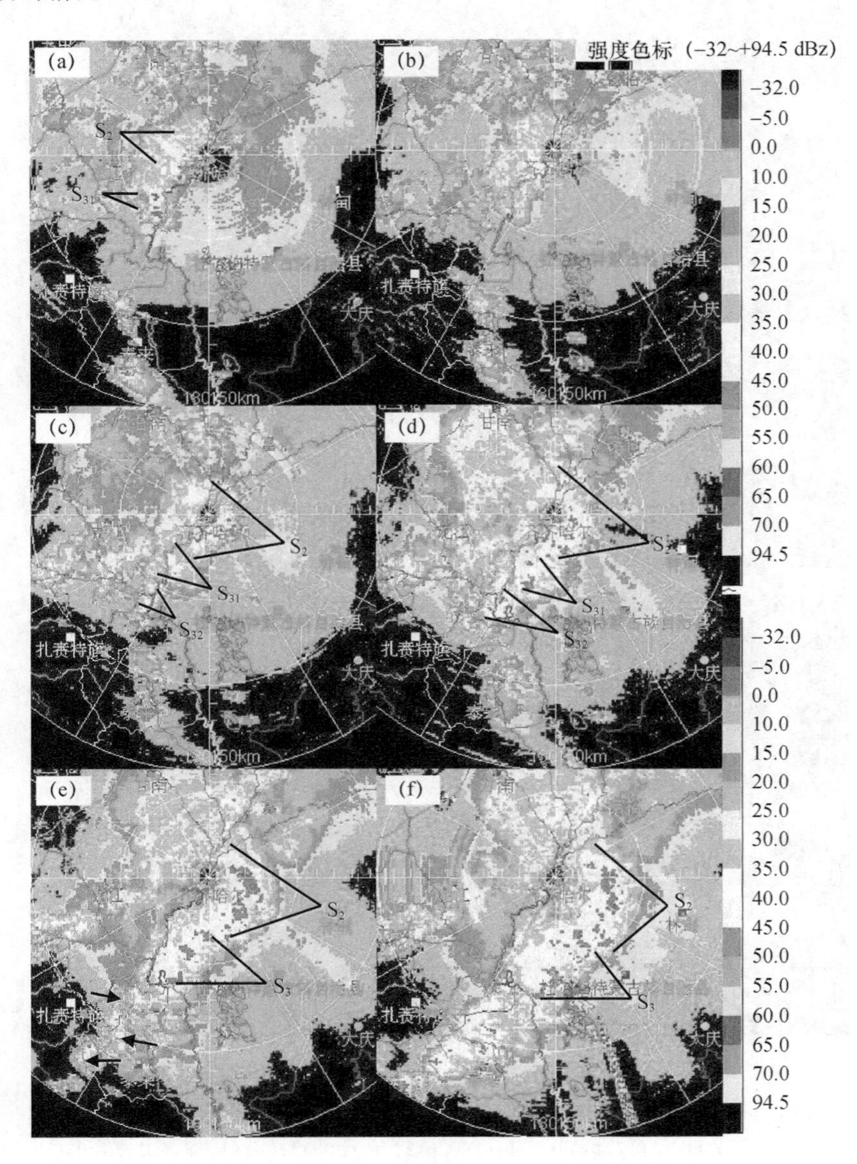

图 6.16　2006 年 8 月 10 日 12:01—13:17 齐齐哈尔雷达探测的组合反射率[第一飑段(S_2+S_3)](彩图见书后)

(a)12:03,(b)12:20,(c)12:32,(d)12:43,(e)13:00,(f)13:17

12:03(图 6.16a)齐齐哈尔雷达站中心左侧有两个 β 中尺度对流风暴 S_2 和 S_{31},北部的对流风暴(S_2)前沿已经到达齐齐哈尔,南部出现西南方向传播的第一个对流单体(S_{31})。12:20(图 6.16b)S_2 已进入齐齐哈尔上空,南部的对流单体(S_{31})减弱。12:32(图 6.16c)S_2

中心位于齐齐哈尔上空，面积增大，回波强度增强，南部的风暴(S_{31})有所增强，而且在其西南部又出现新的对流单体(S_{32})。12:43(图 6.16d)S_2 东南移，中心移过齐齐哈尔，强回波范围扩大，与其西南部的两个加强的对流单体(S_{31}，S_{32})连接在一起组成较强的弓形回波带。13:00(图 6.16e)S_2 主体移出齐齐哈尔，S_{31} 和 S_{32} 两个对流单体合并(S_3)，S_2、S_3 组成的弓形回波加强，构成第一个飑段。此时，该飑段的西南又生出三个小对流单体(箭头所示)，13:17 第一飑段继续向东南移动，其西南端的三个对流单体迅速发展面积扩大，并且在它们的西南部又有新的对流单体生成。

齐齐哈尔短历时暴雨是 S_2 过境时造成的，且集中强降水阶段发生在 S_2 前半部分(11:51—12:31，38 min 61.4 mm)，并伴随 22.1 m/s(12:17)的极大风速。13:17 第一个飑段东南移。13:45 弓形回波前沿到达杜蒙(图略)，该回波在继续向东南移的过程中给杜蒙造成短历时暴雨和强风，同时有 22.6 m/s(13:45)极大风速。对照天气现象可知，弓形回波曲率最大处所经过的地方，给当地带来强风。该飑段 13:45 以后东南移减弱(图略)。

图 6.16f 中 13:17 在第一个飑段西南端发展起来的三个对流单体合并构成下面要分析的第二飑段。

(2)齐齐哈尔和白城雷达均可观测到第二飑段形成过程(泰来特大暴雨过程 13:13—14:30)

白城雷达站距离泰来(95 km)比齐齐哈尔雷达距离泰来(117 km)更近一些，而且整个第二飑段表现得更为完整。所以，下面以白城雷达观测数据来说明第二飑段中的 β 中尺度对流风暴发展演变过程。

13:13(图 6.17a)圈内箭头所示的三个对流单体，它们的回波强度已达到 45 dBz 以上，它们是由 13 时(图 6.16e 中)泰来和扎赉特旗之间箭头所示的三个对流单体其中最西南的两个快速发展形成的。在它们的西南(圈西南部)又有新生对流发展。13:24(图 6.17b)圈内三个对流单体合并形成一个多单体风暴(S_4)，强回波(大于 45 dBz)前沿到达泰来，泰来集中强降水开始。13:34(图 6.17c)S_4 与其西南发展的对流单体合并，形成第二个飑段。该飑段是由多单体组成，其中的 S_4 是造成泰来强暴雨的强对流风暴。13:50(图 6.17d)大于 45 dBz 的强回波中心(S_4 风暴中心)位于泰来上空，风暴中心经过泰来时暴雨最强[13:51 到 13:52 一分钟降水 4.9 mm，最强 10 min(13:46—13:55)降水 32.5 mm]。14:00(图 6.17e)强回波(大于 45 dBz)刚刚过泰来(即风暴中心过泰来)。14:18(图 6.17f)强回波远离泰来(S_4 中心过泰来)，但仍处于 S_4 的后半部分影响之下。此时第二个飑段变得零散，并开始减弱。但其西南端的对流从 13:50 开始到 14:18 又发展为一带状对流单体。

泰来最强降水就发生在 S_4 过境时(13:24—14:14，52 min 降水 101.5 mm)，其中心经过时降水最强(图 5.5 泰来)。

(3)第三和第四个飑段形成(14:29—16:30)

第三飑段(14:29，图 6.18a)是由以下两部分连接在一起形成的。一是图 6.17f 所示继续向西南传播的第二个飑段西南端一部分，二是在突泉北部、科尔沁右翼前旗(乌兰浩特)东部生成的线状对流。

第三飑段的西南端继续向西南传播，同时在突泉右侧有新生对流发展(图 6.18b)，它们与突泉南部的云团合并形成第四飑段(图 6.18c)。

至此，这条飑线从齐齐哈尔附近开始向西南传播到科尔沁翼中旗附近，总长约 315 km。

16 时以后第三飑段向东南移动，其东北端的对流风暴(S_5)影响镇赉(图 6.18d)，镇赉集中

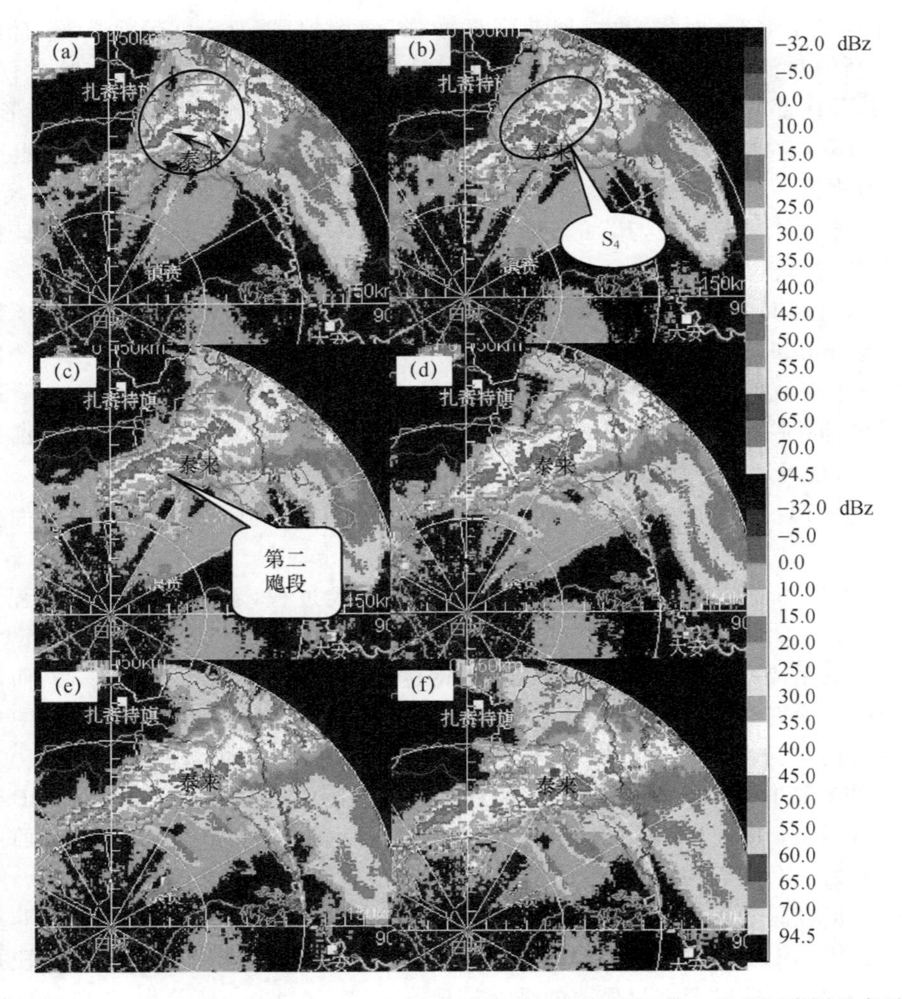

图 6.17　2006 年 8 月 10 日 13:13—14:18 白城雷达组合反射率(第二飑段)(彩图见书后)
(a)13:13,(b)13:24,(c)13:34,(d)13:50,(e)14:00,(f)14:18

强降水开始;同时第四飑段向东移动,洮南附近有几个新生云团出现(图 6.18d),与东移的第四飑段北部云团合并形成的东西向强回波带位于洮南上空(图 6.18e),它们是由两个对流风暴组成,其中左侧的对流风暴(S_6)给洮南造成暴雨。此时的第三和第四飑段围成一个环形强回波带,随着时间推移向中心集中,半径越来越小,形成一个强回波云团(图 6.18f),16:40 左右达到最小,以后又开始出现向西南方向的传播,同时系统东南移,出现类似齐齐哈尔以后的过程。由于日夜交替变化(接近晚上),导致维持时间很短,强度也不如从前,18 时以后东移减弱(图略)。

把以上飑线形成过程描绘出来,即为如图 6.19 所示的飑线概略图。带时间标注的实线表示大于 45 dBz 的回波轮廓线,长箭头表示飑线的移动方向。

在飑线形成之前,是一个 β 中尺度对流系统形成过程,如在龙江附近形成的对流风暴。起初,是在层状云周围,因为太阳辐射分布不均产生一系列 γ 中尺度对流单体,它们之间此消彼长,经过 50 min 左右的酝酿周期,发展成为 β 中尺度对流风暴。

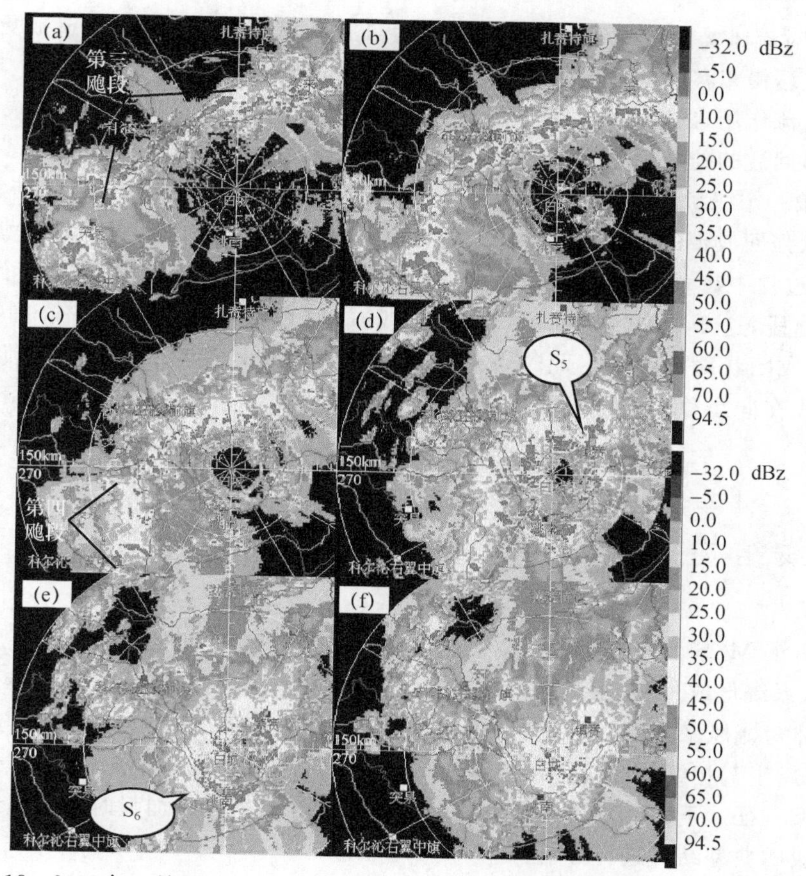

图 6.18 2006 年 8 月 10 日 14:29—16:30 白城雷达组合反射率(第三、第四飑段形成)
(a)14:29,(b)15:05,(c)15:34,(d)16:00,(e)16:16,(f)16:30

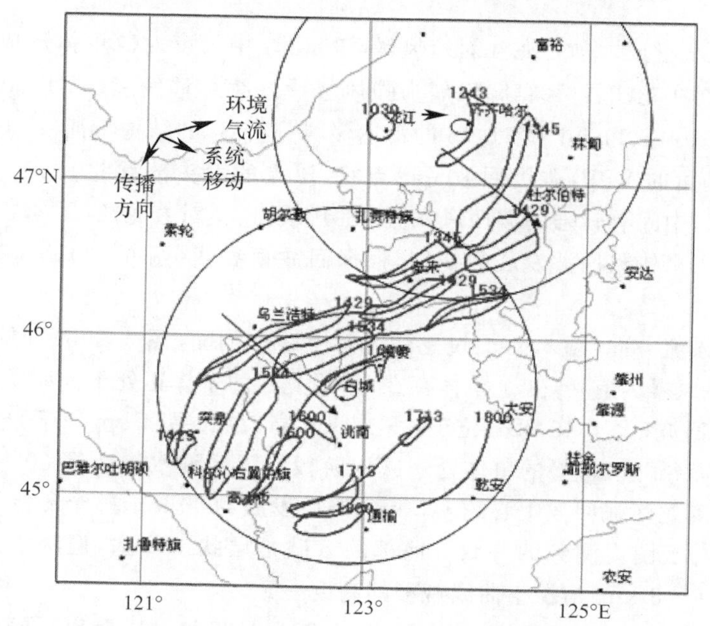

图 6.19 2006 年 8 月 10 日 10:30—18:00 飑线发展演变动态图
(标注时间的实线:大于 45 dBz 回波,粗实线:大于 45 dBz 中心连线,箭头:系统移动方向)

β中尺度对流风暴形成之后东移发展，成为具有钩状回波的强风暴，造成更强的风和降水。强风暴在缓慢东移的同时向西南方向传播，即所谓“右后侧新生”。之后，由于较强的云后中层西北风入流作用，出现弓形回波特征。弓形回波的南端出现不连续的几个线状强回波带，如13:45弓形回波的前缘到达杜蒙，弓形回波的南端出现第一个线状强回波带，造成泰来强暴雨；14:29在第一个线状强回波带的南端又出现第二个线状强回波带，位于乌兰浩特东部；15:34在第二个线状强回波带的南端再出现第三个线状强回波带；16—17时几个线状强回波带减弱东南移，移动过程中在镇赉和洮南造成暴雨。弓形回波和南部接连出现的三个线状强回波带构成4个飑段，这4个飑段组成飑线。当飑线减弱时，减弱的飑段向中心围拢，雷达回波面积缩小，构成团状对流系统。此时，β中尺度多单体对流风暴又开始出现类似于在齐齐哈尔过境的飑线在向东移动的同时向西南传播发展的过程，只是在不利的环境下该过程很快减弱消失。

6.4 飑线结构分析

前面分析了MCS如何从γ中尺度对流单体发展为飑线的演变过程。飑线形成前有一个β中尺度对流系统形成过程，由几个γ中尺度对流单体经过50 min左右的酝酿时间发展为β中尺度多单体对流风暴。飑线形成后β中尺度对流风暴东移，同时出现向西南方向的传播，即所谓“右后侧新生”，相继形成4个不连续的飑段，这4个飑段构成一条飑线，其中第一和第二飑段最具典型特征。下面分别对飑线形成前的β中尺度对流风暴加强时期和飑线形成后的第一和第二飑段的典型结构进行分析。

6.4.1 飑线形成前的结构特征

如前所述，飑线形成之前是龙江对流风暴(S_1)由γ中尺度对流单体形成β中尺度对流风暴的过程。该风暴在龙江县(10:45)发展为强风暴后继续东移发展，于11:07—11:18出现钩状回波。下面以10:45、11:13和11:18的雷达资料分析S_1的结构特征。

10:45 1.5°仰角的VPPI强度回波呈逗点状，逗点的大头部靠北，位于龙江北部，尾部靠南，位于龙江南部，中间有较强的偏西风入流“V”形缺口，正对着龙江(图6.20a)。逗点尾部处窄而强的回波是未来钩状回波发展的初期，根据回波顶高图(图6.15)确定这里正是S_1风暴中心。

沿着偏西风入流方向(图6.20a)过龙江风暴中心作剖面(图6.20b)可见，有2～3个垂直气柱发展，说明该风暴内有2～3个单体存在，影响龙江的单体正处于强盛发展阶段，最强云顶14～16 km，最强回波(大于45 dBz)位于4～14 km高，在低层(4 km以下)也有范围相对较窄的强回波区。前面(靠近雷达)的单体处于减弱阶段。强回波水平范围30～40 km，向前发展的云砧最东端距离龙江强回波中心约155 km，向后发展约90 km，整个云体长约245 km，融化层高度在6 km，与云图观测到的一致。前部的云砧是层状云降水，但降水不一定到达地面。零度层亮带位于6～8 km，与探空曲线观测的高度一致。

再沿着平行于东南风入流方向的剖面(图6.20c，6.20d)可以看出，强对流回波由两个单体组成，靠近终止点(东南端)的是影响龙江降水的单体，回波悬垂明显，有2～10 km宽。整个云体(20 dBz 以上)从底层到高层回波宽度逐渐扩大,10 km 附近回波最宽。2 km 以下的弱回波区对应 2～14 km 高度强回波区和 16 km 高的回波顶。说明该风暴向东南方向存在回波悬垂,在近地面最靠近强回波梯度的弱回波区之上存在强烈发展的风暴,且回波顶高超过 14 km接近 16 km。

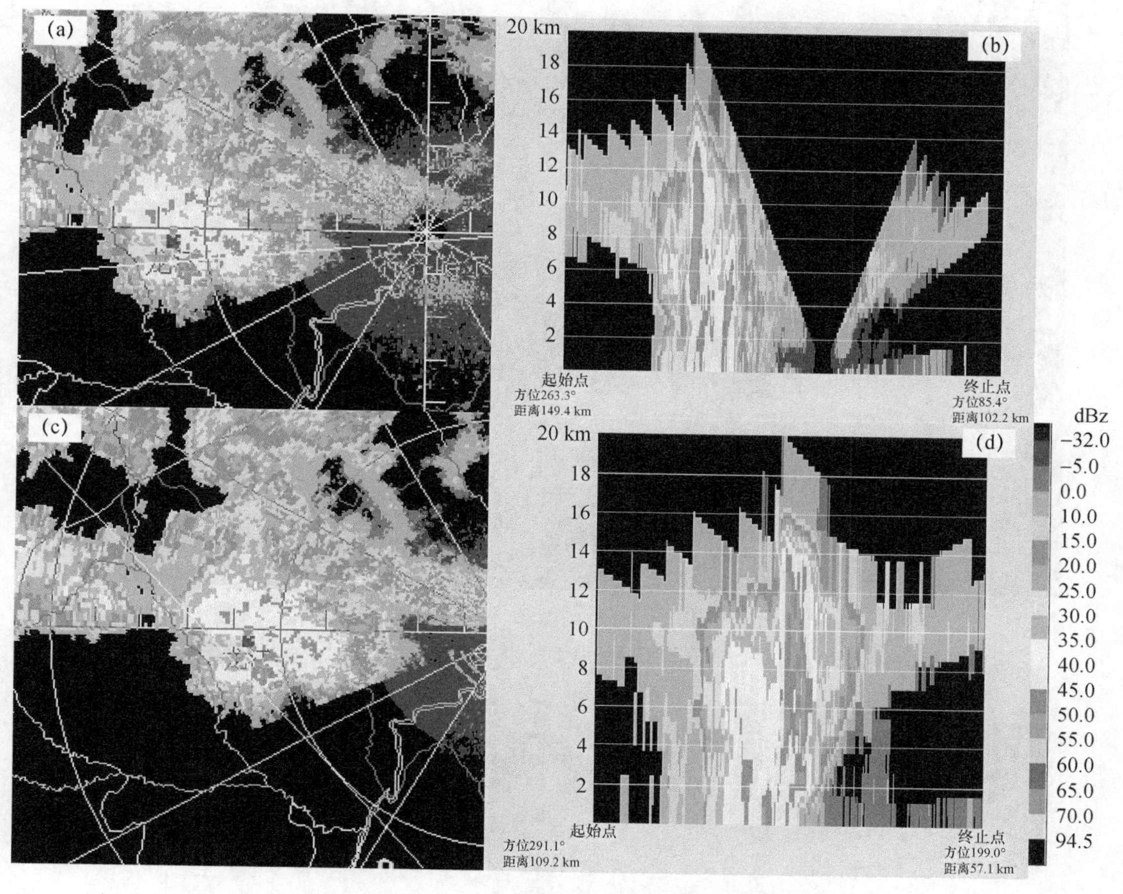

图 6.20 2006 年 8 月 10 日 10:45(a,c)1.5°仰角雷达反射率回波及(b,d)两个方向垂直剖面
(b:沿着偏西风入流剖面,d:沿着东南风入流剖面)

从该时刻几个仰角的速度图上(图 6.21)可以看到,在 0.5°仰角,龙江附近都处于大片的红色区域中,龙江北侧有一小部分的绿色逆风区,即龙江在处于东南或偏东风出流中,其中有 γ 中尺度的偏西风入流;在 1.5°仰角,逆风区范围变小,风暴头部出流速度变大;在 2.4°仰角出流速度与 1.5°仰角相近,只是入流加强(箭头所示),使在风暴头附近出现径向速度辐合;在 3.4°仰角风暴头附近出流速度减弱,入流速度增加。从反演的平均风场可知,龙江低层(1000 m以下)为东南风,中高层(1000 m 以上,3000 m 以下)为偏西风或西北风。即风暴头处,最强辐合(东南风与偏西风)发生在 2.4°仰角(约 2.3 km 高度,龙江与齐齐哈尔的距离为 56 km),该高度以下为出流(东南风),以上为入流(偏西风或西北风)。说明在 2.3 km 上下风的垂直切变最明显。

由 11:13 的基本反射率图可以看出(图 6.22),该时段 S_1 主体东移,龙江已经位于 S_1 的后部。速度场上,在 S_1 的后界,出现经向速度辐散,对应辐散处的左侧为风暴后向出流,右侧为入流,入流和出流出现较强的速度对(圆圈内),说明辐散线处应该对应有下沉运动。风暴后向出流中有较大范围的 13.2 m/s 出流速度，个别达到 16 m/s，与此时龙江的极大风速和最大风速相对应（龙江在 11:08—11:15 出现极大风速和最大风速，风向为偏东风）。说明龙江的极大风速可能是由于风暴较大的尾流出流速度造成的。

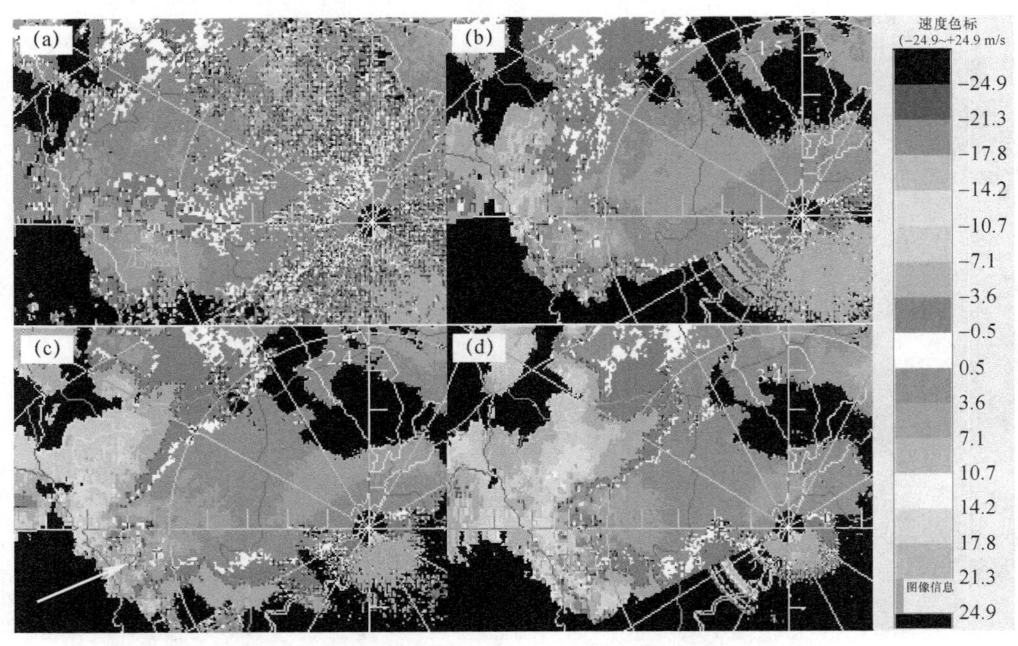

图 6.21　2006 年 8 月 10 日 10:45(a)0.5°、(b)1.5°、(c)2.4°、(d)3.4° 4 个仰角的雷达速度回波图（彩图见书后）

图 6.22　2006 年 8 月 10 日 11:13(a)0.5°仰角雷达强度和(b)速度回波图（彩图见书后）

进一步分析 11:18 风暴的结构特征发现，在低仰角强度回波图上有钩状回波出现（图 6.23a），比图 6.22 钩状特征更明显。从该时刻速度图上可见，钩状回波附近，出流和入流形成一个范围较小的速度对（图 6.23b 圆圈内），呈气旋性旋转，说明可能有类似于中气旋的涡旋存在。过钩状回波，沿着东南入流方向剖面（图 6.23c）可见，云的低层强回波区虽然很窄，只有几千米宽，但在 8 km 附近云发展得很宽，有低层的 4～5 倍，构成两侧回波悬垂，而且低层最大回波梯度的弱回波区对应着风暴顶和 8 km 左右的强回波区。这些都说明风暴移出后强度继续加强，到 11:18，S_1 已经发展为一个强多单体风暴（或超级单体风暴）。强风暴导致的强下沉气流向西出流造成龙江最大和极大风速，并呈偏东风。由此可以解释，造成龙江极大和最大风速的原因是由于 S_1 风暴东移加强过程中，其下沉气流尾流冲击造成的。

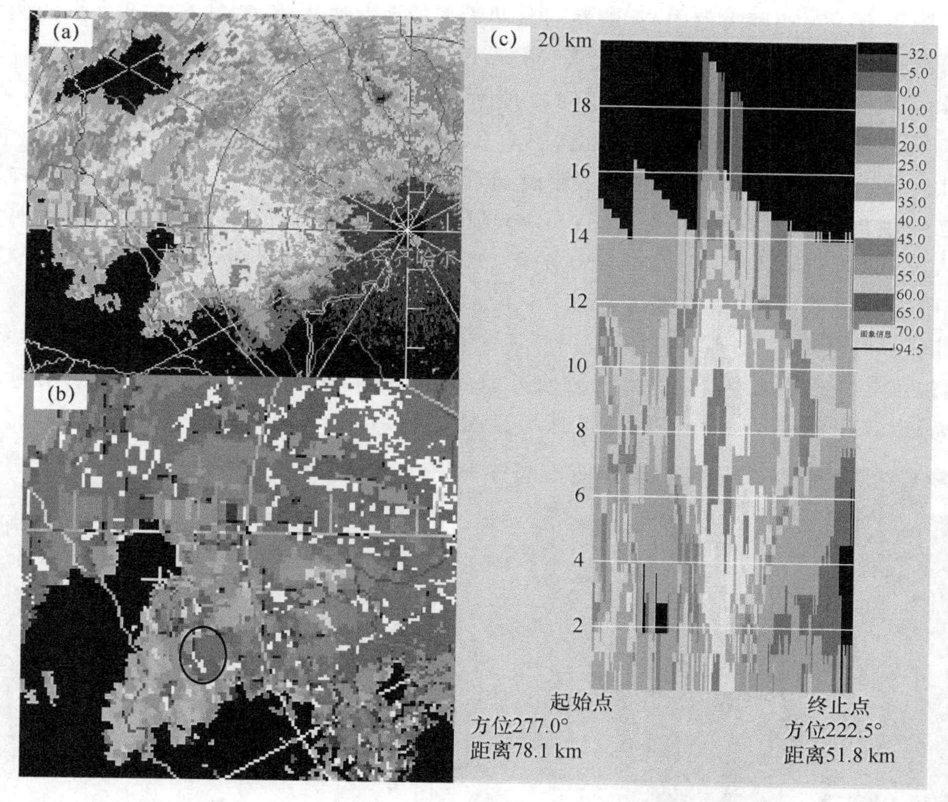

图 6.23 2006 年 8 月 10 日 11:18(a)1.5°仰角强度(单位:dBz)和(b)速度(单位:m/s)回波图及(c)沿着东南入流方向垂直剖面图(彩图见书后)

综上所述,在飑线形成之前是一个 β 中尺度对流风暴的形成过程,需要时间约 50 min。风暴的形状特征为:开始形成 β 中尺度对流风暴时是逗点状,风暴中心在逗点的尾部,随着风暴加强,逗点变为钩状,风暴中心在钩状附近。风暴中心的垂直结构特征是由逗点阶段的低层入流方向(东南)的回波悬垂变为底部窄(约 4～5 km)、8 km 附近宽(约 25 km)、向上又变窄的双侧回波悬垂。钩状强回波区位于 6～10 km 高度,风暴顶位于 14 km 附近,风暴顶、强回波对应近地面最大回波梯度区。

6.4.2 第一飑段结构特征

在飑线形成阶段,即 11:18,已经发展为强风暴的 S_1 继续东移向齐齐哈尔靠近,同时向西南方向传播,于 11:50 左右前端到达齐齐哈尔,这时的风暴我们称之为 S_2,此时齐齐哈尔强降水(强降水阶段是 11:50—12:31)开始,并出现 22.1 m/s(12:17)极大风速和 14.3 m/s(12:25)最大风速。降水强度和极大(最大)风速都强于龙江,所以可以推断经过齐齐哈尔的风暴(S_2)强于经过龙江的风暴(S_1)。

由于齐齐哈尔雷达站观测盲区的限制,位于齐齐哈尔上空的回波观测不到。但我们可以从周围的回波情况来推断。分析 12:30 1.5°仰角强度和速度回波发现,风暴(S_2)中心正位于齐齐哈尔上空,测站周围 20 km 范围内有 30 dBz 以上的强度回波,并且强回波向西南方向伸展,表明有向该方向的传播(图 6.24a);在速度图上表现为较强云后中层西北风入流(图 6.24c,箭头所示);

测站中心附近有一对速度大值中心，测站西北部为强的西北风入流，测站东南部为强的西北风出流，出流部分出现速度模糊(0.5°仰角速度模糊范围更大)，最大风速达到约 26 m/s。过雷达中心和最大出流方向作剖面(剖线如图 6.24a,c 所示)，在剖面图上(图 6.24b,6.24d)可以看到 S_2 的垂直结构特征。在强度垂直剖面图上(图 6.24b)隐约可见 50 dBz 以上的强回波分布，云垂直发展 12～14 km 高度，最高云顶可以发展到近 16 km，宽度约 30～40 km，有向前后发展的云砧。在速度剖面图上看到(图 6.24d)，8 km 以下除东南部 2 km 以下是出流外，其他几个方位都是入流，即西北的入流从 6 km 到达地面，入流速度达到 14～17 m/s，然后从风暴底部出流，出流中出现速度模糊，最大速度达到 26 m/s，出流速度非常大；东南风入流位于风暴前 2～6 km 高度(850 hPa 以上，400 hPa 以下)，其入流风速与西北风入流风速基本一致，约 14～17 m/s，最强处大于西北风入流，由于云前近地面 26 m/s 的出流，因而，把云前东南风入流抬得比较高；云顶出流位于 8 km 以上，最强出流在 12～14 km 高度。

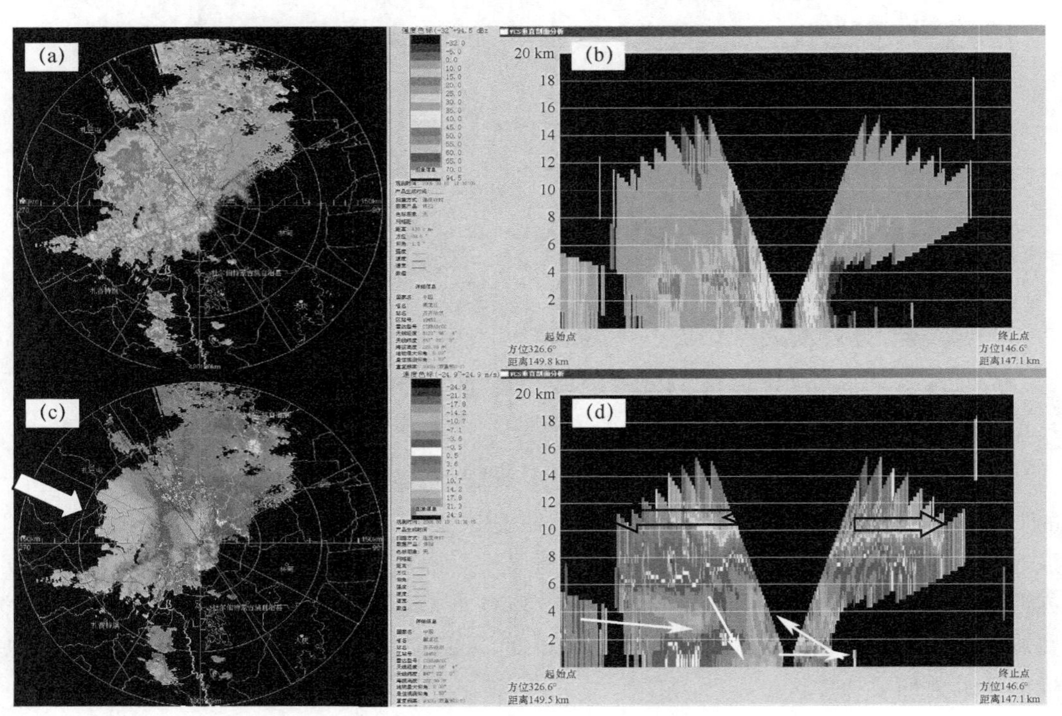

图 6.24　2006 年 8 月 10 日 12:30(a)1.5°仰角雷达强度和
(c)速度回波及沿着 S_2 移动方向的(b)雷达强度和(d)速度回波剖面

与自动站观测资料对比分析可知，齐齐哈尔的强风雨发生在 12:15—12:30 前后，即 S_2 经过测站过程中。

S_2 东移同时向西南方向传播，出现 S_{31} 和 S_{32} 对流单体(图略)，S_{31} 和 S_{32} 合并为第三个对流风暴(S_3)。S_3 与 S_2 合并，形成弓形回波(第一飑段)。第一飑段向东南移动过程中给杜尔伯特造成短历时暴雨和强风。

分析 2006 年 8 月 10 日 13:17 1.5°仰角雷达回波，可以看到第一飑段的结构特征。从强度和速度回波图上可见(图 6.25a,6.25c)，S_3 位于第一飑段的南端，飑段内向南出流明显，S_3 南部有明显的南风入流，在 S_3 内形成经向速度辐合。过该时刻雷达中心，沿出流方向从北向南作剖面(图 6.25a,6.25c 黑线)。从剖面图(图 6.25b)可见北部是层状云降水，南部是对流性降水；北部的层状云，云高 8 km 左右，30 dBz 的云位于 4 km 以下，零度层亮带位于 4 km，其以下回波强度仍然较强，说明暖云中小雨滴粒子较多；南部的对流性降水云(S_3)云顶可以发展到 14～16 km 高度，其倾斜向前的砧状云曲率较大，回波悬垂明显，并有有界弱回波区，说明该方向风垂直切变加大。从速度和速度剖面图上可以看到气流的空间结构，平面图上明显的偏西风入流，类似于前两个风暴，体现在剖面图上为雷达北侧西北部的入流，该入流在雷达北部位于 4 km 以下，并分为两支：一支一直下传到 S_3 底部，并和云内的出流叠加加速了出流的速度，出流位于在 3 km 以下，范围较广，最大出流可以达到 10.7～14.2 m/s，对应速度平面图上剖线方向明显的出流尖角；另一支从云后部向外流出。

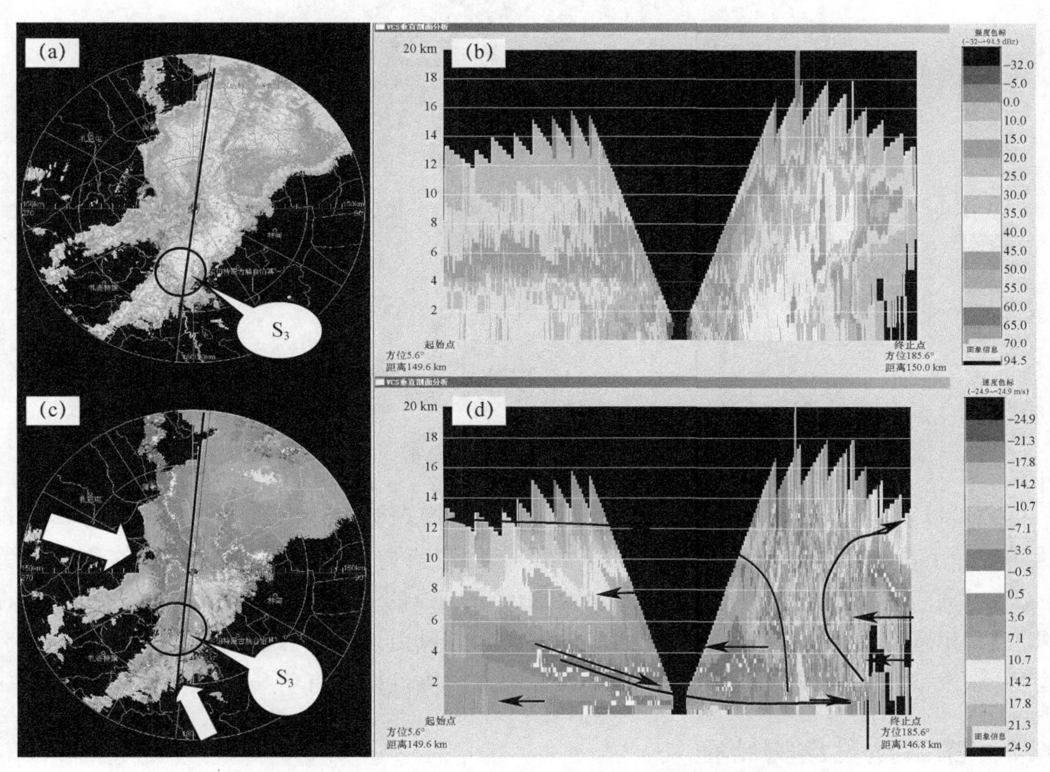

图 6.25　2006 年 8 月 10 日 13:17(a)1.5°仰角雷达强度和
(c)速度回波图及沿着 S_3 传播方向的(b)雷达强度和(d)速度回波剖面

从速度和速度剖面图上还可以看到，S_3 南部有较强的偏南风入流，并与 S_2 云内出流交汇于 S_3 内(圆圈内所示)。在剖面图上体现为云前入流和云内出流相汇处有较强的辐合上升运动，上升运动随高度倾斜，先向云内然后向云外，最大上升运动区与弱回波或有界弱回波区相对应。上升运动达到 12 km 左右不再上升，向云前分流形成云砧，也有一部分分流云后，形成云砧。

在 S_3 中看到的风虽然很强，但不是最强的，最强风出现在第一飑段中弓形回波曲率最大处，以 13:45 0.5°仰角的雷达回波为例说明(图 6.26)。此时弓形回波位于杜蒙上空，速度图显示杜蒙本站的速度值为 22 m/s 左右，与自动站 13:45 观测的 22.6 m/s 极大风一致，但其两侧风速都超过这个值，尤其其左侧(西南方，这里没有测站)出现速度模糊，最大速度达到 32 m/s。可见弓形回波中风速分布不均，具有 γ 中尺度特征，曲率最大的回波前沿速度最强，往往造成灾害性大风。

S_3 与 S_2 组成的弓形回波(第一飑段)在继续东移过程中减弱，并且速度加快，所以回波带经过杜蒙的时间比较短(13:39—14:17)，杜蒙集中强降水(13:41—14:02，22 min 34.8 mm)降水量较小一些，但降水强度较强(1.58 mm/min)，与洮南一致，最明显的特征是风力最强，在雷达图上可见到 32 m/s 的强风。

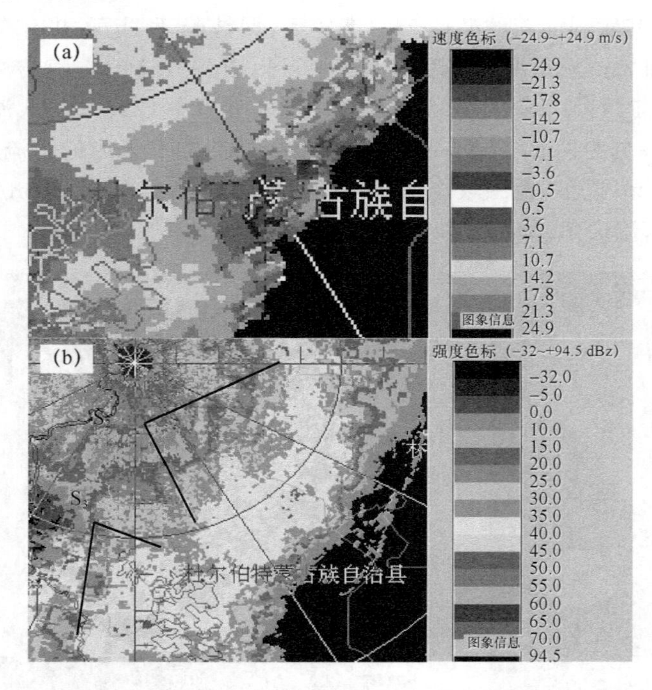

图 6.26 2006 年 8 月 10 日 13:45(a)0.5°仰角雷达速度和(b)强度回波图

由此可以看出，在第一飑段的南端对流发展最强，有较强的偏南风入流与飑段中减弱的对流风暴(S_2)下沉出流形成较强辐合及倾斜上升运动，且有向南的回波悬垂，飑段的北部是层状云回波，里面包裹着次强回波区；第一飑段西部处于较强的西北风入流的侵袭之中，较强的西北风入流，出现弓形回波，在弓形回波曲率最大的地方风力最强，但风力分布不均匀，具有 γ 中尺度特征；东部是东风或加强的东南风入流，说明这个飑段内也有明显的东西风辐合。

6.4.3 第二飑段结构特征

第一个飑段在继续发展过程中，在其西南端又有新生对流风暴(S_4)，S_4 前又产生新的对流单体，S_4 与其前方的对流单体构成第二个飑段，S_4 是第二飑段的主要部分，是由多单体风暴发展起来的一个线型强对流风暴，它引起泰来强暴雨。通过泰来分钟降水数据可知，13:50—13:55 为最强分钟降水，下面以离该时间最近的 13:56 齐齐哈尔雷达站强度回波多层显示来分析 S_4 风暴空间分布情况。

图 6.27 为 2006 年 8 月 10 日 13:56 影响泰来的对流风暴(S_4)0.5°、1.5°、2.4°、3.4°、4.3°仰角强度回波(图 6.27b—6.27f)和 0.5°仰角速度回波(图 6.27a)。由图 6.27 可见，泰来在 0.5°仰角(图 6.27b)时处于最大强度回波梯度的弱回波区中，强回波处于它的西北部；1.5°仰角时泰来靠近强回波(图 6.27c)；2.4°和 3.4°仰角泰来正处于强回波区中，但 3.4°仰角时泰来上空强回波范围减小(图 6.27d、6.27e)；4.3°仰角时又处于弱回波区中(图 6.27f)。由此可以看出，当强降水发生期间，中层处于强回波区中，低层处于弱回波区中，高层又是弱回波区，这种现象通过剖面分析看得更清楚。

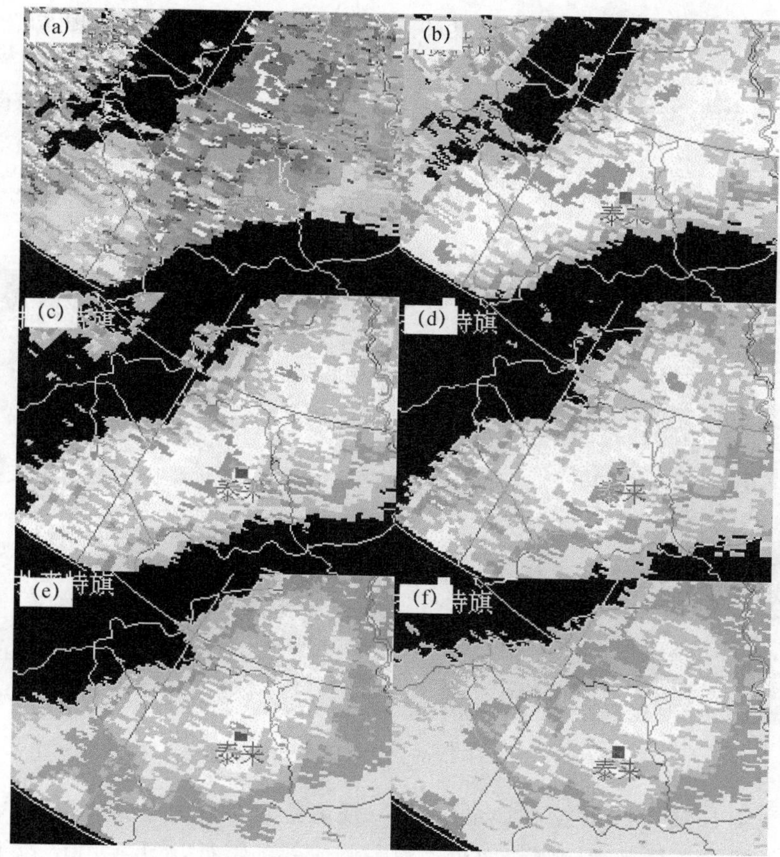

图 6.27 2006 年 8 月 10 日 13:56 S_4 多层显示(彩图见书后)

(a)0.5°仰角速度场(单位:m/s),(b)0.5°,(c)1.5°,(d)2.4°,(e)3.4°,(f)4.3°仰角强度场(单位:dBz)

同样对 13:56 这张图,过泰来沿着与强回波垂直的方向做剖面(图 6.28),可以看到在低层(2 km 以下)处于最大梯度的弱回波处(竖线处),到 4～8 km 上空,位于大于 50 dBz 以上的强回波区中,12 km 附近对应风暴顶。强回波右侧 4～6 km 有明显的回波悬垂,构成有界弱回波区(标注 w)。

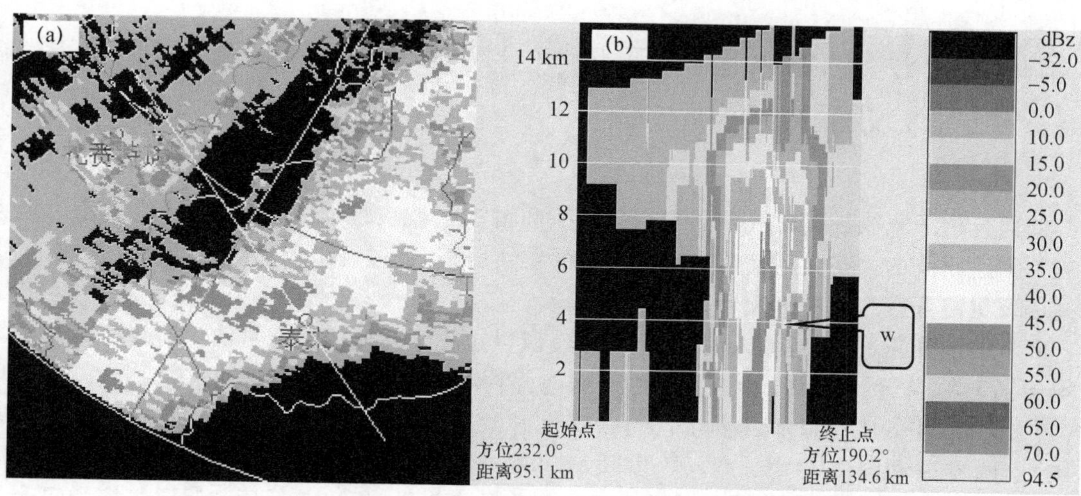

图 6.28 2006 年 8 月 10 日 13:56(a)S_4 强度回波及(b)沿着东南风入流剖面

另外，从 13:55 白城雷达观测到的速度图上(图 6.29)可见，有一条风速切变存在(黑色实线)，在其南部风速大部分在 14 m/s 左右，有些区域达到 17～20 m/s，还有一些出现速度模糊(因为在暖色的最大值中出现冷色)，说明最大风速超过 24.9 m/s，表明辐合线南部有很强的西南风，而在其北部平均风速为 4 m/s 左右，在风速辐合线上有多处逆风区存在。说明在这条辐合线上存在一些更小尺度(γ 中尺度)的涡旋，在齐齐哈尔雷达反演产品中，有中气旋出现(胡好莉 等，2008)。

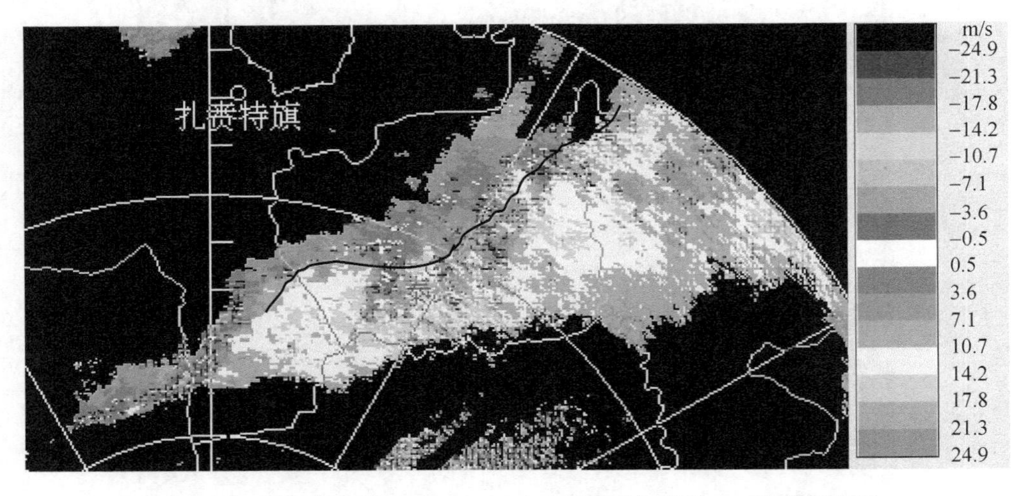

图 6.29　2006 年 8 月 10 日 13:55 由白城雷达探测的 1.5°仰角速度图

以上特征说明 S_4 是一个线型强多单体风暴(或者是由多单体组成的超级单体风暴)，强回波空间结构由低层到高层呈现向强偏南风入流一侧倾斜的特征，低层(2 km 以下)处于最大梯度右侧的弱回波处，中层(4～8 km)位于大于 50 dBz 以上的强回波区中，高层(12 km 附近)对应风暴顶，且强回波右侧 4～6 km 有明显的回波悬垂，构成有界弱回波区。风场特征为较强偏南风急流和风速切变及 γ 中尺度气旋性切变涡旋或中气旋。以 S_4 为主的第二飑段的结构特征类似 Lemon(1980)得出的多单体强风暴或者超级单体强风暴的概念模型，但该风暴的强度介于这两者之间。

6.5　飑线过境时地面气压场变化(前低压—雷暴高压—尾流低压)成因初探

前面分析了飑线过境时气象要素变化特征和雷达回波表现形式，探究了飑线过境时极大风速与雷达回波的关系。下面我们借助前面的雷达分析，来进一步解释飑线过境时前低压、雷暴高压及尾流低压产生的可能原因。

降水前的低压过程，对应入境风暴的前缘，所以也称为前低压。通过前面的分析可知风暴过境伴随着强降水。龙江、泰来、镇赉和洮南强降水开始时间分别发生在 10:30、13:21、15:59、16:17，前低压过程都发生在它们强降水开始前 20 min 内，对应着风暴前部。根据图 6.10 龙江、泰来和图 6.11a、6.11c 可见，龙江和泰来前低压产生时西南暖湿气流达到低压区内，这个位置位于西南暖湿气流的前端与偏北气流的交汇处，所以前低压与暖湿气流和辐合上升运动有关。前低压出现时，低压中心处于风暴云系前端无云或少云区中，还没有降水发生。

通常情况下，飑线形成后，在其成熟阶段，伴有一系列中尺度特征，导致地面气象要素呈现急剧变化，其中发生在飑线后方下沉气流低层的冷空气丘，通常称其为雷暴高压，造成的气压上升约 2～5 hPa(陆汉城，2000)。本例的雷暴高压气压上升范围介于 2.4～4.9 hPa，符合常规情况下飑线过境气压变化范围，其中泰来和洮南变化范围接近最高值 5 hPa，说明这次暴雨过程是一次强飑线过程。

雷暴高压是由于强降水产生的下沉气流导致的(Fujita，1959)，维持时间约 40 min(图 6.10)。而强降水不是均匀出现的，可能与风暴内更小尺度的涡旋有关，一般气压鼻与强降水峰值相对应，体现风暴内 γ 中尺度特征。如泰来在强降水阶段有 4～5 次比较明显的脉动，对应雷暴高压也有 4～5 次脉动。然而，并不是每个站的强对流性降水峰值都正好对应雷暴高压涌升，有的会有滞后性。如镇赉在大于每分钟 2.0 mm 降水连续出现 10 min 后，才出现雷暴高压。这种情况可能与强下沉气流速度强弱和持续时间有关。持续的强下沉气流较长时间的维持会造成地面气压场辐散，辐散区的外流在短时间内周围空气来不及补偿，出现短暂低压。当下沉气流速度稍一减弱，由于气压梯度力的作用，很快得到补偿。因此，当分钟降水强度持续较大时，雷暴高压鼻会出现滞后于降水峰值的现象。

对流性降水后期的低压过程对应风暴的尾部，也称尾流低压，从前面分析可知，龙江和镇赉尾流低压最明显。尾流低压产生的可能原因(以龙江为例)与风暴尾部离开龙江时较强的后向出流有关(图 6.22)。雷达和自动站观测都表明较强的后向出流正好对应龙江的最大和极大风速(表 6.3)。强风速的结果产生尾流低压(原理与雷暴高压成因相同)，这是尾流低压产生的可能原因之一，期间也可能有下沉增温的成分；尾流低压产生的另一个原因可能与云后侧入流和云内下沉后向出流之间的弱辐合而引起的弱上升运动有关。

6.6 小结和讨论

本章通过用自动站逐分钟气象要素资料以及每 6 min 一次的两部雷达资料，对“060810” MCC β 中尺度对流系统的发生发展过程和结构进行了比较细致的分析，综合本章和上一章的相关内容的分析，可以得出如下结论讨论：

1. 在云图上为椭圆形的 MCC，在雷达图上是一条飑线，它们是中尺度对流复合体的两种不同表现形式。

2. 我们在卫星云图和雷达图上都观测了该次 MCC 或飑线由 γ 中尺度对流单体发展成为 β 中尺度系统直至成熟的 α 中尺度系统的过程，即所谓的“升尺度增长过程”。在卫星云图上，最初，从中蒙边界云团分离出来的 mg_1 云团西南方和蒙古云团(mg_2、mg_3)之间出现 γ 中尺度的小云团(MCSA)，MCSA 面积在自身扩展的同时，还分别与东移的 mg_1 和 mg_2 云团合并，合并后迅速发展成为 α 中尺度 MCC，之后，又与西南方的新生云团合并构成以“右后方”新生云团为中心的 α 中尺度的 MCC。在雷达图上，起初，在层状云周围，因为太阳辐射分布不均匀产生一系列 γ 中尺度对流单体，它们之间此消彼长，经过 50 min 左右的酝酿周期，发展成为 β 中尺度对流风暴，该风暴东移发展，成为具有钩状回波的强风暴(在卫星云图上此时形成 MCC)；强风暴在缓慢东移的同时向西南方向传播，即所谓“右后侧新生”，由于较强的云后中层西北风入流作用，出现弓形回波，弓形回波的南端出现不连续的几个线状强回波带，组成不同的飑段，几个飑段构成飑线(对应 MCC 成熟阶段)。

3. 飑线过境前后降水、温度、气压及风速等气象要素发生显著变化。通过对暴雨区多个站点的逐时分钟自动站资料分析、统计发现:飑线前部由于西南或偏南暖湿气流控制,出现正变温和辐合上升区,导致飑线前出现低压;飑线过境时强降水出现,导致雷暴高压,并伴随强下沉气流;飑线尾部由于较强的下沉气流后向出流和下沉升温,导致尾流低压。

4. 飑线过境前后气象要素变化明显

(1)降水变化特征:随着飑线的发展演变,降水具有跳跃性和β(γ)中尺度特性。在飑线形成前是β中尺度对流风暴形成阶段,β中尺度对流风暴东移加强处出现40～50 min的对流型降水,平均雨强超过1.25 mm/min,最强雨强达到2.8 mm/min。当β中尺度对流风暴加强为强风暴后,该风暴东移,同时出现西南方向的传播,即飑线形成阶段。随着飑线在西南方延续,对流性降水也向西南方向跳跃发生,并持续20～55 min不等,平均雨强达到1.58 mm/min以上,最强达到1.95 mm/min,最强瞬间雨强4.9 mm/min(泰来)。在这20～55 min的对流性降水过程中,出现多个更小尺度的降水峰值,说明对流性降水除了具有β中尺度特征外,在β中尺度之中还含有γ中尺度信息。

(2)湿度变化特征:降水前后各站相对湿度变化不很明显。因为相对湿度在降水前已经处于高值,而降水后又继续增高,只是在最高气温出现点的附近几小时中有小幅下降。

(3)温度变化特征:各站点从对流性强降水发生之前出现的温度峰值,到降水发生后迅速变为温度低值,时气温变化幅度在3～15 ℃,多站平均约8 ℃;降水过程中,峰、谷值气温变化幅度在5～22 ℃,多站平均约10 ℃;峰、谷值地温变化幅度在11～41 ℃,多站平均约26 ℃;对流性降水阶段每分钟气温降低幅度多站平均约0.14 ℃。

(4)气压变化特征:在每小时的本站气压变化曲线上,飑线过境时,表现为气压涌升或气压鼻。在每分钟的气压变化曲线上表现为前低压、雷暴高压、尾流低压和冷空气高压。雷暴高压在天气图上表现为冷性中尺度高压前部密集的等压线和正变压中心。尾流低压维持时间很短,约10 min,在天气图上很难体现出来。

(5)风速变化特征:在每小时的风速变化曲线上,飑线过境时,表现为相邻小时风速陡增和陡降;在每分钟变化曲线上体现为降水峰值对应着风速的峰值,有的超前几分钟,有的落后几分钟;降水峰值和风速峰值对应偏北风(有的是西北风,有的是东北风),说明北风对降水有触发作用。

5. 通过雷达资料揭示了飑线不同发展阶段和不同部位的多样性结构特征

在飑线形成前的β中尺度对流形成和加强阶段,β中尺度对流风暴呈逗点状,风暴中心在逗点的尾部,随着风暴加强,逗点变为钩状,风暴中心在钩状附近。风暴中心的垂直结构由逗点阶段的低层入流方向的回波悬垂变为底部窄(约4～5 km)、中间宽(8 km高度附近宽约25 km)、向上又变窄的双侧回波悬垂。

在飑线形成阶段,飑线中部和南部表现出不同的结构特征:飑线中部因对流层中层后向较强入流形成具有强风特性的弓形回波;飑线南部因对流层低层较强偏南风入流形成具有强降水特性的线状回波。

在飑线中部,西北风中层入流和云底下沉气流出流都很强,造成地面强风,并使得云前东南风入流被抬得较高。在云前东南风入流与下沉出流辐合倾斜上升,边上升边向云前出流,构成云前回波悬垂和高层云砧,西北风中层下沉入流与云内近地面后向出流辐合上升,上升气流的一部分合并到东南入流的斜升气流中,一部分边上升边向云后出流,后向出流的云砧在雷达回波上约 4 km 处出现零度层(融化层)亮带和层状云降水。

在飑线南部,偏南风入流很强(大于 14 m/s),在较强偏南风入流的左侧,由于风切变产生一些 γ 中尺度的气旋性涡旋(或者中气旋)。雷达回波强度梯度在低层入流一侧最大,风暴顶偏向于低层高反射率梯度一侧,中层雷达回波悬垂于低层弱回波区之上,形成有界弱回波区(WER)和中高层回波悬垂。飑线西南端的 β 中尺度对流风暴雷达回波结构与 Lemon(1980)得出的多单体强风暴或者超级单体强风暴的概念模型类似,只是强度介于它们之间。

6. 通过对卫星、雷达和分钟自动站资料的分析,揭示了 MCC 的多尺度空间结构特征。MCC 成熟阶段(飑线形成阶段)云图上体现出来的 MCC 和雷达图上表现出来的飑线之间的空间关系(图 6.30)。椭圆形的 MCC(最外面的圆)内包含两部分:强回波区和次强回波区(内嵌的线条为雷达回波)。强回波区呈带状分布,位于 MCC 的南部左侧,由几个 β 中尺度对流风暴组成;次强回波区被包裹在大片层状云区中,位于 MCC 的中部和北部。最强回波中心并不与椭圆形中心重合,而是位于椭圆的西南象限(c 点),因此 MCC 是一个不对称的椭圆形型结构。MCC 西南端(即飑线南端)不断有新的风暴生成,生成后并入强回波带中,形成不连续的几个线状强回波带,构成飑线。对于每一个强对流风暴,都伴随着前低压、雷暴高压和尾流低压。风暴前部,由于东南或偏南气流入流和辐合引起倾斜上升运动,形成前低压;风暴经过时出现强降水,强降水产生的下沉气流引起雷暴高压,气流下沉过程中雨滴蒸发导致地面冷堆,强降水阶段产生的雷暴高压包含着多个与 γ 尺度降水峰值相对应的 γ 尺度气压涌升;风暴后侧出流产生尾流低压。

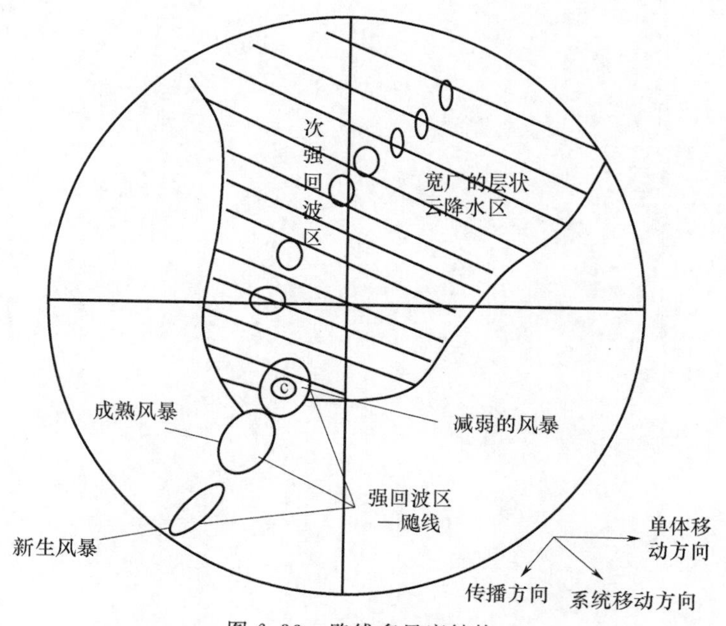

图 6.30 飑线多尺度结构

(最外圈为椭圆形的 MCC 云边界,阴影区为层状云降水区,内嵌的小圆圈为次强回波,西南部的几个较大圆为对流风暴组成的飑线,中间为成熟风暴,南北两侧为新生和减弱的风暴)

讨论 在预报中应该注意的问题:

用雷达图做预报,一般用于临近预警。对于某些强天气的临近预警,即使只有 10 min 的时效也是很重要的。东北冷涡引发的短波低槽型强暴雨因为发展迅速，雨强大，如果能够做出临近预警会很有意义。本章通过对雷达和自动站的分析，对今后类似天气过程的预报提供一些有益的启示。

在前面几章分析的具有有利的环境背景的条件下，要严密监视雷达和卫星云图上天气系统的发展演变。在雷达图上，早期，在层状云区边缘不均匀加热引起的 γ 中尺度对流，如果有组织起来的趋势，就要严密监视，当逐渐形成逗点状或钩状回波或弓形回波或线状回波时，或有形成这些形状的趋势并系统东移时，下游区域就容易发生强风暴。这些雷达回波的形态有助于标识强风暴，强风暴过境造成暴雨和强对流天气。强天气一般发生在钩状回波的钩首附近，或在弓形回波曲率最大处的前沿附近，或在飑线增长方向的切面处。后侧入流很强时容易形成弓形回波，偏南风入流很强时容易造成强降水。在弓形回波曲率最大处容易出现强风，在弓形回波南端切面处容易造成强降水。

由于所获得的强对流天气雷达个例比较少，很多认识还不够深入，所以，此类天气的预报经验有待进一步的积累和完善。

第7章 “060810”β中尺度对流系统数值模拟和分析

本章中，将利用WRF模式对2006年8月10日MCC对流性暴雨过程进行数值模拟试验，在总结分析观测事实的基础上，进一步讨论β中尺度对流系统动力、热力结构和发生发展的物理成因，并揭示飑线过境前低压、雷暴高压和尾流低压的结构特点。（本章统一用世界时）

7.1 中尺度数值预报研究模式(WRF)简介

WRF(Weather Research Forecast)模式系统是由美国许多研究部门及大学的科学家共同参与开发研究的新一代中尺度预报模式系统。WRF模式系统的开发计划执行于1997年，首先由美国NCAR中小尺度气象处、NCEP的环境模拟中心(EMC)、预报系统实验室(FSL)的预报研究处和俄克拉何马大学的风暴分析预报中心四部门联合发起的，并由美国国家自然科学基金和NOAA共同支持。之后，这项计划，进一步得到了许多其他研究部门及大学的科学家的共同参与。WRF模式系统具有可移植、易维护、模块化、可扩充、高效率等诸多优点，使与数值预报相关的新的科研工作与技术成果运用于该模式之中变得非常便捷和更加容易(邓莲堂 等,2003)。

WRF模式是一个完全可压非静力模式(提供静力和非静力选择)，控制方程组都写为通量形式。它采用Arakawa C格点，优于MM5的Arakawa B格点，有利于在高分辨率模拟中提高准确性。模式的动力框架设计中，垂直坐标实现了地形追随高度坐标和地形追随静力气压坐标两种方案设计，而时间积分方案也有两种选择：一种是时间分裂方案，即，模式中垂直高频波的求解采用隐式方案，用小步长积分维持计算稳定，其他的波动则采用显示方案(Runge-Kutta3)，采用相对较大的积分步长，它们在小步长积分过程中认为是常量；另一种是半隐式半拉格朗日方案，这种方案的优点是能采用更大的时间步长。目前，公开发布的WRF版本还只能实现时间分裂积分方案，半隐式半拉格朗日方案还处于开发阶段。

WRF模式中的现有物理过程方案，比如辐射过程、边界层参数化过程、对流参数化过程、次网格湍流扩散过程以及微物理过程方案等，主要是从一些已有中尺度研究或业务模式(如MM5模式、ETA模式等)中直接引入的，而在WRF模式重点考虑的水平分辨率下(1～10 km)不一定就是适宜的。根据WRF模式的发展计划，将会研发一套适合1～10 km分辨率的物理过程方案。

WRF模式中应用了继承式软件设计、多级并行分解算法、选择式软件管理工具、中间软件包(连接信息交换、输入/输出以及其他服务程序的外部软件包)结构等，进一步还将有更为先进的数值计算和资料同化技术、多重移动套网格性能以及更为完善的物理过程。因此，

WRF 模式将可能有更广泛的应用前景，包括在天气预报、大气化学、区域气候、纯粹的模拟研究等多方面的应用前景。

7.2　数值模拟方案设计

本书采用 WRF 中尺度天气研究预报模式对 2006 年 8 月 10 日短历时暴雨过程进行了数值模拟。模式的具体方案设计如下：

采取两重嵌套，中心点在 122°E，45°N（图 7.1）。其中，最外面一重：网格距 30 km×30 km，格点数 91×81；第二重：网格距 10 km×10 km，格点数 118×112，左下角坐标：26，26（以第一重网格左下角为坐标原点，以其网格距为坐标单位）。整个预报区域覆盖 2700（90×30）km×2400（80×30）km。使暴雨区域处于核心位置，远离预报区域侧边界。垂直方向取 28 个不等距 σ 层，顶层气压为 50 hPa。

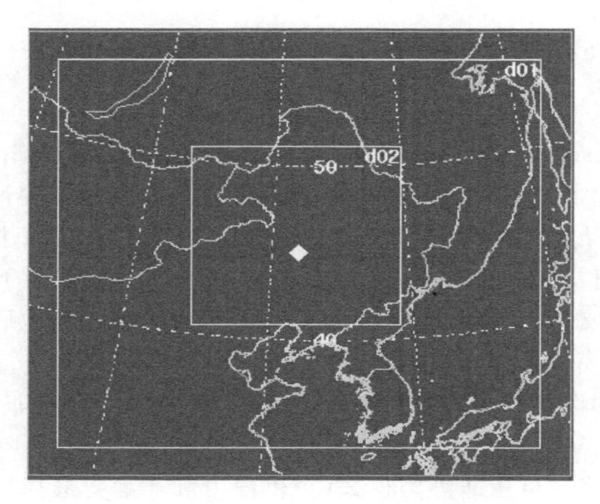

图 7.1　2006 年 8 月 10 日过程模拟范围

初始时间为 2006 年 8 月 10 日 00 UTC，强降水前 6 h，积分 24 h。时间步长 120 s。

动力框架：非静力。

微物理过程采用 Lin 方案。考虑了六种水物质：水汽、云水、雨水、云冰、雪以及霰，含有冰、雪和霰软雹过程，适合实时资料高分辨率模拟。这个方案是 WRF 模式中相对比较成熟的方案，更适合理论研究。

长波辐射方案：RRTM 方案。RRTM 方案取自 MM5 模式，采用了 Mlawer 等的方法。它是一个快速辐射转换模式，即利用一个预先处理的精确有效的对照表，考虑了多种通道带，追踪气体的轨迹和微物理过程的种类来表示辐射过程。

短波辐射采用 Dudhia 简单短波方案：Dudhia 的方法来自 MM5 模式。它是由于云、碧空吸收和散射所引起的太阳辐射通量的简单有效地累加。采用 Stephens 的云对照表。

近地面层基于 Monin-Obukhov 相似理论方案以及 Carslon-Boland 黏性层下和来自查算表的标准相似函数。

陆面方案采用 Noah 路面模式：统一的 NCEP/NCAR/AFWA 计划，包含 4 层土壤温度和湿度，少量的雪盖和冻土物理学。

行星边界层采用 YSU 计划：非局地 K 计划，包含明确的夹带层和不稳定混合层中抛物线形 K 廓线。

积云参数化采用 Kain-Fritsch 方案（new Eta 方案）。Kain-Fritsch 方案（KF）取自 MM5 模式。它将一个简单的，包含卷出、卷吸、气流上升和气流下沉现象的云模式藕合在一起，目前只包含深对流过程。WRF v2.2 中解释是：Kain-Fritsch 方案（KF 方案）指深和浅次网格方案使用带下沉拖曳气流的质量通量方法和 CAPE 移出的时间尺度。

本次 WRF 模拟采用了 NCEP 的全球再分析场资料，资料分辨率为 1°× 1°，时间间隔为6 h，作为中尺度模式的初始场和侧边界条件。模拟试验过程在中国气象局的 IBM 机器上进行。

7.3 “060810”β中尺度对流系统模拟与实况对比分析

以下将用 WRF 模式从降水量、辐合线、飑线等几个方面开展数值模拟，并与实况场进行对比，来检验数值模式的效果。

7.3.1 降水模拟与实况对比分析

在模拟过程中，将泰来等对流性暴雨的降水量级和落区作为判断模拟是否成功的指标，尤其把对泰来最大暴雨中心位置的模拟作为评判模拟效果的重点考虑因素。24 h 降水量的模拟结果和实况对比如图 7.2 所示，由图可见，24 h 数值模拟的结果再现了“060810”暴雨过程和雨带走向，尤其是最强暴雨中心泰来附近的模拟结果与实况吻合得很好（100 mm 以上），降水数值模拟结果所展现的雨带走向和暴雨区与实况一致。模拟结果不足的地方是主雨带南部略偏南一些，使得龙江和齐齐哈尔的暴雨量级偏小，而主雨带东北部的小片暴雨区略偏东一些。主雨带西部还有两小片暴雨区，但由于这些区域缺乏观测站点，所以实际情况不得而知。下面，将重点以泰来为中心，对此次对流性暴雨过程进行对比分析。

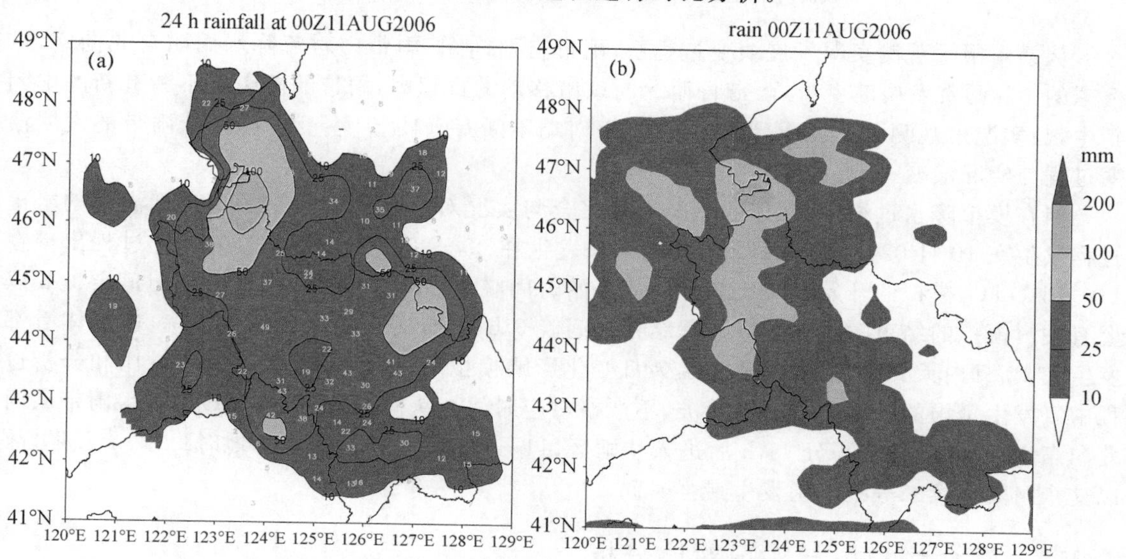

图 7.2 2006 年 8 月 11 日 00 UTC 24 h 降水量

(a)实况，(b)模拟

1 h 降水量实况和模拟对比如图 7.3 所示，图 7.3a 为最大 1 h 降水实况，图 7.3b 为雨带经过泰来时最大 1 h 雨量模拟值。模拟结果再现了实况的降水峰值，特别是泰来站，实况为 91 mm，模拟为 90 mm，模拟的中心在泰来稍偏北一点（约 1 km），最强降水值为 98 mm；镇赉和洮南的实况值为 77 mm 和 55 mm，而模拟雨带中的另外两个暴雨中心，中心最内圈分别为 70 mm 和 55 mm，位置分别对应实况中的上两个站，只是略偏南 0.1～0.2 个纬度，这个误差应该在正常误差范围内。从上面对比分析看，24 h 和 1 h 降水量级和落区模拟是成功的。

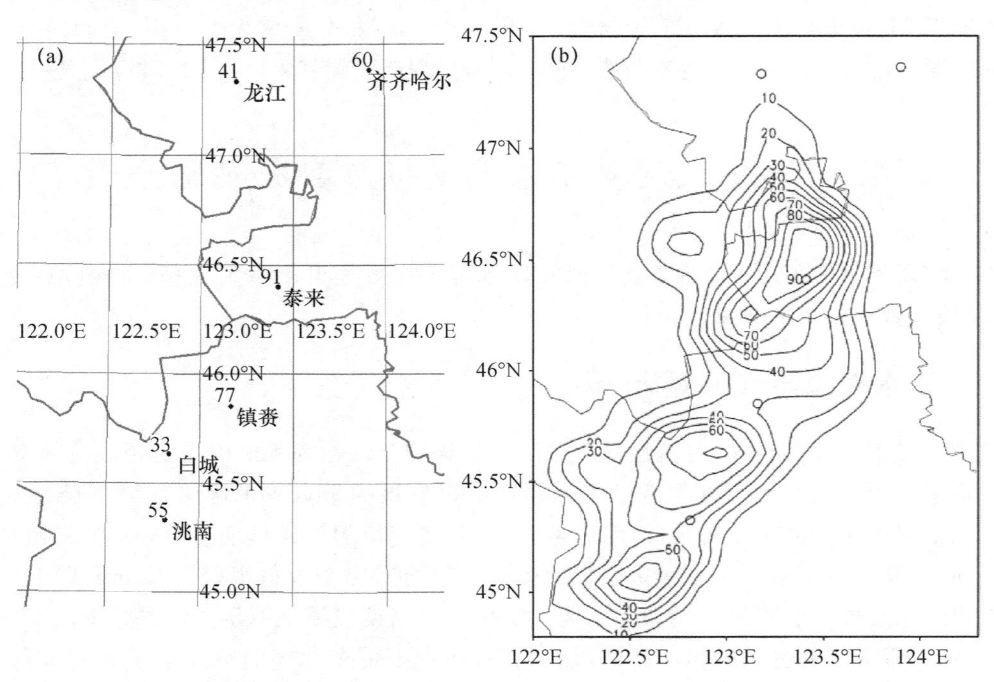

图 7.3　2006 年 8 月 10 日 1 h 降水量（a. 实况，b. 模拟）

（a）观测站点最大 1 h 雨量组合，（b）模拟的 11—12 UTC 1 h 雨量）

从暴雨雨团观测实况发展演变过程看，雨带自西向东，雨带内对流降水雨团自北向南，从模拟的 1 h 雨带发展演变看，雨带自西北向东南移动的过程中，雨带的西南端不断有新的雨团新生，与实况中观测到的在 MCC（或飑线）西南端不断有云团新生一致，即模拟雨带的发展演变过程与实况演变一致。

但在模拟降水过程中，模拟的时间不能完全与实况对应上。实况是从龙江到洮南的暴雨过程发生在 10 日 02:30—10 UTC，其中泰来发生在 05—06 UTC，而模拟的以上过程出现在 11—13 UTC，模拟的开始时间比实际过程开始时间晚 11 h（这可能与模式适应时间要 6 h 以上有关），模拟的结束时间比实际过程结束时间晚 3 h，模拟的过程发展得比较快，但总体看都发生在 10 日白天到傍晚，所以不会因为日变化影响模拟结果。因此，在中尺度对比和分析过程中以发生暴雨的过程和区域为标准，不严格对应时间。从模拟的每小时降水图看，雨带从西北向东南移动，当模式积分 11 h 后进入暴雨区，11—12 UTC 经过泰来等地时1 h雨量最强，故以这个时间为泰来等地暴雨发生最强时间。

7.3.2　辐合线模拟与实况对比分析

从大尺度环流场模拟和实况的对比来看，模拟结果是合理的。这次天气过程的主要影响系统为对流层中层的西风带短波低槽。通过对比分析10日20时500 hPa等压面上等高线可见(图7.4)，在08时(初始场)出现在内蒙古(114°—118°E,43°—50°N)地区附近的西风带短波低槽，20时东移到暴雨区域(东北中西部121°—124°E,44°—50°N)(图7.4 a)，且槽加深；模拟的该时刻500 hPa等压面上同样的位置也存在加深的短波低槽，模拟结果成功再现了西风带该短波低槽的东移和加深过程。

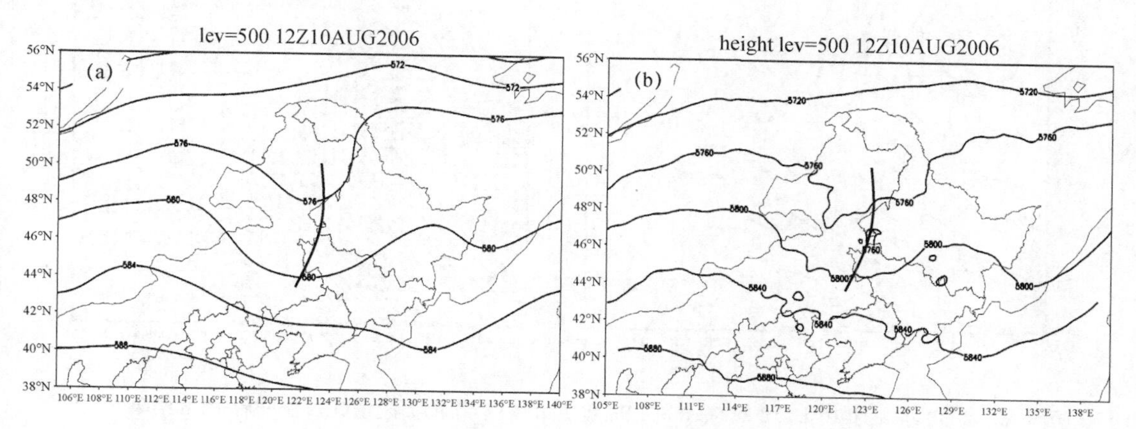

图7.4 2006年8月10日12 UTC 500 hPa高度场实况(a)和模拟(b)对比分析
(初始场:2006年8月10日00 UTC)

实况中，200 hPa存在两支高空急流，暴雨区位于它们之间的强辐散区，模拟的200 hPa等压面也出现这样两支高空急流，位置和方向基本一致(图7.5)。另外，模拟结果也合理地再现了这次短历时暴雨过程的其他大尺度环流背景，如：向暴雨区输送的低空西南暖湿气流水汽通道的建立和维持过程等(图略)。

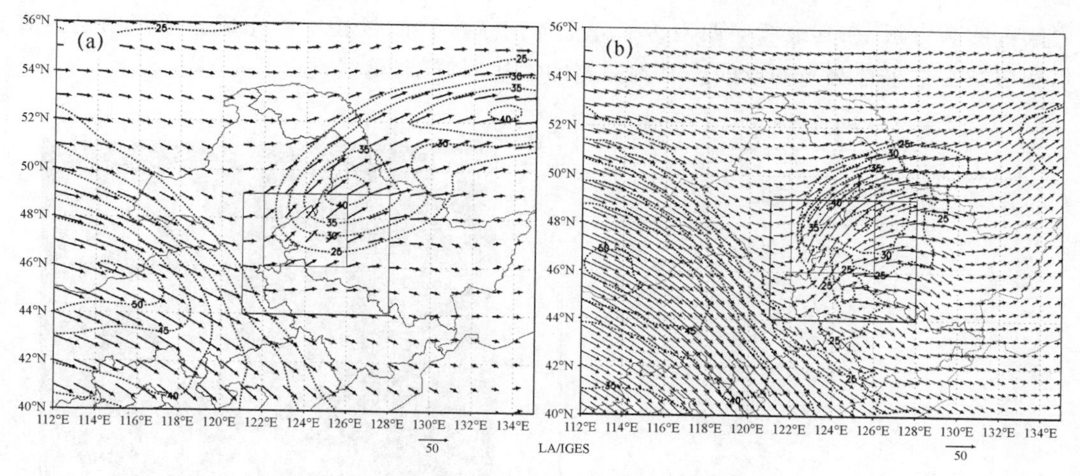

图7.5 2006年8月10日12 UTC 200 hPa高空急流实况(a)和模拟(b)
(点虚线为等风速线，间隔5 m/s；内外方框分别为MCC初生区和成熟区域)

从前面观测分析知道，这次天气过程的一个明显的中尺度特征是近地面的辐合线。以850 hPa为例，图7.6a为实况风场，在黑龙江的西南、吉林的西北这片区域中构成一条辐合线。图7.6b为模拟的细网格风场，很精细地再现了这条辐合线，辐合线右下方为偏南或西南风，辐合线左上方为东北风或偏北风，辐合线左侧为偏西风，与实况是一致的。

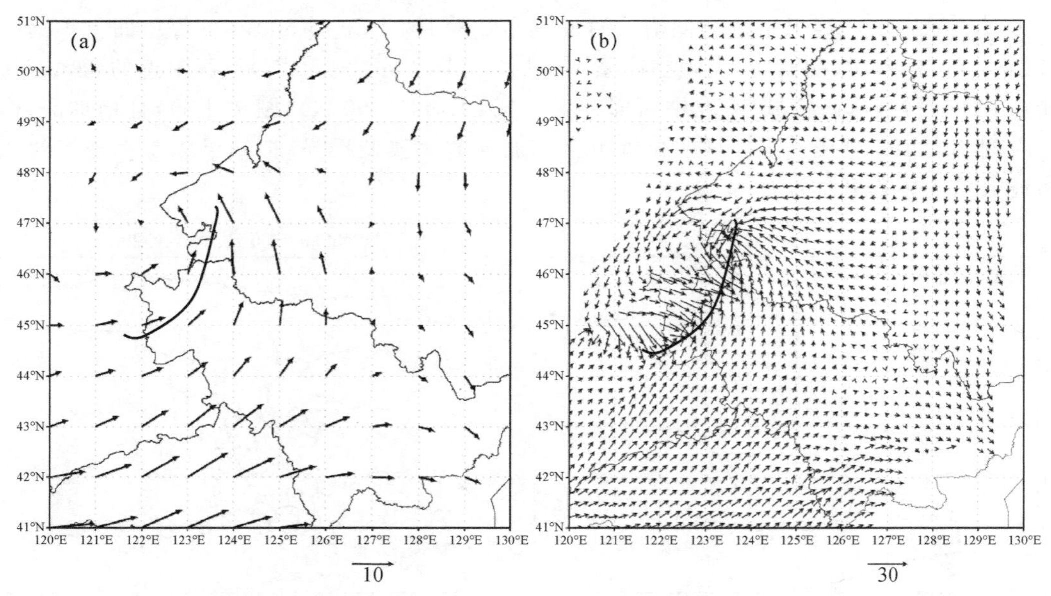

图 7.6　2006 年 8 月 10 日 12 UTC 850 hPa 实况风场(a)和模拟风场(b)(积分后 12 h 结果)对比

7.3.3　飑线模拟与实况对比分析

在雷达分析部分,这次过程有一个最明显的特征是飑线的发展演变。模拟的雷达回波再现了这条飑线的发展演变过程,即开始有一条很短的带状回波从西北向东南移动,移动过程中回波带的西南部逐渐加长形成带状回波,图 7.7a 即为模拟的经过泰来时的雷达回波(10 日 11:30 UTC)。图 7.7b 为实况中 05:45 UTC 经过泰来时的雷达回波,此时飑线南端还没有到达内蒙古的高力板,在其继续向西南传播并整体向东南移的过程中才完成。这张图是由齐齐哈尔和白城雷达组合起来构成的该时刻完整的雷达回波带(飑线)。

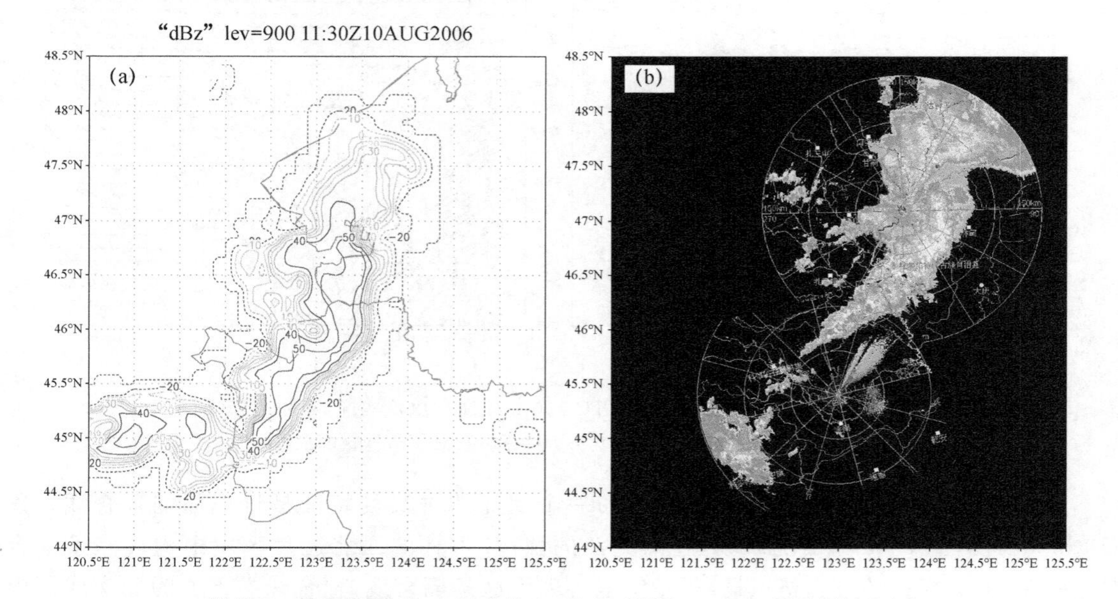

图 7.7　模拟飑线 2006 年 8 月 10 日 12 UTC 950 hPa 雷达回波(a)和
(b)05:45 UTC 1.5°仰角齐齐哈尔和白城雷达观测拼图

从它们的形状、经过泰来时雷达回波强度、位置、飑线长度等方面来对比分析，发现：这几方面模拟的是比较成功的，只是模拟的暴雨过程发展得比较快。实况中飑线是从 04 UTC 左右开始向东南移动同时向西南传播，06:30 UTC 左右到达内蒙古的高力板，08—09 UTC 飑线东移经过镇赉和洮南。而模拟的回波带从齐齐哈尔经过泰来到高力板，然后东移经过镇赉和洮南集中在 1 个多小时内，发展的时间缩短了，使得泰来、镇赉、洮南的暴雨集中在 11—13 UTC，其中 11—12 UTC 最强。

模拟的雷达回波与模拟的雨水含量、垂直速度和风场等都很好地对应起来（图 7.8），即再现了该过程的 β 中尺度特征。

通过以上的模拟及对比分析，比较好地再现了此次暴雨过程的暴雨落区、降水雨带走向、暴雨、飑线及其中的与雨团、雨峰的相关的动力热力特征。下面，在此成功模拟基础上，进一步研究飑线内的动力、热力结构特征，进而探讨暴雨过程的可能的触发机制。

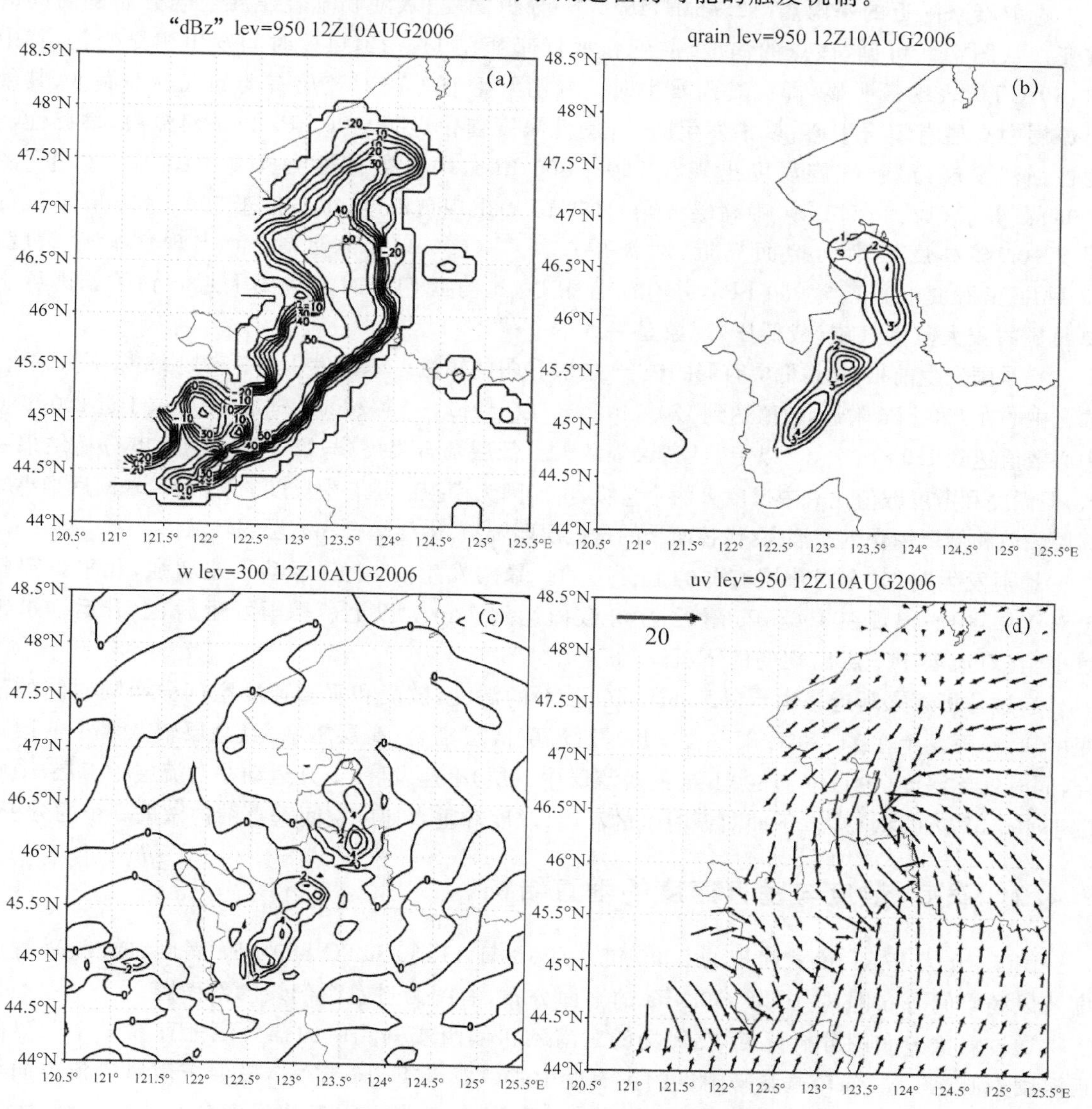

图 7.8 2006 年 8 月 10 日 12 UTC 数值模拟图

(a)雷达回波(dBz)，(b)雨水含量(10^{-4} kg/kg)，(c)垂直速度(m/s)，(d)风场

7.4　β中尺度雨团动力结构

7.4.1　涡度、散度和垂直速度时空演变

从上面的模拟结果和实况对比分析中可以看到，所模拟的对流层低层的辐合线、雷达回波再现了飑线过程，飑线上的强回波中心、雨水含量、垂直速度和风场分布(图 7.8)及 1 h 降水量(图 7.3)，显示了泰来、镇赉和洮南三个雨峰的 β 中尺度特征。下面以泰来雨峰为例，分析涡度、散度和垂直速度空间结构发展演变。

选取泰来附近的暴雨点(123.5°E，46.5°N)分析涡度、散度和垂直速度空间分布随时间的演变。从图 7.9 可见，该点的涡度、散度和垂直速度在 11—12UTC 时间发生明显变化，其中 11:30 UTC 表现最明显，即在暴雨发生时。暴雨发生前 1 h，对流层有弱的气旋性涡度，其中对流层中高层有闭合中心；暴雨发生时，气旋性涡度变化显著，400 hPa 以下对流层，气旋性涡度柱强烈发展，最强气旋涡度出现在 700～800 hPa，中心数值达到 $160\times10^{-5}\ s^{-1}$ 以上(图 7.9a)；1 h 后(12:30 UTC)，中高层(600～150 hPa)出现负涡度，中心位于 300～400 hPa，气旋涡度中心随高度逐渐向地面靠近，对流层中下层(600 hPa 到近地面)出现气旋性涡度；13 UTC正涡度中心降至 900 hPa，并有闭合中心，这与我们平时天气图上观测到的暴雨后出现明显的较大范围气旋(或低压)现象是一致的。

在暴雨发生前半小时，低层有弱的辐合、中层有弱的辐散。暴雨发生时，700 hPa 以下为辐合，辐合中心在 850 hPa 附近，数值达到 $120\times10^{-5}\ s^{-1}$ 以上；400～150 hPa 为辐散，中心位于近 200 hPa，中心数值达到 $180\times10^{-5}\ s^{-1}$ 以上，且高层辐散大于低层辐合强度(与第 4 章 α 中尺度分析结果一致，但涡度和散度数值比 α 中尺度大两个量级，可能因为模拟的是 β 中尺度的缘故)。暴雨后半小时高层辐散和低层辐合迅速消失，代替而来的是低层弱辐散、中层辐合和高层弱辐散。

暴雨发生前，整个对流层有弱的上升运动。暴雨发生时，上升运动迅速增强，几乎贯穿整个对流层，中心出现在 400 hPa 附近，中心数值达到 7 m/s 以上。暴雨发生后，上升运动迅速减小，在对流层中下层出现弱的下沉运动。

通过分析泰来附近暴雨点(123.5°E，46.5°N)的涡度、散度和垂直速度空间分布随时间的演变可知，暴雨发生在 11:30 UTC 左右，此时对流层低层辐合、高层辐散，且高层辐散大于低层辐合，同时气旋涡度(中心位于 800 hPa 的对流层中下层)迅速发展，上升运动在对流层中上层(中心位于 400 hPa)迅速增强。下面对该时刻的涡度、散度和垂直速度空间垂直结构做进一步的分析。

7.4.2　涡度、散度与垂直速度的垂直结构

图 7.10 为 WRF 模式模拟的 2006 年 8 月 10 日 11:30 UTC 850 hPa 涡度、散度、垂直速度及风场空间分布图，左图为 850 hPa 的平面分布，右图为过左图剖线的剖面图。

通过涡度分布图分析可见，在风场的东南风和偏西或偏北风的辐合线上存在 2 个明显的正涡度中心(图 7.10a)，过泰来附近的正涡度中心(123.5°E，46.5°N)，沿着东南风入流方向做涡度及流场的垂直剖面。该剖面图(图 7.10b)显示，位于泰来附近的涡度分布比较广泛，大于 $4\times10^{-4}\ s^{-1}$ 的涡度值水平方向跨度约一个经度(122.7°—123.7°E)范围，垂直方向可以发展到

200 hPa附近，最强涡度中心位于800 hPa上下，中心数值可达$16\times10^{-4}\ s^{-1}$以上，其他两个次强中心一个在对流层中层，一个在对流层高层，数值为$8\times10^{-4}\ s^{-1}$以上。他们与流线的配合特点是气旋性涡度位于上升气流区中，最强的涡度中心位于东南风入流的上升气流流线密集区的左侧，并沿着上升气流倾斜向上发展，可以一直发展到200 hPa附近。上升气流由两部分组成，一部分来自对流层中下层的东南风入流而形成的上升气流，最强涡度中心位于这个上升气流区中，另一部分是由对流层中层的西北风或偏西风入流在对流层中层的上升气流，对流层中层的次强涡度中心位于这个上升气流区中，两部分上升气流在对流层中高层汇合在一起形成一个位于250 hPa附近的涡度中心。对流层中层以下两个涡度之间和对流层高层涡度下方700 hPa以下为弱的下沉气流及近地面的负涡度区。

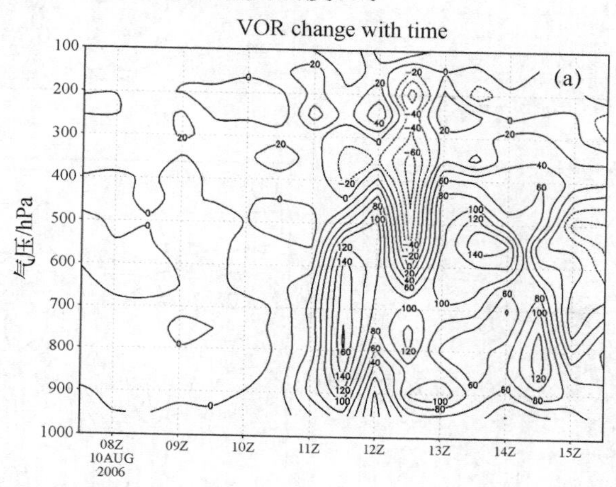

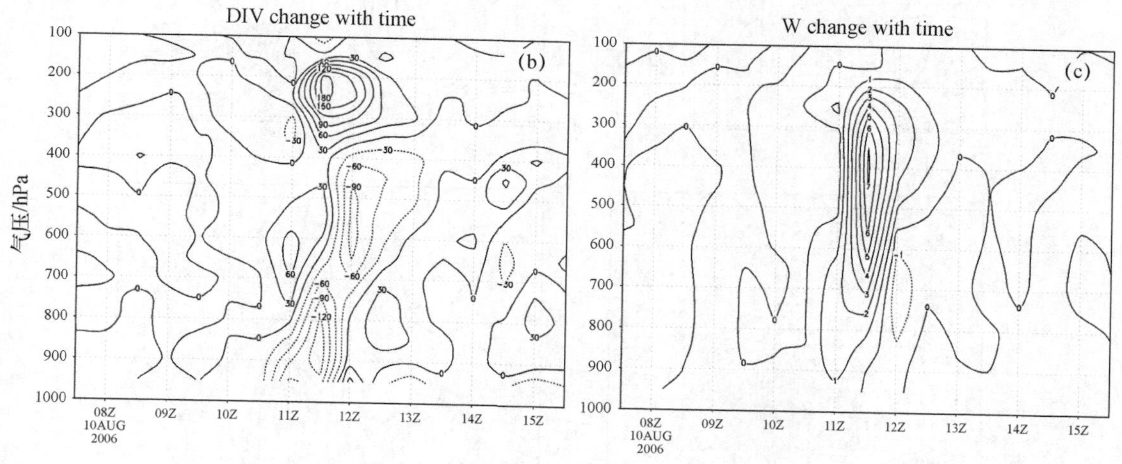

图7.9 2006年8月10日暴雨点(123.5°E,46.5°N)涡度(a,单位:$10^{-5}\ s^{-1}$)、散度(b,单位:$10^{-5}s^{-1}$)和垂直速度(c,单位:m/s)随时间演变模拟分析图

分析散度和风场的空间分布图可见，850 hPa上的辐合中心(图7.10c)对应涡度中心，同样过泰来附近的辐合中心(123.5°E,46.5°N)，沿着东南风入流方向做垂直剖面。从散度与流场在垂直剖面上(图7.10d)可见，由东南风入流引起的强上升气流处，700 hPa以下是辐合区，辐合中心在近地面层，中心值为$-16\times10^{-4}\ s^{-1}$，对应强涡度柱，并与涡度中心数值相近。从近地面的辐合中心沿着倾斜上升流线方向直到对流层中层(400 hPa附近)均为辐合，对流层中上层(150～350 hPa)为辐散区，辐散中心位于200～250 hPa。近地面辐合区左侧的下沉气流区为辐散区。

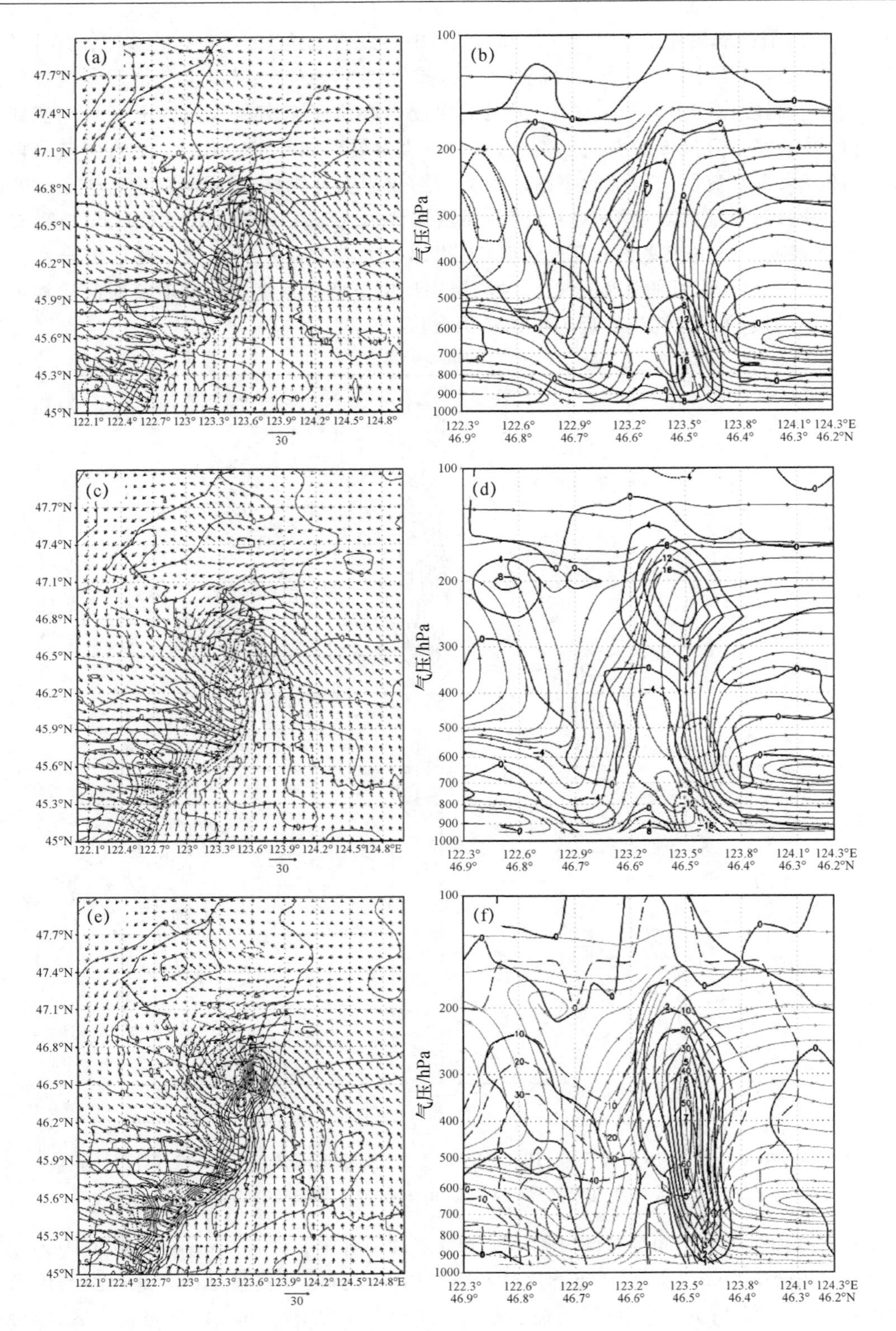

图 7.10　2006 年 8 月 10 日 11:30 UTC 850 hPa 涡度(单位:$10^{-4}\ s^{-1}$)(a,b)、散度(单位:$10^{-4}\ s^{-1}$)(c,d)和垂直速度(单位:m/s,上升为正)(e,f)水平(a,c,e)和剖面(b,d,f)模拟分析(过 123.5°E,46.5°N 点沿着东南风入流方向做剖线,带箭头的线为流线,图 7.10f 中的长虚线为雷达回波)

分析垂直速度和风场分布发现，在风场辐合线附近对应很多上升运动区（图 7.10e）。同样过泰来上升运动区（123.5°E，46.5°N），沿着东南风入流方向做垂直剖面。从剖面图（图 7.10f）中可见，上升运动区分布很宽广，从对应辐合区、最强涡度区的对流层中低层开始，沿着倾斜上升流线方向上升，一直到对流层高层都为上升运动区，最强上升速度出现在 400 hPa附近，中心数值大于 7 m/s。而对应中层偏西风入流的上升气流上升速度较弱，仅为 1 m/s左右。从剖面图上还可见，上升气流密集区与上升运动速度有很好的对应，而紧邻上升运动区左侧对流层中下层则是下沉运动区。

对照分析涡度、散度、垂直速度和流线的分布发现，低层的最强辐合与最强气旋涡度柱对应，都处于较强上升气流中，强辐合中心在近地层，强涡度中心在对流层中下层；从地面辐合中心沿倾斜流线方向向上所到达的对流层高层区域为强辐散区，此区域位于 200～300 hPa 上升运动区，高层的正涡度区位于其左下方 300 hPa 附近；近地面下沉运动区对应辐散区。下沉运动的左侧低层出现弱辐合，弱辐合上方出现弱正涡度区和弱上升运动区，对应对流层中层偏北或偏西气流入流引起的上升运动区。

7.5　β 中尺度雨团热力结构

7.5.1　雷达回波与云水分布

下面选取与图 7.10 同一剖面，对模拟的暴雨雨团中的雨水、云水、雪水、冰水及霰的空间分布进行分析（图 7.11，图 7.12）。

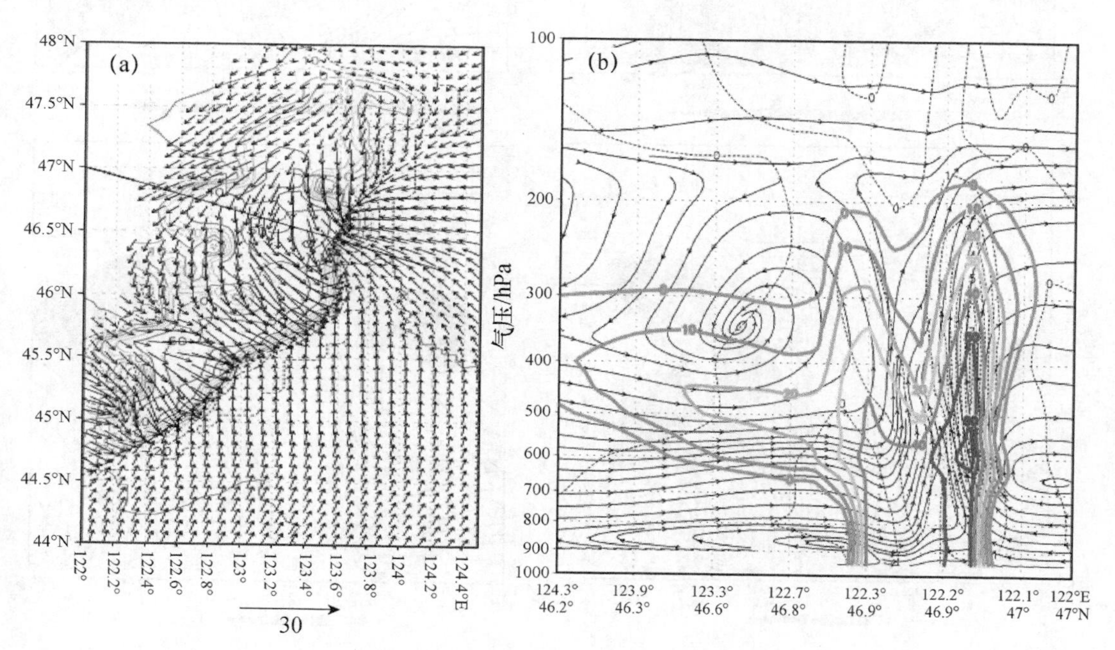

图 7.11　2006 年 8 月 10 日 11:30 UTC 950 hPa 雷达回波及风场(a)和沿着图中剖线的剖面分析(b)
［剖面上加粗实线为雷达回波（单位：dBz），流线为水平风速与 10 w 合成，虚线为垂直速度（单位：m/s）］

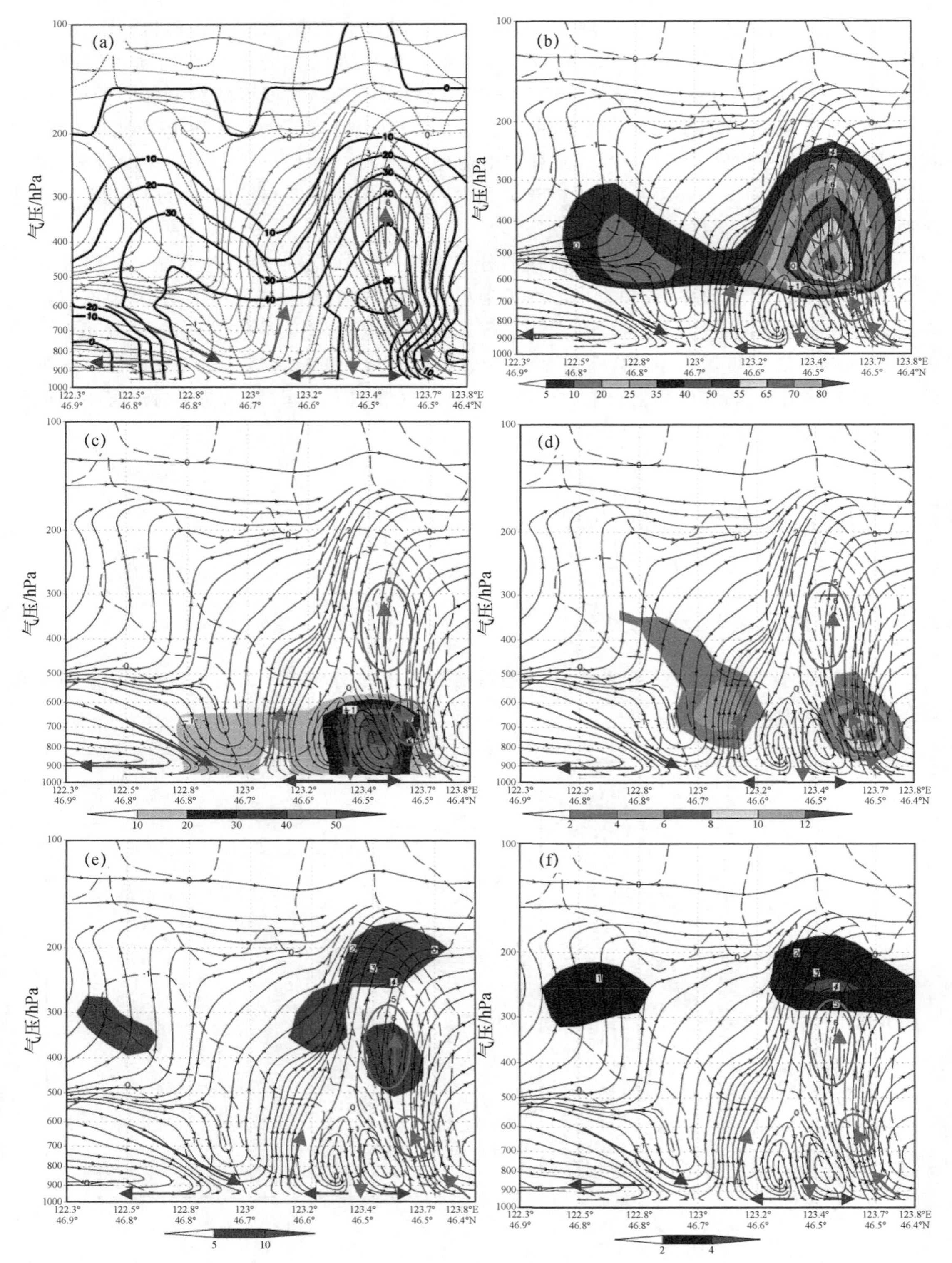

图 7.12　2006 年 8 月 10 日 11:30 UTC 雷达回波(a,单位:dBz)、霰(b,单位:10^{-4} kg/kg)、雨水(c,单位:10^{-4} kg/kg)、云水(d,单位:10^{-4} kg/kg)、冰晶(e,单位:10^{-5} kg/kg)、雪晶(f,单位:10^{-4} kg/kg)与流场(水平风速与 10 w 合成)和垂直速度(单位:m/s)分布

从 950 hPa 雷达回波与风场分布(图 7.11a)可见，辐合线位于雷达强度回波前沿梯度最大的地方，50 dBz 以上的强度回波区平均宽约 40 km，泰来位于剖线上的强回波区中。右边的垂直剖面图(图 7.11b)是左图剖线上的雷达回波(加粗实线)和流场垂直分布，从中可见，雷达回波分为两部分：对流性降水和层状云降水回波两部分。对流性降水部分有两个峰值，最高的可以发展到 200 hPa 以上，最强回波中心(>60 dBz)位于 600 hPa 上下，50 dBz 以上强回波宽约 40 km，与观测到的对流性强降水基本一致。

下面将针对上述剖面中对流发展比较旺盛的部分(122.3°E、46.9°N—123.8°E、46.4°N)分析其云水分布。

从雷达回波与流场、垂直速度的关系看(图 7.12a)，0 dBz 以上雷达回波几乎贯穿整个对流层，50 dBz 强回波范围也比较宽广，宽度约 40 km，且从地面发展到 350 hPa 高，并与强对流性降水相联系；在雷达回波前东南风入流一侧 700 hPa 以下出现穹窿和弱回波区，其中 850 hPa处穹窿最明显，因为这里是辐合抬升的最强入流处，并伴随着较强的上升运动，上升运动中最强回波(>60 dBz)位于 600 hPa 附近。

与上面雷达回波相对应的环流特点为：雷达回波前近地面东南风入流和云内下沉气流的前向出流构成辐合上升运动，并倾斜向上、向西穿过最强回波区到达回波顶，然后从云顶向东流出；同时，对流层中下层(500～850 hPa)在云后侧偏西风(或西北风)入流与云内下沉后向出流相遇辐合上升，上升的一部分合并到东南入流的倾斜上升气流中，另一部分随着上升气流向云后出流。另外，对流云内 600 hPa 以下存在两个环流圈或切变，一个是东南入流辐合倾斜上升到600 hPa附近，与云内下沉气流及前向出流形成气旋环流或切变，另一个是由对流云后(西)侧偏西或西北风入流与云内下沉后向出流辐合倾斜上升气流，与云内下沉气流及后向出流形成的反气旋环流圈或切变(图 7.12 的 b、c、d、e、f 的环流更为清晰)。

从霰、雨水、云水、冰晶、雪晶的分布和含量看(图 7.12b、7.12c、7.12d、7.12e、7.12f)，霰(图 7.12b)主要分布在强对流云内约 600 hPa 以上，最强中心位于最强上升运动区(>6 m/s，300～400 hPa)下方的 550 hPa 处；雨水分布在 600 hPa 以下(图 7.12c)，中心位于最强上升运动区下方的 700 hPa 附近，雨水(6.0×10^{-3} kg/kg)和霰(8.5×10^{-3} kg/kg)含量相当，略小于霰，它们在 600 hPa附近共存一部分，为霰水混合状态；与同时刻该剖面上雷达回波对比发现，霰中心雷达回波最强，其次为下沉气流中的雨水；云水主要分布在中低层最大上升速度区附近(850～500 hPa)(图 7.12d)，这里云水、雨水共存，含量相当，云水含量(1.6×10^{-3} kg/kg)略小于雨水(2.0×10^{-3} kg/kg)；冰水主要分布在 500 hPa 以上(图 7.12e)，有一部分与最强上升运动区域吻合，中心浓度可以达到 2.0×10^{-4} kg/kg，另一部分在最强上升运动区的下风方，浓度相当，还有一部分在上升运动区顶部与雪片共存 ，含量小于雪片 ；雪片主要分布在 200～300 hPa(图 7.12f)，中心位于最强上升运动区上方 250 hPa 附近，浓度比以上各项小一个量级(4×10^{-4} kg/kg)，与冰水相当，略大于冰水。由此，通过模拟分析对云雨分布特征和含量有了比较清楚的认识。

7.5.2 热力结构

为了分析泰来 MCC β中尺度对流风暴的热力分布情况，本书计算了云团与纬圈平均的温度离差，并过 123.5°E，46.6°N 点分别做经、纬向剖面图(图 7.13)，图中叠加上了霰(点点虚线)和雨水(长虚线)的分布。

由图 7.13 可见，在雨水和霰含量最大的云柱上 700～250 hPa 均为正离差，正离差最大值为 4.1 ℃，位于 300 hPa 高度附近，云团内基本上以正离差最大值为中心向东西南北方向扩展，扩展约 1.3～1.5 个纬距，向西扩展范围广些，向东扩展得少些，基本到云砧的边缘。在 700 hPa 以下和 250～150 hPa 是冷区，100 hPa 又是暖区。说明 β 中尺度云团内，700 hPa 以下为冷性，是由下沉气流的蒸发引起；700～250 hPa 为暖性，其原因可能与凝结潜热释放有关；250～150 hPa 又为冷性。

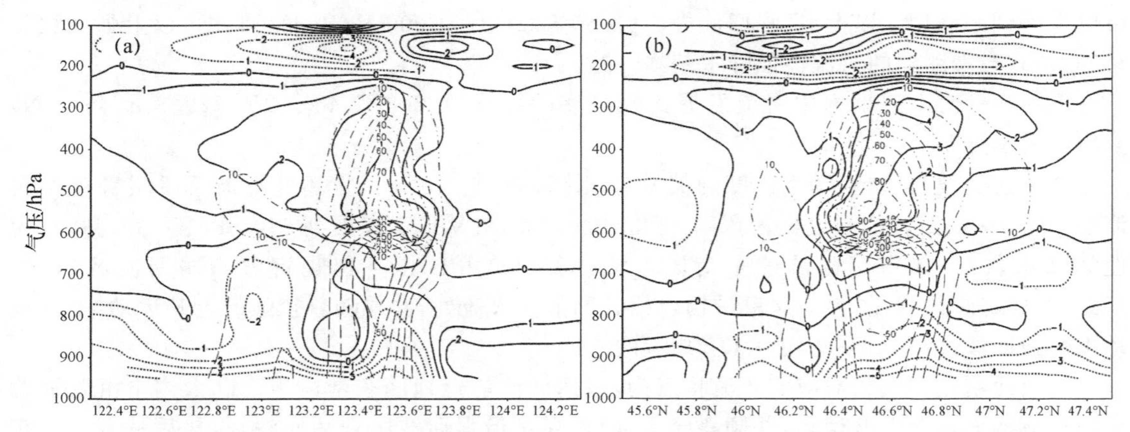

图 7.13　2006 年 8 月 10 日 11:30 UTC 沿着 46.6°N 剖面(a)和沿着 123.5°E 剖面(b)温度离差(单位：℃)
(a、b 背景中浅灰色的中长虚线为雨水含量：10^{-4} g/kg，位于 600 hPa 以下，点点虚线为霰含量：10^{-4} g/kg，位于 600 hPa 以上，前景中实线为正离差，虚线为负离差，预报初始时刻：2006 年 8 月 10 日 00 时)

从相对湿度的分布看(图 7.14)，在雨水和霰含量最大的云柱上，相对湿度都是 90%以上，从地面一直到 300 hPa，在 300 hPa 附近有与正离差对应的最大中心，从最大中心向四周的扩展与正离差一致，说明 90%以上的相对湿度也与云区对应。

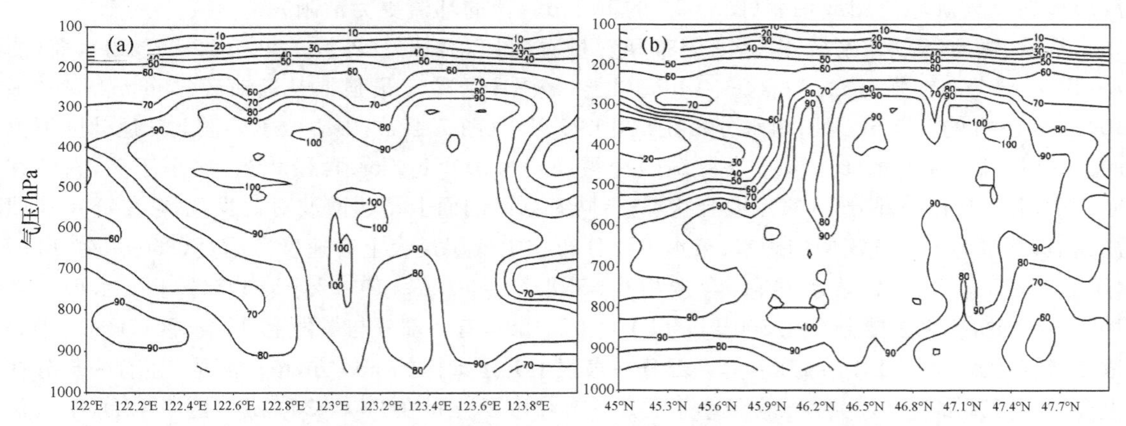

图 7.14　2006 年 8 月 10 日 11:30 UTC(暴雨时刻)沿着 46.6°N 剖面(a)和
沿着 123.5°E 剖面(b)相对湿度(单位：%)

7.6 “060810”β 中尺度对流系统发生的可能机制

7.6.1 辐合线与触发机制

下面通过综合分析地面风场、散度场(图 7.15)和海平面气压场、地面温度场(图 7.18)，从中可以看到泰来附近辐合不断增强的发展演变过程和冷高压、暖低压的变化，图 7.18 中风场与图 7.15 中风场一致，地面温度用阴影表示，海平面气压用实线绘制。

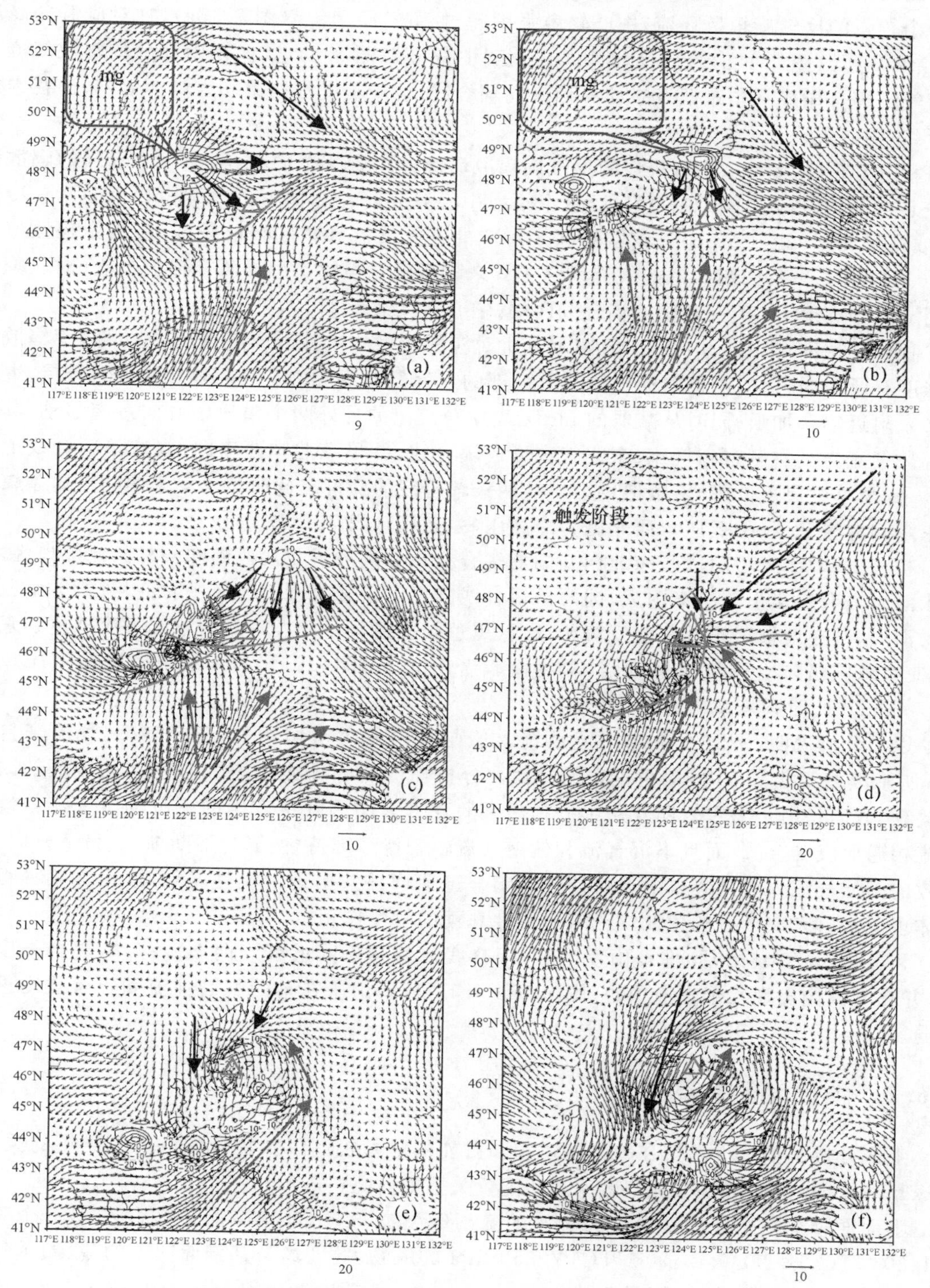

图 7.15 粗网格地面风场(矢线)(m/s)和散度场(实线)(10^{-5} m/s)模拟分析

(a)积分 3 h(03 UTC),(b)积分 6 h(06 UTC),(c)积分 9 h(09 UTC),

(d)积分 12 h(12 UTC),(e)积分 15 h(15 UTC),(f)积分 18 h(18 UTC)

(初始时刻为 2006 年 8 月 10 日 00 UTC)

粗网格的地面风场和散度场模拟分析显示(图 7.15)，积分 3 h 后在(121°—122°E,48°N)有一个较强的反气旋辐散环流，中心辐散强度超过 15×10^{-5} s^{-1}(图 7.15a)，它对应着冷高压(或雷暴高压)(图 7.18a)，也对应蒙古(mg)云团(第 5 章图 5.8)，其向东南部分的辐散气流与偏南气流辐合构成一条东西及东北—西南向辐合线，位于黑龙江西南和吉林西北部，即在泰来附近(三角位置)。

积分 6 h 后(图 7.15b)，较强的反气旋辐散环流分离为几个中心，其中一个较强的辐散环流中心东移到(124°E,48.5°N)附近，这个辐散中心对应 mg_1 云团(第 5 章图 5.8)，也对应冷高压(或雷暴高压)(图 7.18b)。该雷暴高压对应的下沉气流导致的辐散较强，最内圈辐散值超过 20×10^{-5} s^{-1}，其向南扩散的气流增强了泰来附近辐合强度。另外两个辐散中心(对应蒙古云团 mg_2 和 mg_3)位于泰来所处辐合线西端，中心强度大于 15×10^{-5} s^{-1}。

积分 9 h 后(图 7.15c)，mg_1 云团及其所对应的辐散中心东移至黑龙江中北部，其辐散中心强度有所减弱，但向南扩散的气流与其南部的东南气流形成的东西向辐合线仍然维持，继续使泰来附近辐合加强；同时从减弱的 mg 云团中分离出的另外两个辐散中心向东南移动，其下沉辐散气流与其右侧东南气流、东北气流形成辐合线，并呈东北—西南向，在这条辐合线上出现 2～3 个 γ 中尺度的辐合、辐散中心。这两条辐合线的交汇点此时位于泰来西侧。这条辐合线东南侧为暖低压(中低压)，西北侧为冷高压(中高压)(图 7.18c)。

积分 12 h 后(图 7.15d)，东北西南向的辐合线东移进入黑龙江西南和吉林西北部地区，并与东西向辐合线交汇与泰来附近，即两条辐合线交汇于泰来附近。与前一时刻相比，mg_1 云团减弱消失，所在地被一致的东北气流所取代(黑色长实箭头)，并且一致的东北气流抵达泰来附近，使泰来附近辐合强度迅速增强，最内圈辐合值大于 30×10^{-5} m/s，泰来附近暖低压加强(图 7.18d)，此时泰来暴雨发生。

以上分析说明，一致的东北气流系统入侵与暴雨发生密切相关。这个东北气流来自图 5.6 所示黑龙江北部 60°N 附近的东北冷涡。分析辐合不断增强的原因发现，与两方面的因素有关，一方面是由于蒙古云团及从中分离出来的蒙古云团因降水产生的下沉辐散气流与偏南气流相遇形成辐合线，而且下沉气流和偏南气流辐合持续维持，使辐合不断加强；另一方面，当一致的东北气流入侵到泰来附近时使该地辐合迅速增强并出现对流性暴雨，这也在某种程度上体现了来自东北冷涡的偏北气流对对流性暴雨的触发作用。

积分 15 h 和 18 h 后，即暴雨发生后，辐合线离开泰来附近继续向东南移动，辐合强度减弱，并在其西侧出现几个辐散中心(图 7.15e、7.15f)，暴雨所在地的气旋环流和辐合强度逐渐减弱。

7.6.2　中尺度垂直环流

上面分析了辐合不断增强的发展过程和可能的触发机制以及辐合辐散与气压场的关系，那么暴雨云团与辐合辐散、垂直运动之间配置关系如何呢？

下面通过细网格分析以泰来为中心的暴雨区(122.8°—124.6°E,45.8°—47°N)三个时刻(11:30 UTC、12 UTC、12:30 UTC)的 950 hPa 的风场、散度场与其剖面图上的流场、垂直速度场及雷达回波之间的关系(图 7.16)。

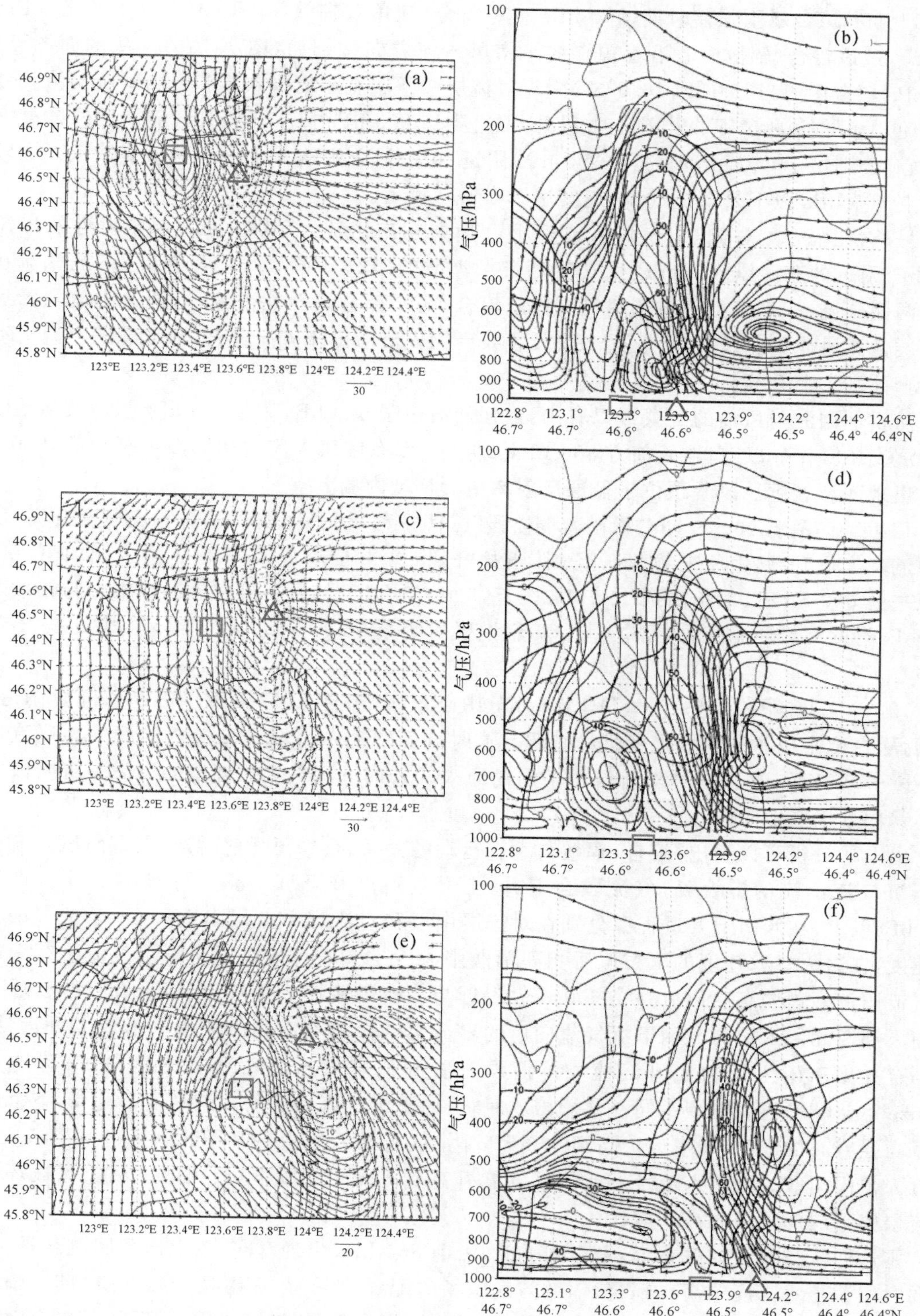

图 7.16 950 hPa 风场(矢线)、散度场(实线,负为辐合,单位:$10^{-4}\ s^{-1}$)(a,c,e)和沿着同一剖线的垂直剖面流场(矢线)、垂直速度(实线,单位:m/s)和雷达回波(加粗实线,dBz)(b,d,f)
(a,b)11:30 UTC,(c,d)12 UTC,(e,f)12:30 UTC;剖面流场为水平速度和垂直速度(单位:10^{-1} m/s)合成,三角为辐合区(点),方框为辐散区(点)

11:30 UTC 暴雨强盛时期，950 hPa 一对辐合（三角）、辐散（方框）中心位于泰来县内（图 7.16a），过该辐合、辐散中心沿着辐合线东南风入流方向做剖面（图 7.16b）。从剖面图可见，950 hPa 辐合中心（123.6°E，46.6°N）附近对流层中下层有东南风入流和云内下沉出流辐合上升运动，上升气流沿着下沉出流上方斜升，一直到达 200 hPa 以上。斜升气流出现两个最大速度中心，分别位于 650 hPa 附近和 350 hPa 附近，中心值分别达 6 m/s 和 5 m/s 以上。在辐散区上空 600 hPa 以下是下沉气流，速度达 1.0 m/s 以上。

另外，在辐合处右侧，东南风入流边上升边向东南出流，其中在 600 hPa 附近的出流与 700 hPa附近的东南风入流形成反气旋环流。辐散处（123.3°E，46.6°N）上空，下沉气流在该处向两侧分流，一部分出流与东南气流构成辐合；另一部分向西北出流，这部分出流与云后侧中下层偏西风或偏北风入流辐合上升（或者云后侧入流沿出流方向爬升）形成弱的上升运动并逐渐合并到主上升气流中。

从雷达回波与风场的配置可以看出，最强回波位于 600 hPa 附近，50 dBz 强回波从地面一直伸展到 400 hPa 以上；在云前方 850 hPa 高度上，因东南风入流雷达回波出现穹窿，850 hPa 以上出现回波悬垂。风暴顶位于低层反射率最大梯度内测上空。

12 UTC（图 7.16c、7.16d）暴雨减弱阶段，云团东移，辐合区上空云前入流高度升高，反气旋环流高度也升高，由原来的 700 hPa 附近抬升到 600 hPa 附近；辐散区上空云团内下沉气流由原来的 600 hPa 以下抬高到 500 hPa 附近，500 hPa 以下都是下沉气流。在辐合与辐散之间 850 hPa附近气旋环流减弱，无中心出现，辐散区后侧 700 hPa 附近反气旋环流增强，并出现环流中心。

12:30 UTC（图 7.16e、7.16f）辐合、辐散中心东移，辐合减弱，辐散中心东移同时南退，强度增强，在原来位置的辐散强度已经减弱。这时剖面图上东南风入流上空的反气旋环流抬高到 500～400 hPa，暴雨区域对流层中下层由原来的云内下沉气流被环境的云后下沉入流所取代。暴雨处于消散阶段。

由上述分析可以看出，辐合、辐散与垂直运动的关系为：暴雨强盛时期，在东南风入流和云内下沉气流出流的汇合处，气流辐合上升，上升气流沿着下沉出流上方倾斜上升一直到达 200 hPa以上，在倾斜上升过程中分别在对流层中层和对流层中上层出现约 5～6 m/s 最大上升速度，在最大上升速度的下方偏后侧即辐散中心上空 600 hPa 以下是下沉气流。东南风入流气流边上升边向东南出流并在 600 hPa 附近与入流气流形成反气流环流。同时，云后对流层中下层西北风入流与云内下沉气流向后的出流辐合并沿着后侧出流爬升形成上升运动，并逐渐合并到东南入流的上升气流中。但没有看到从东南入流在高空的后向出流，这点与 Houze 等（1989）概念模型不同。暴雨减弱时，云内下沉气流和云前入流高度都升高，下沉气流由暴雨强盛时的600 hPa附近抬高到 500 hPa 附近，云前入流由 700 hPa 附近升高到 600 hPa 附近。暴雨消散时云前入流及上空的反气旋升高到 500 hPa 以上，云内的下沉出流被环境的对流层中下层的下沉入流所取代。

雷达回波与气流的关系为：暴雨强盛时，云前 850 hPa 出现穹窿，以上出现回波悬垂，暴雨减弱时回波悬垂高度抬高。辐合、辐散与气压场的配置关系为：暴雨处于强盛阶段时，辐合前为前低压，其上空为较强的对流层中低层上升运动；辐合后、辐散前为雷暴高压，其上空对应对流层中上层上升运动和对流层中下层下沉运动，在 850 hPa 出现气旋环流；紧邻辐散后对应尾流低压，其上空为弱的上升运动。暴雨减弱时：雷暴高压上空的 850 hPa 附近气旋环流减弱；尾流低压上空 700 hPa 附近的弱上升运动更加减弱，并出现较强的反气旋环流。

7.6.3 新生对流与湿下沉冷丘

从前面第 5、第 6 章分析可知，新生对流在飑线阶段(或者 MCC 成熟阶段)是在前一个对流风暴的西南方新生的，下面通过模拟结果进行分析。

图 7.17a 是模拟的 2006 年 8 月 10 日 12 时 950 hPa 风场，有一条切变线位于暴雨区域。沿着切变线上正在发生强对流的两个点(123.8°E，46.5°N 和 123.5°E，45.5°N)做剖线，前一个点是泰来附近，后一个点是位于其西南方的点。图 7.17b 为沿着剖线的剖面流场(由水平速度和扩大 10 倍的垂直速度合成)、雷达回波和垂直速度。

从图 7.17b 可见，在这两个点之间是一个具有比较强雷达回波的对流系统，最强 60 dBz 回波位于两点之间(约在 123.7°E，46.1°N 附近)的上空 600 hPa 附近，云顶发展到 200 hPa 以上，最强上升速度(6 m/s)位于该点上空 300 hPa 附近，在该点下方近地面层出现下沉运动，这应该是暴雨发生的强盛阶段；下沉气流到达近地面向南涌出，与偏南气流交汇(交汇点对应剖线与辐合线的南部交点 123.5°E，45.5°N)，形成辐合上升气流并向北倾斜，并入最大上升气流中；在泰来附近(123.8°E，46.5°N 附近)有垂直上升运动，最大值 6 m/s 位于 600 hPa 附近，这应该是泰来暴雨的减弱阶段。另外，与偏南气流构成辐合的还有近地面浅层的偏北气流，它可能来自泰来附近的对流上升支向北出流所形成的反气旋环流在近地面的回流，也可能来自更远处的偏北气流，这支偏北气流主要在低层 900 hPa 以下，一直可以到达剖线和辐合线的南部交点。这支浅层偏北气流和暴雨区下沉气流向南的气流一起触发暴雨区西南部辐合线上的新生对流，随着浅层偏北气流向南推移，使西南端的对流发展，出现新的暴雨区。

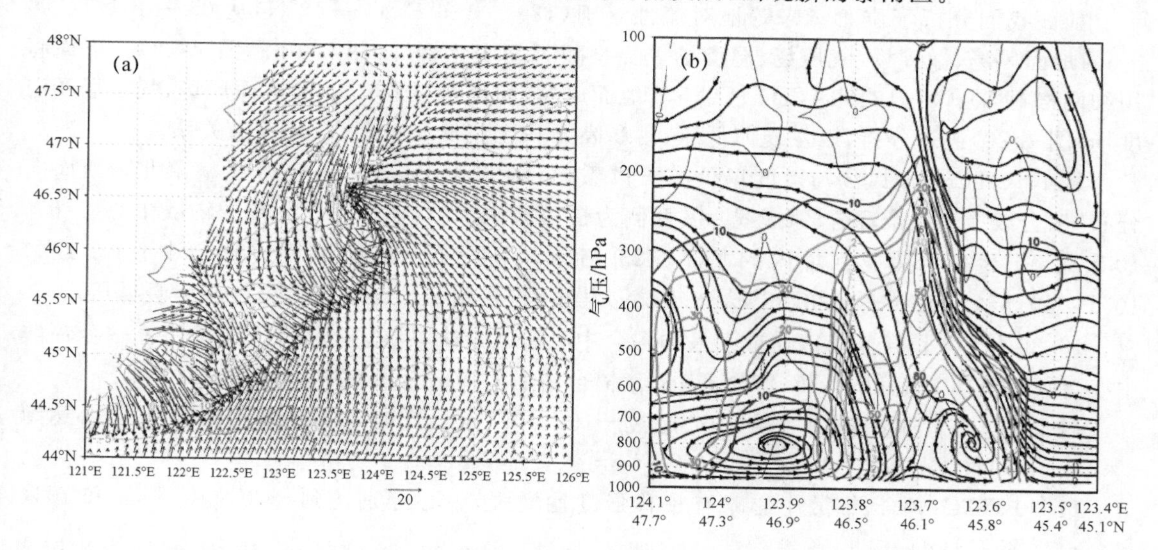

图 7.17 模拟的 2006 年 8 月 10 日 12 UTC (a)950 hPa 风场和散度场(负为辐合，单位：10^{-4} s^{-1})及(b)沿剖线的流场(水平速度与扩大 10 倍的垂直速度合成)、雷达回波(单位：dBz)和垂直速度(单位：m/s)(剖面上加粗实线为雷达回波，实线为垂直速度)

由此可见，暴雨在这条辐合线西南端不断新生的触发机制，是由于浅层偏北气流自北向南与辐合线上偏南气流相遇辐合，而暴雨区内下沉气流向南涌出又增加了西南端的辐合强度，从而在暴雨区西南端产生新的暴雨区，这是后续暴雨的触发机制。

7.7　前低压、雷暴高压与尾流低压

7.7.1　海平面气压变化

下面用模拟的每 3 h 输出一次的粗网格资料分析地面气压场、温度场变化情况。

初始时刻选为 2006 年 8 月 10 日 00 UTC，积分 3 h 后(图 7.18a)，在(121°—122°E，48°N)有一个冷高压(或雷暴高压)，最内圈值为 1010 hPa，对应该时刻的辐散场(图 7.15a)，在(121°E，43°—44°N)有一个热低压，最内圈值为 1006 hPa；积分 6 h 后(图 7.18b)，冷高压略有减弱，最内圈值变为 1009 hPa，但其南部的热低压略有增强，最内圈闭合线由 1006 hPa 到 1005 hPa；积分 9 h 后，冷高压略有南退，而暖低压加强东北上，两者彼此靠近，它们之间等值线变密，气压梯度加大(图 7.18c)；积分 12 h 后，暖低压进一步加强东北上，冷高压维持少动(图 7.18d)；积分 15 h 后，低压所对应的地面温度下降，说明有冷空气的渗透，由热低压变为半冷半暖的低压，且低压范围增大(图 7.18e、f)，说明暴雨发生过的地方会激发出低压环流。

以上用模拟的每 3 h 输出一次粗网格资料分析了地面辐合不断增强与地面气压场的情况，下面用细网格分析进一步分析当辐合线进入暴雨区时，风场、散度场和气压场环流更细致的特征。

7.7.2　前低压、雷暴高压和尾流低压

前面我们分析了位于泰来等地对流性暴雨(120°—126°E，44°—48°N)从 03—18 UTC 每 3 h的地面风场、散度场、气压场、温度场等要素随时间变化特征(图 7.15 和图 7.18)。下面将用细网格对 10:00—12:30 UTC 每 0.5 h 地面风场、散度场(图 7.19)和地面风场、气压场及温度场(图 7.20)进行分析，以发现前低压、雷暴高压和尾流低压与辐合、辐散的关系。

从 10 UTC 地面风场与散度场分布可以看出(图 7.19a)，有一条辐合线呈东北—西南向分布，辐合线上有几个辐合区(虚线)，其西侧为辐散区(实线)，辐合线的北端的辐散中心($>6\times10^{-4}\ s^{-1}$)已经位于黑龙江境内的龙江(123.11°E，47.33°N)西侧；东南方辐合中心($-12\times10^{-4}\ s^{-1}$)已经临近泰来(123.25°E，46.24°N)县边缘，在图 7.20a 中该辐合中心为暖低压。

10:30 UTC(图 7.19b)，临近泰来的辐合中心进入泰来县内，辐合线西侧紧邻着一个辐散中心，位于龙江(123.11°E，47.20°N)南部。辐合中心对应暖低压(图 7.20b)。

11 UTC，在泰来的辐合加强，中心超过$-15\times10^{-4}\ s^{-1}$，同时左侧的辐散也增强，中心达到$9\times10^{-4}\ s^{-1}$(图 7.19c)。

11:30 UTC，辐合、辐散中心略有东移强度均增强，中心分别达到$-20\times10^{-4}\ s^{-1}$和$10\times10^{-4}\ s^{-1}$(图 7.19d)。

12 UTC，辐合、辐散东移，辐合强度维持，辐散区域进入泰来，中心值大于$5\times10^{-4}\ s^{-1}$(图 7.19e)。

12:30 UTC 辐合、辐散进一步东移，辐散加强，中心值大于$9\times10^{-4}\ s^{-1}$，同时其西侧出现辐合中心(图 7.19f)。

以后辐合线东移离开泰来，泰来暴雨结束。

从 11:00—12:30 UTC，辐合线右侧(东侧)一直对应着暖低压，即前低压较强，而辐合线左侧出现雷暴高压和尾流低压(图 7.20c、7.20d、7.20e、7.20f)。

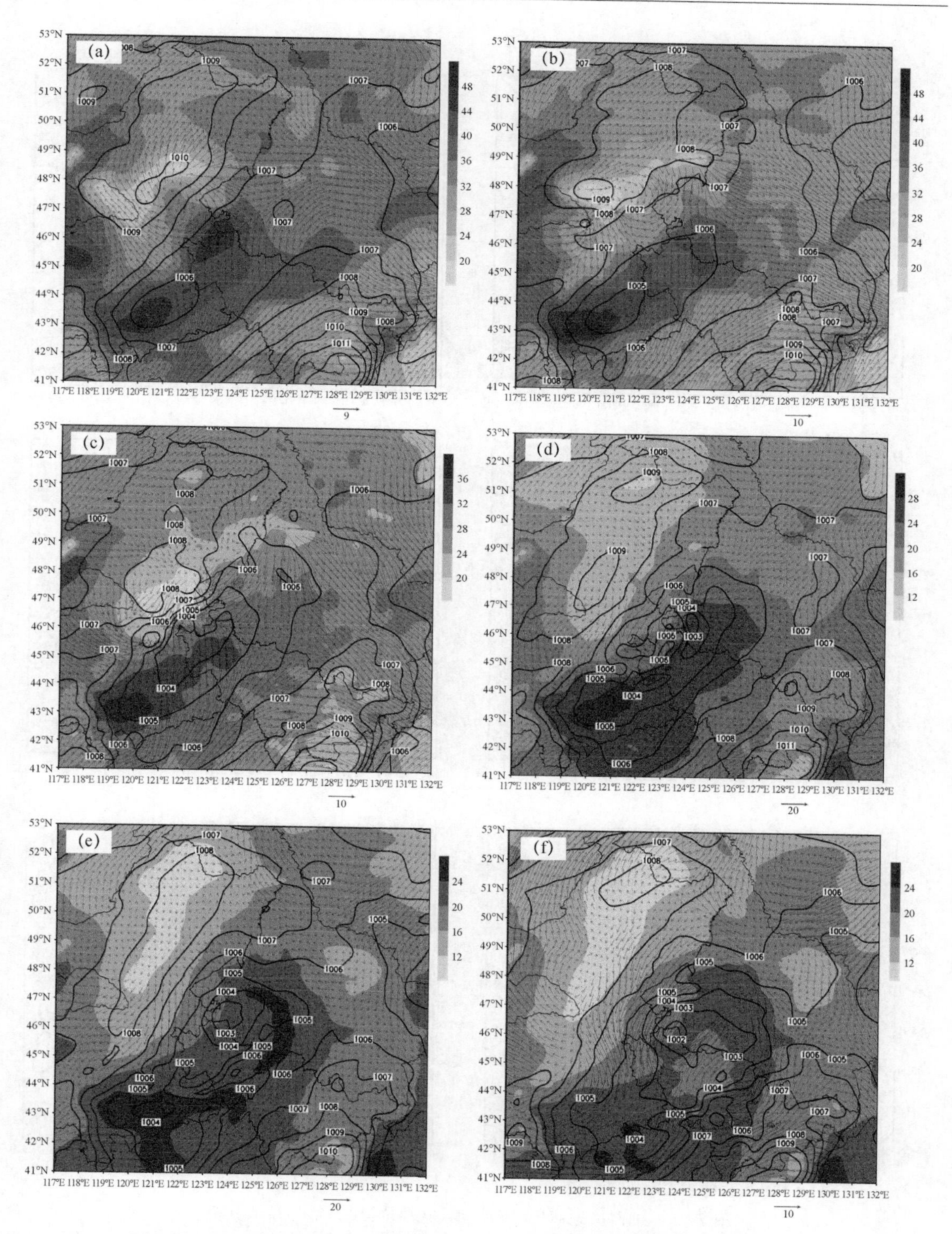

图 7.18 粗网格地面风场(矢线,单位:m/s)、海平面气压场(实线,单位:hPa)和地面温度场(阴影,单位:℃)模拟分析

(a)积分 3 h,(b)积分 6 h,(c)积分 9 h,(d)积分 12 h,(e)积分 15 h,(f)积分 18 h

(初始时刻为 2006 年 8 月 10 日 00 UTC)

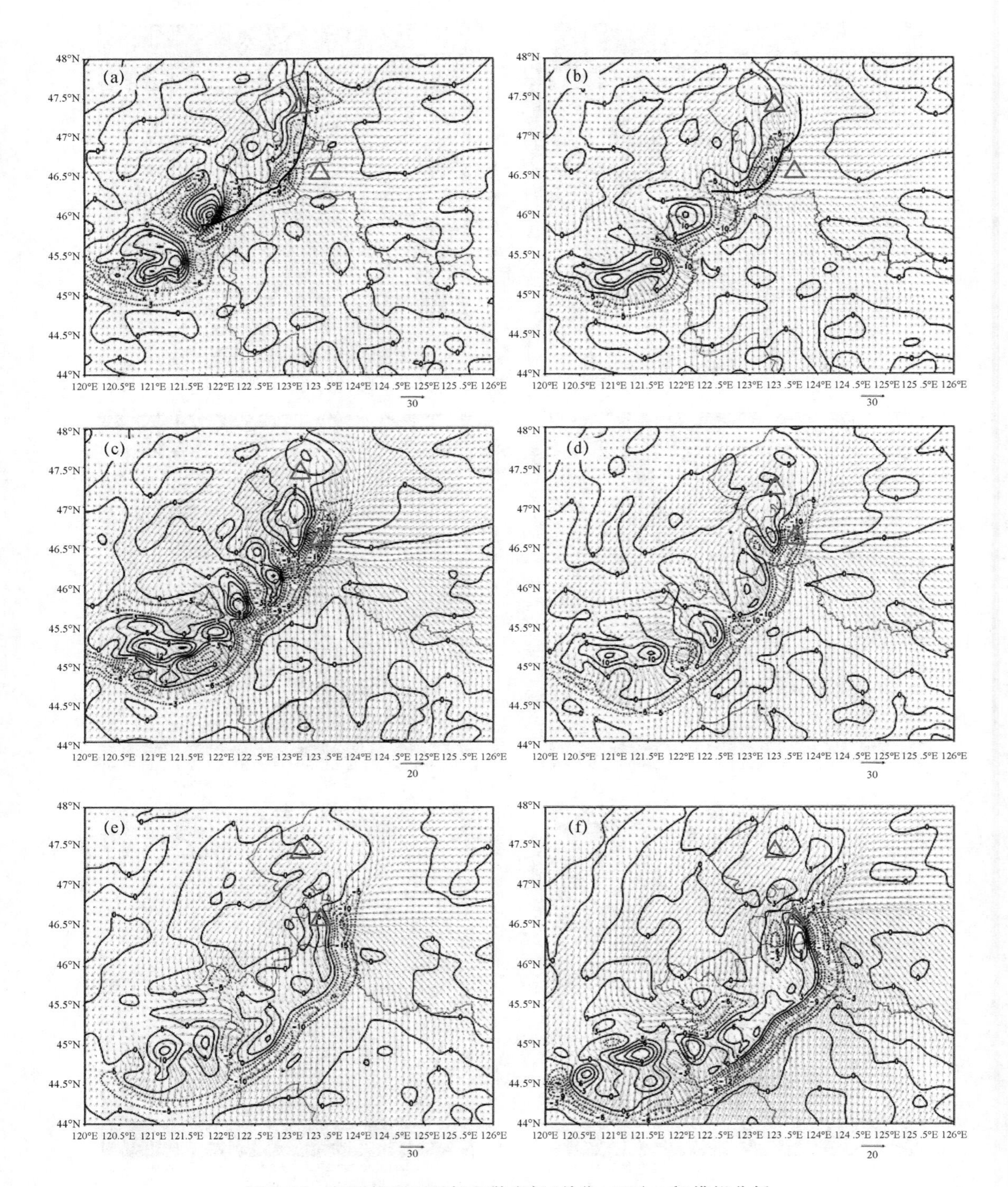

图 7.19　细网格地面风场和散度场(单位:$10^{-4}\ s^{-1}$)模拟分析

(a)积分 8 h(10 UTC),(b)积分 8.5 h(10:30 UTC),(c)积分 9 h(11 UTC),

(d)积分 9.5 h(11:30 UTC),(e)积分 10 h(12 UTC),(f)积分 10.5 h(12:30 UTC)

(初始时刻为 2006 年 8 月 10 日 02 UTC)

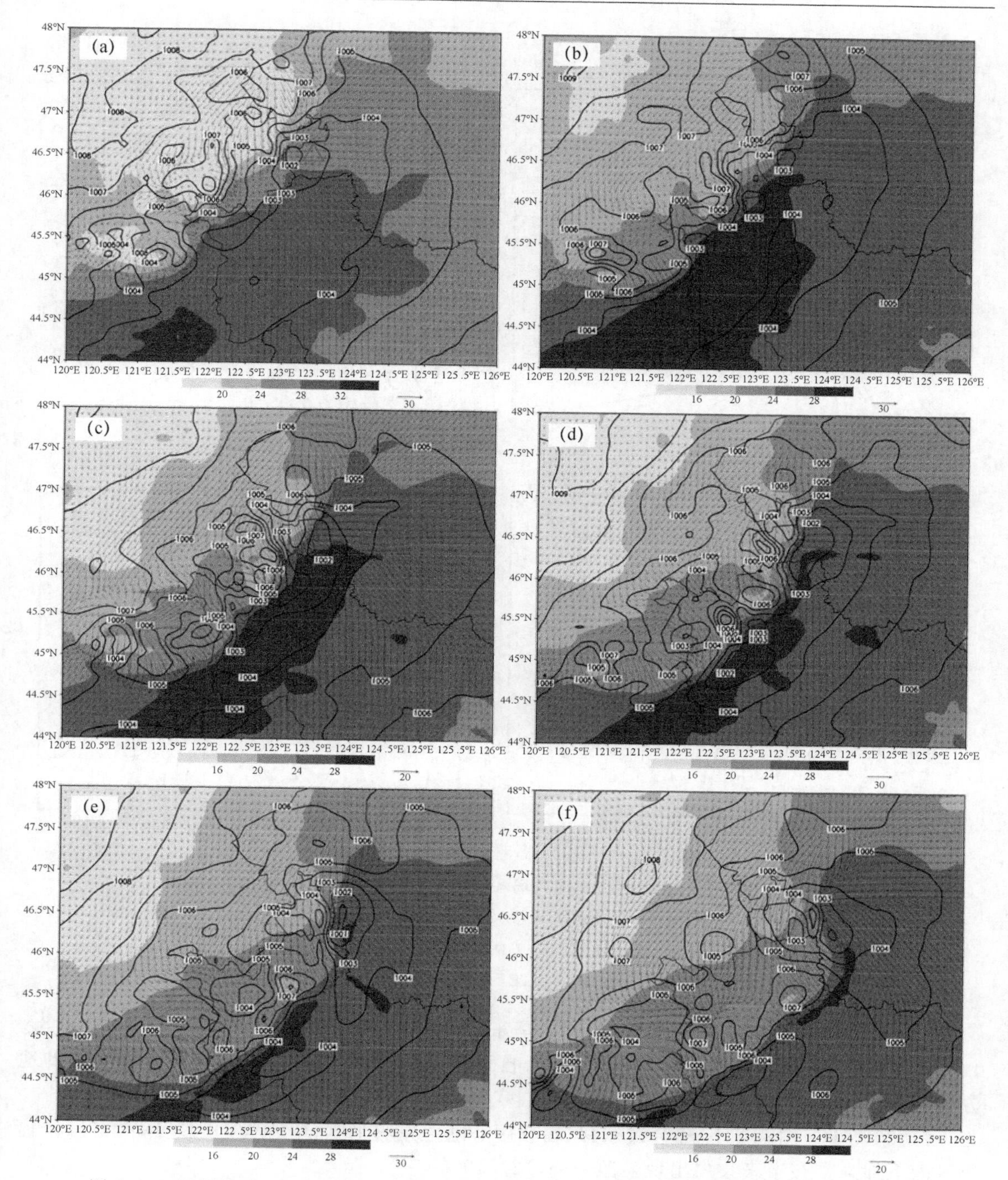

图 7.20 细网格地面风场(单位:m/s)、气压场(单位:hPa)和地面温度场(单位:℃)模拟分析

(a)积分 8 h(10 UTC),(b)积分 8.5 h(10:30 UTC),(c)积分 9 h(11 UTC),

(d)积分 9.5 h(11:30 UTC),(e)积分 10 h(12 UTC),(f)积分 10.5 h(12:30 UTC)

(初始时刻为 2006 年 8 月 10 日 02 UTC)

为了看清楚泰来附近前低压、雷暴高压和尾流低压更细致的分布,我们选取 122.8°—124.6°E ,45.8°—47°N 范围放大泰来区域,并对 11:00—12:30 UTC 间隔 0.5 h 的地面风场、散度场(图 7.21),地面风场、气压场和变压场(图 7.22)进行分析。

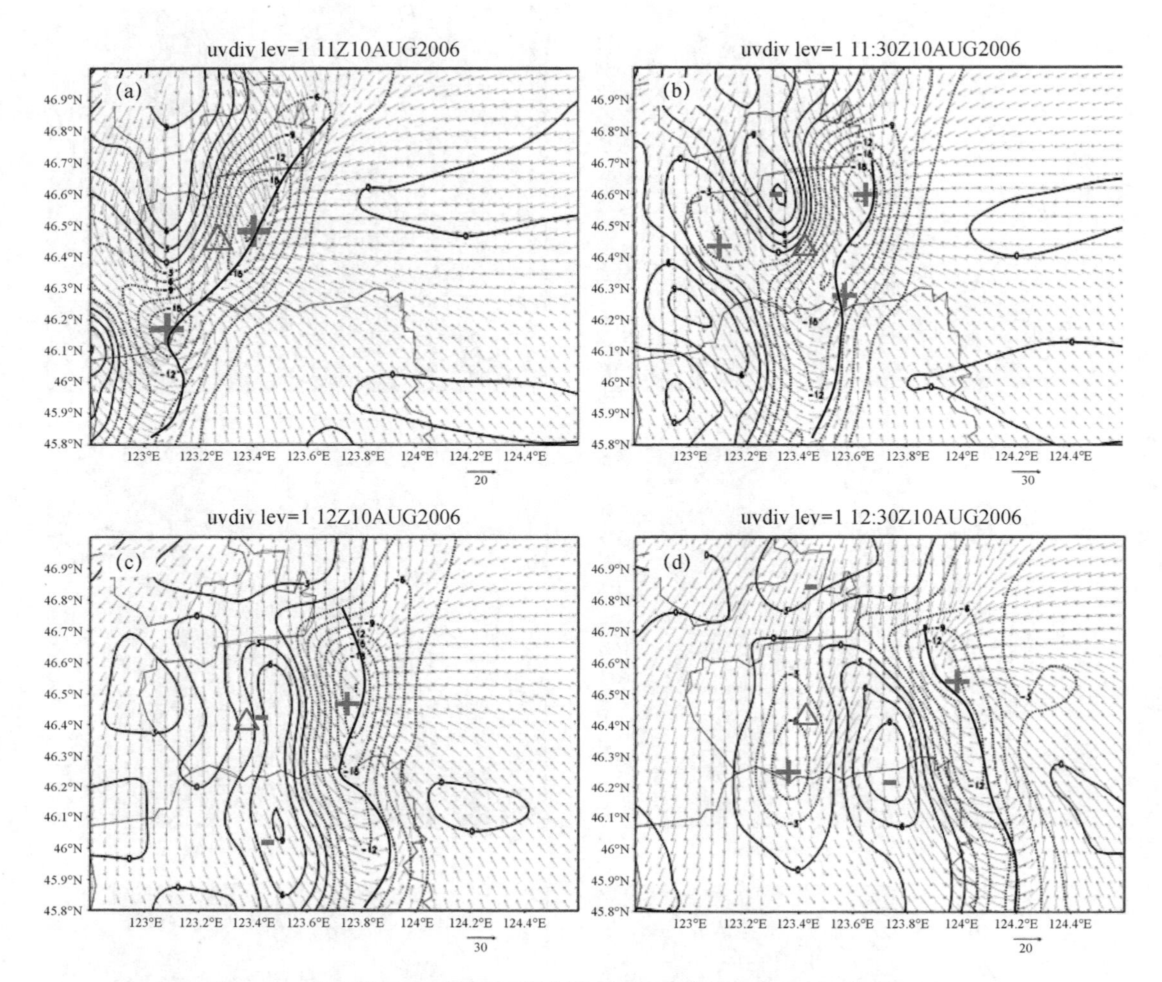

图 7.21　泰来附近细网格地面风场和散度场(单位：$10^{-4}\ s^{-1}$)模拟分析图

(a)积分 9 h(11 UTC)，(b)积分 9.5 h(11：30 UTC)，

(c)积分 10 h(12 UTC)，(d)积分 10.5 h(12：30 UTC)

(初始时刻为 2006 年 8 月 10 日 02 UTC，＋：辐合，－：辐散，三角为泰来所在位置)

11 UTC(图 7.21a)，辐合线和辐合中心呈东北—西南方向跨越泰来，最强辐合中心($-18\times10^{-4}\ s^{-1}$)位于泰来县内。辐合线左侧为一个自北向南的辐散区域，其南端与辐合线交汇的地方构成另一辐合中心。

11：30 UTC(图 7.21b)辐合线东移，辐合中心随之东移加强(中心为$-20\times10^{-4}\ s^{-1}$)。辐散区南下加强并在泰来县内出现辐散中心($12\times10^{-4}\ s^{-1}$)。

12 UTC(图 7.21c)辐合线进一步东移，辐合中心也加强为$-21\times10^{-4}\ s^{-1}$，同时辐散区域南扩，辐散中心移到泰来南部，泰来和其南部地区都处于辐散区域中。

12：30 UTC(图 7.21d)辐合线继续东移，辐合中心东移减弱，而辐散区域在泰来东部加强，辐散中心强度加强($>9\times10^{-4}\ s^{-1}$)，从中心向后的出流使辐散中心左侧出现弱辐合中心($>-5\times10^{-4}\ s^{-1}$)。

从 11：00—12：30 UTC 是泰来发生暴雨的时间，从中看到先有前部较强辐合线过境、中间较强辐散、然后较弱辐合的过程。此后弱辐合区域离开泰来，泰来暴雨结束。

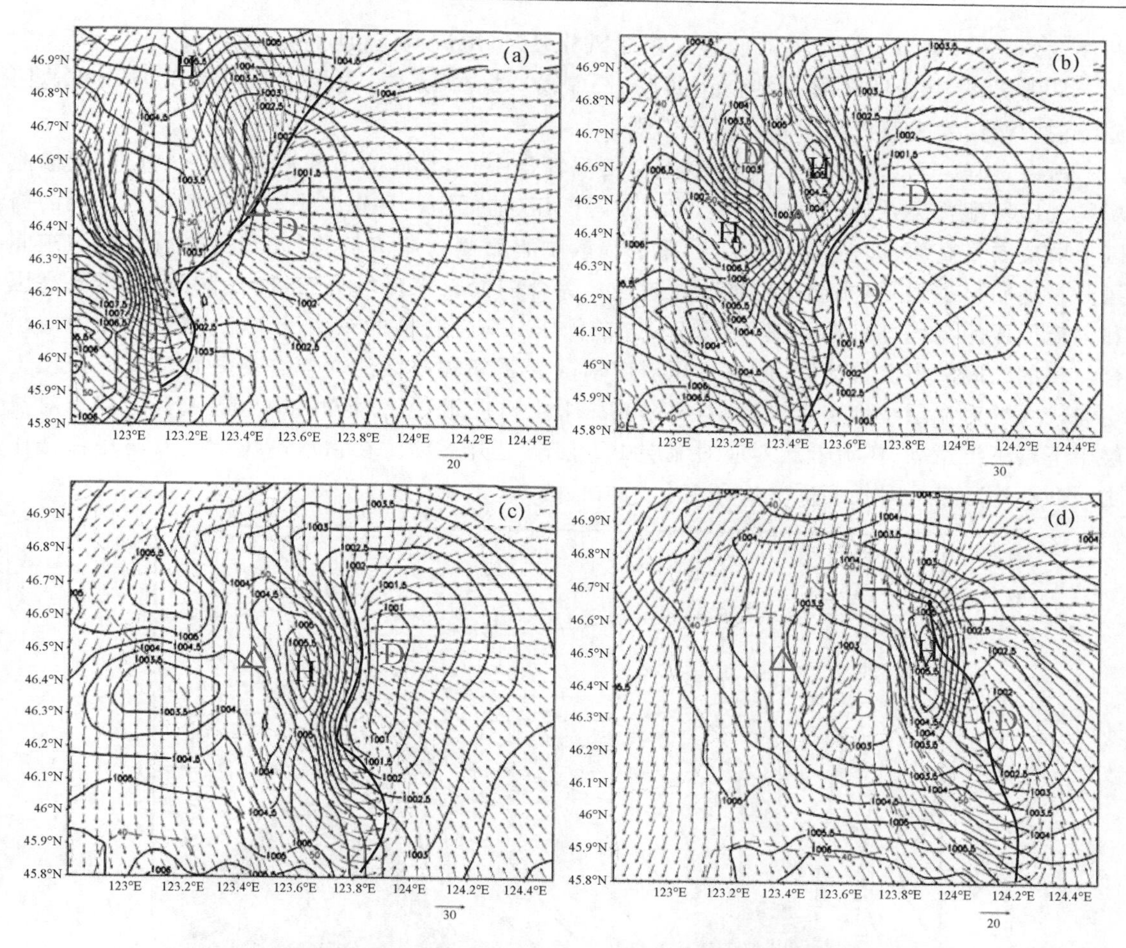

图 7.22　泰来附近前低压、雷暴高压和尾流低压与风场和雷达回波模拟分析图

(a)10 日 11:00 UTC,(b)10 日 11:30 UTC,(c)12:00 UTC,(d)12:30UTC

(实线:海平面气压,长虚线:雷达回波(只显示 40 dBz、50 dBz 和 60 dBz),加粗线段:辐合线)

对应上面的 4 个时刻,气压场随之发生变化(图 7.22)。

11 UTC(图 7.22a)图中黑色加粗线为辐合线,对应图 7.20a,泰来县内辐合中心前部(右侧)为低压中心,后部(左侧)为高压区。

11:30 UTC(图 7.22b)随着辐合线东移,其前方的低压中心也东移并一分为二,而在辐合线后侧泰来区域出现两个 β(γ)中尺度高压(雷暴高压),北边的雷暴高压紧接着一个低压(尾流低压)中心。

12 UTC(图 7.22c)辐合线前部低压加强(内圈为 1001 hPa),雷暴高压同时加强(最内圈为 1005.5 hPa),与前一时刻相比,气压升高 1～4 hPa,中心升高 4 hPa,同时雷暴高压南侧也出现雷暴高压中心,气压也升高 4 hPa。

12:30 UTC(图 7.22d)前低压、雷暴高压和尾流低压随着辐合线东移而东移,配置关系依然存在,即辐合线前是低压、辐合线后是雷暴高压,之后是尾流低压。这个时刻的前低压、雷暴高压和尾流低压最为典型。

气压场与同时刻散度场、流场(图 7.21)对比,雷暴高压位于辐合中心和辐散中心之间密集锋区上,前低压位于辐合线前,尾流低压位于辐散中心后和弱辐合中心前,紧邻辐散中心。

并注意到，当辐散流场较强并有明显的东北风分量时，尾流低压很明显。

从图 7.22 几个时刻叠加的雷达回波（长虚线）对应关系看，雷暴高压对应 50 dBz 雷达回波。说明暴雨发生时伴随着雷暴高压出现。

所以，当辐合线辐合加强，辐合线上会出现辐合中心，其后部出现辐散中心。辐合、辐散流场与气压场配置关系为：在辐合中心前对应暖低压（前低压），在辐合中心和辐散中心之间的锋区上对应雷暴高压，即对流性降水区，紧邻辐散中心后侧为尾流低压，尤其当辐散气流中东北风分量越明显越强，尾流低压也越明显越强。综合前面云水流场分布，给出前低压、雷暴高压和尾流低压的流场垂直剖面图（图 7.23）。前低压对应辐合前的东南风入流，雷暴高压对应辐合与辐散之间的下沉气流区，尾流低压对应辐散后紧邻辐散区的弱辐合上升运动。前低压上空为较强的对流层中低层上升运动，雷暴高压上空对应最强的对流层中上层上升运动和对流层中下层下沉运动，尾流低压对应对流层中下层弱上升运动。在雷暴高压上空及与尾流低压之间 850 hPa 有一对气旋反气旋环流。

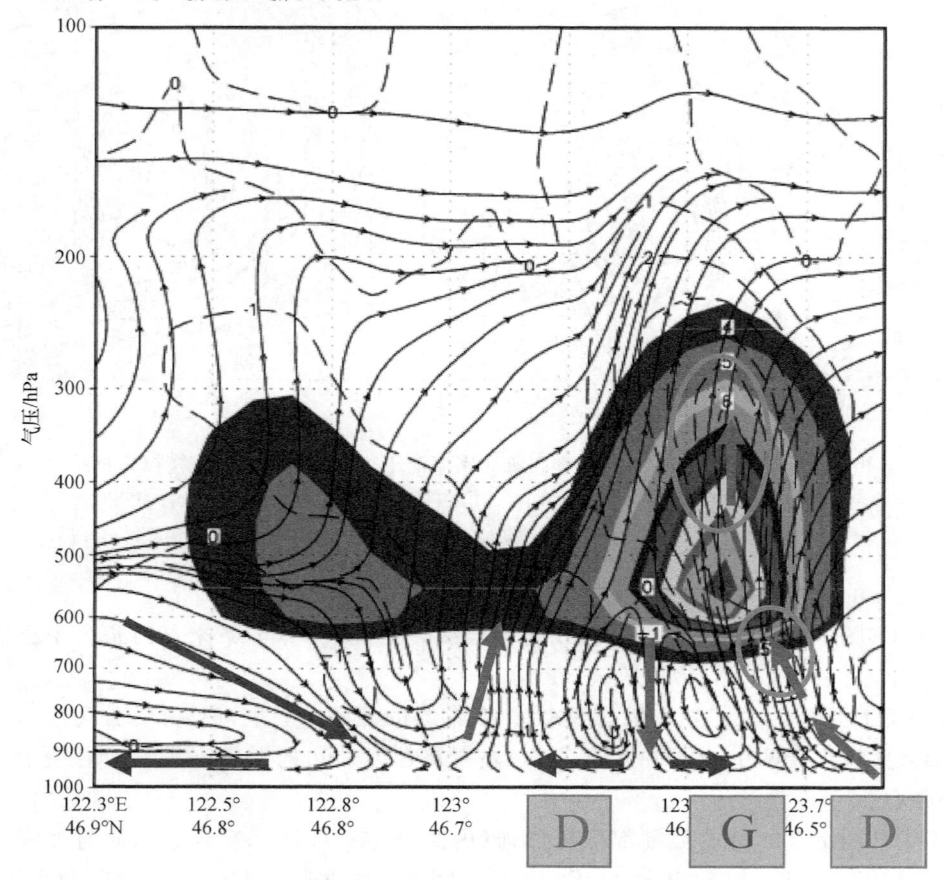

图 7.23　暴雨强盛时前低压、雷暴高压和尾流低压的流场垂直分布

（阴影为霰分布，长虚线为垂直速度，空心圆为上升速度大值区）

7.8　小结和讨论

本章用 WRF 模式成功模拟了 2006 年 8 月 10 日 MCC 暴雨过程的雨峰、雨强、辐合线、飑

线等中尺度系统和它们的发展演变过程。根据以上模拟对 β(γ) 中尺度动力热力结构、触发机制、中尺度环流和前低压、雷暴高压和尾流低压特征进行了分析，可得如下结论：

(1)β 中尺度对流风暴的动力结构：对流发展最强时，700 hPa 以下低层强辐合，强辐合叠置强涡度柱，最强气旋涡度出现在 700～800 hPa；200～300 hPa 高层强辐散，高层强辐散较低层强辐合略向西倾斜，并在它们之间伴有强烈上升运动，上升运动在 400 hPa 附近速度最强。在倾斜上升运动区的下方 300 hPa 附近为次强正涡度区，紧接着是对流层中层的弱辐合区，700 hPa 以下为下沉运动，在近地面伴有负涡度和辐散区；在辐散区的左侧(后侧)对流层中下层为弱辐合区，对流层中层为弱的正涡度区，伴有弱的上升运动。

涡度和辐散、辐合的变化趋势有些不同。在暴雨发生前半小时，低层有弱的辐合、中层有弱的辐散。暴雨发生后，在 700～800 hPa 强烈发展起来的气旋性涡度，一方面向高层延伸减弱，高层出现负涡度，然后很快消失；另一方面也向低层延伸减弱，到达近地层，然后整层都变为正涡度区。这与我们平时观测到的暴雨后地面出现明显的较大范围气旋(或低压)是一致的，说明低压(或气旋)是降水的产物。高(低)层强辐散(辐合)暴雨后很快减弱，然后中层辐合增强，随后整层都变成弱辐散。

(2)β 中尺度雨团中的霰、雨水、云水、雪片、冰水的分布特征为：霰分布在 600 hPa 以上，中心在对流层中高层最强上升运动区(300～400 hPa)(以下简称最强上升运动区)下方的 550 hPa处；雨水分布在 600 hPa 以下，中心在最强上升运动区下方的 700 hPa 附近，雨水(6.0×10^{-3} kg/kg)和霰(8.5×10^{-3} kg/kg)含量相当，雨水含量略小于霰，它们在 600 hPa 附近共存一部分，与同时刻该剖面上雷达回波对比发现，霰中心雷达回波最强，其次为下沉气流中的雨水；云水分布主要分布在中低层最大上升速度区附近(850～500 hPa)，这里云水、雨水共存，含量相当，云水含量(1.6×10^{-3} kg/kg)略小于雨水(2.0×10^{-3} kg/kg)；雪片主要分布在 200～300 hPa，最大值位于最强上升运动区上方的 250 hPa 附近，浓度比以上各项小一个量级(4×10^{-4} kg/kg)；冰水分布在 500 hPa 以上，有一部分与最强上升运动区域吻合，中心浓度与雪片相当(2.0×10^{-4} kg/kg)，略小于雪片，另一部分在最强上升运动区的下风方，浓度相当，还有一部分在最强上升运动区顶部与雪片共存，含量小于雪片。

(3)β 中尺度对流风暴的热力结构特征为：β 中尺度暴雨云团内，700 hPa 以下为冷区，是由下沉气流的蒸发引起；700～250 hPa 为暖性，其中 300 hPa 附近为暖中心，其可能原因是凝结潜热释放的结果；250～150 hPa 又为冷性；100 hPa 又是暖性。

(4)来自东北冷涡的东北(或偏北)气流携带的冷空气南下，引起近地面辐合加强可能是暴雨初始对流的触发机制。初始对流发展为暴雨云团后，其强下沉气流沿近地面的出流，加强了其传播方向新云团的发展。这种新老云团的代谢过程是后续暴雨的触发机制。本章通过数值模拟验证了这条结论，并揭示了其中的触发过程，在这个过程中，从上游中蒙边界云团(mg)及其从中分离出来分别向东北(mg_1)和向东移动(mg_2、mg_3)的蒙古云团，由它们的降水所产生的湿下沉冷丘对 MCC 发动和维持起重要作用。

(5)中尺度环流结构：暴雨强盛时期，在东南风入流和云内下沉气流出流的辐合处，辐合抬升，抬升气流沿着下沉出流上方斜升一直到达 200 hPa 以上，其中伴随着对流层中低层和对流层中上层上升速度中心(6 m/s)。对流层中上层最大速度下方，即 600 hPa 以下是下沉气流。东南风入流边上升边向东南出流，向东南的出流一部分下沉又汇入在 600 hPa 附近的入流中，形成云前垂直环流圈。同时，云后对流层中下层西北风入流与云内下沉气流向后出流辐合，并沿着近地面层后向出流的上方上升，上升气流的一部分合并到东南入流的斜升气流中，一部分边上升边向云后高层后向出流，后向出流的一部分下沉与云后中层入流形成云后垂直环流圈。暴雨区发生在云前环流圈与云后环流圈之间。在这期间没有看到从云前的东南入流向云后高层的出流，这点与 Houze 等(1989)概念模型不同，可能与环境风有关。暴雨减弱时，云内下沉气流和云前辐合入流高度都升高，下沉气流由暴雨强盛时的 600 hPa 升高到 500 hPa，云前入流高度由 700 hPa 以下入流升高到 600 hPa 以下。暴雨消散时，云前入流高度和环流圈的位置升高到 500 hPa，云内的下沉出流被环境的对流层中下层的下沉入流所取代。

另外，对流云内 600 hPa 以下存在两个垂直环流圈，东南风入流上升支与云内下沉出流形成一个垂直环流圈；云内后向下沉出流与云后西北风下沉入流形成另一个垂直环流圈。

(6)前低压、雷暴高压和尾流低压结构特征：近地面辐合辐散流场与前低压、雷暴高压和尾流低压之间的配置关系为：在东南风入流的辐合中心前是暖低压(前低压)；在辐合中心和云内下沉出流的辐散中心之间的锋区上对应雷暴高压，即对流性降水区；紧邻辐散中心后侧和后面的弱辐合区之间为尾流低压，当辐散气流越强、后向出流(东北风分量)越明显时，尾流低压也越强、越明显。

前低压、雷暴高压和尾流低压与中尺度垂直流场的配置关系为：前低压上空为较强的对流层中低层上升运动；雷暴高压对应对流层中上层上升运动中心和对流层中下层下沉气流；尾流低压对应对流层中下层弱上升运动。

(7)暴雨云团雷达回波与流场的关系：暴雨强盛时，云前 850 hPa 出现穹窿，以上出现回波悬垂，这里是强辐合抬升的入流处，伴随着较强的上升运动，风暴顶位于低层反射率最大梯度上空，最强回波位于对流层中上层最强上升速度区的下方 600 hPa 附近，暴雨减弱时穹窿和回波悬垂高度抬高。

第8章 结论和讨论

暴雨是我国东北地区的主要灾害性天气之一。东北地区位于东亚季风的最北端，每当夏季来临，受西风带、副热带和热带环流的影响，以及极地冷空气频繁入侵，加之大小兴安岭、长白山脉等地形动力和热力的作用，使得东北暴雨具有强度大、时间短、地形影响大等气候特征。而东北暴雨的突发性和局地性更为显著，且越往北越明显，如东北冷涡引发的短波槽型暴雨，常伴随着中尺度对流系统的强烈发生、发展，具有突发性强的特征，预报难度大。这种局面，其中很大一部分原因是观测资料状况和数值模式能力的限制，导致过去的研究多数只把注意力放在东北暴雨环流形势与气候背景研究以及影响暴雨的天气系统统计归类等方面，却对东北暴雨中尺度观测事实的分析和数值模拟研究相对不足，特别是对于具有强的突发性特征的东北冷涡引发的短波低槽对流性暴雨的研究则更少。

8.1 总结和主要结论

绪论部分，对国内外暴雨及中尺度对流系统的主要研究成果及进展作了回顾，并重点分析了东北暴雨预报的难点及其存在的关键科学问题，发现东北冷涡背景下的对流性暴雨系统是东北夏季灾害性天气系统的一个重要成员。其中，东北冷涡引发的短波低槽型暴雨，由于它的影响天气系统特征不明显，预报业务中往往漏报。又因为它的发生、发展伴随着MCC的强烈发展，具有突发性强、历时短、雨强大等中尺度对流天气特征，导致业务数值模式对其预报能力有限。因此，亟须加强对此类暴雨中尺度对流系统发生、发展过程及其结构特征的深入认识，以及对对流性暴雨触发机制进行研究。

第2章利用2005—2007年6—8月逐30 min的FY-2C红外云图资料和云顶黑体亮温(TBB)资料，通过全面筛查和归纳，提出了东北中尺度对流系统标准，定义了三种尺度两种形态的中尺度对流系统，分析了其时空分布特征，并对中尺度对流系统与东北暴雨的关系进行了统计分析，得出以下结论：

(1)东北地区α中尺度对流系统占东北中尺度对流系统总数的76%，β中尺度系统占24%。α中尺度对流系统中有36.5%可以发展为MCC或PECS，其中有34.5%可以发展为MCC。α中尺度对流系统的发生频率为6月最多、7月次之、8月最少；β中尺度系统发生频率的顺序与前者相反，即8月出现最多，7月次之，6月最少，各月差别不是很大。它们的日变化特征为双峰结构。MCC出现频次6、7月较多，8月最少，且与地理位置有关，其生命史一般为6～8 h，日变化特征也为双峰型。α中尺度对流系统主要分布在渤海湾(东北平原入口区)、东北平原的中部和大兴安岭北部山脉，多为持续拉长形；β中尺度对流系统多出现在吉林中部，以椭圆形居多；MCC在大小兴安岭和东北平原中部出现最多。

(2)东北暴雨与中尺度系统的多发区有很好的对应关系。成片暴雨71%以上都是由α(β)

中尺度对流系统造成,其中,43%由 α 中尺度对流系统造成,且这个比例越向北越高。近 5 年的 10 个东北突发强暴雨均与 α 中尺度对流系统的发生、发展有关,其中东北冷涡引发的短波低槽型暴雨除短波低槽的快速东移外,其他影响系统不明显。低槽的出现与强暴雨的发生几乎同时,且所发现的个例都伴随着 MCC 的发生、发展,突发性特征尤其明显,预报难度最大,对其研究则最少。

第 3 章通过对近年 3 个典型的东北冷涡引发的短波低槽型暴雨(2005 年 7 月 15 日、2005 年 7 月 16 日和 2006 年 8 月 10 日)的大尺度环流背景和影响系统的对比分析,发现:东北冷涡引发的短波低槽型暴雨与以前研究的暴雨典型环流形势特征不同,此类暴雨发生的天气系统配置为:暴雨发生前数小时,与冷涡相伴随的低槽及与之对应的地面冷锋已东移出东北地区;500～700 hPa 上 40°—50°N 中蒙边界有低槽发展,850 hPa 以下无明显影响系统,但暖温度脊发展;地面上内蒙古和东北地区受高压控制;暴雨区位于高空急流左前侧的辐散区,850 hPa 以下虽有辐合,但缺乏低空急流配合的有利高低空急流耦合的动力场条件;925 hPa 及以下有明显的西南暖湿气流的输送,对流层中低层暴雨区处于干舌的前沿。此类暴雨过程均伴随 MCC 的强烈发展,突发性强,具有对流性暴雨特征,发生暴雨的同时,常伴随着冰雹、大风、龙卷等强对流天气出现。现有业务数值模式对于此类突发的对流性暴雨预报能力有限。

第 4 至第 7 章选取具有详尽中尺度观测资料、突破历史极值的 2006 年 8 月 10 日泰来等地的短时突发暴雨为东北冷涡引发的短波低槽型暴雨的典型个例,对该类暴雨的典型中尺度结构、发生及发展过程进行了基于中尺度观测资料和 NCEP 再分析资料的诊断分析,用 WRF 非静力中尺度数值模式采用模拟手段对其进行了验证,并对突发性暴雨的可能触发机制进行了研究。主要结论有:

第 4 章利用 NCEP 再分析资料、常规观测资料和 FY-2C 云图资料,对产生短波低槽型突发对流性暴雨的 MCC 发生、发展不同阶段的动力、热力条件进行了诊断分析。

(1)“060810”暴雨过程的水汽条件诊断分析表明:MCC 水汽主要来源于黄渤海直接水汽输送和远距离台风间接水汽输送,当对流层中下层偏南暖湿气流有从远距离台风到黄渤海及暴雨区水汽通道贯通发展时,暴雨发生;同时,对流层中层在临近暴雨发生时也有偏西气流的水汽输送,这可能与上游云团的水汽提供有较大的关系,其源地可以追溯到青藏高原对流层中层对流云团及相关联的孟加拉湾风暴。MCC 发生前,水汽输送集中在 700 hPa 和 925 hPa;成熟阶段则主要集中在 925 hPa;消散阶段暴雨区水汽输送通道被切断。来自西边界的水汽对暴雨初始时刻的产生起关键作用,南边界对流层中下层在成熟时刻的水汽涌动对暴雨加强起关键作用。

(2)暴雨区平均的散度、涡度和垂直速度分析表明:高空急流出现分支,即南支和北支,强辐散发生在南支急流左前方和北支急流右后方之间辐散区,高空急流辐散区的强大辐散抽吸作用对暴雨区深厚的对流发展作用显著。MCC 发生前,短波槽前的倾斜上升运动首先在 MCC 初生区域较强反气旋环流上方的对流层中上层发展,对流层中下层辐合和对流层上层辐散都较弱,辐散略大于辐合;在 MCC 成熟阶段,对流层高层的辐散迅速增强,强烈的抽吸作用使对流层中上层(400 hPa 附近)上升运动速度迅速增强,对流层中层出现较强气旋性涡度,取代初生阶段的较强反气旋环流,涡度与散度同量级,但平均散度强度略大于平均相对涡度,近地面层出现下沉运动;当 MCC 减弱消亡、暴雨趋于结束时,高层辐散低层辐合的动力条件不再维持。从 MCC 形成前到成熟阶段,上游中蒙边界 α 中尺度云团和大兴安岭地形为 MCC 发生、发展可能提供某些动力和热力条件。

(3)利用温度离差的热力条件分析显示：在暴雨区域，MCC 发生前，对流层中上层和低层为暖心；MCC 成熟阶段，500 hPa 以下为冷性气团，冷中心位于近地面，对流层中上层暖心加强；MCC 消亡阶段，对流层中低层仍为冷性气团，且对流层中上层的暖心消散。这种垂直热力分布导致暴雨发生前暴雨区气层非常的不稳定。MCC 发生前，对流层中下层为暖空气，850 hPa附近为暖干空气，850 hPa 以下为暖湿空气，在暖湿空气上形成干暖盖，便于积累能量。925 hPa 偏南气流提供的暖湿气流汇集在干暖盖下方，且南部暖湿，北部干冷，暴雨区位于南北相当位温梯度最大的锋区附近，近地面层为中性层结，往上有逆温，逆温层上是对流不稳定层。这样的层结分布，当有对流层中下层强辐合发生时，可以产生强对流。

第 5 和第 6 章利用高分辨率卫星云图、TBB、常规观测资料和逐时、分自动站资料及雷达资料，对“060810”强暴雨的 β(γ) 中尺度对流系统发生、发展过程及结构进行了详细的分析，主要结论如下：

(1)产生暴雨的中尺度对流系统在云图上表现为椭圆形的 MCC，在雷达图上是一条飑线，观测到了由 γ 中尺度对流单体发展为 β 中尺度云系直至成熟的 α 中尺度系统的过程，即所谓的“升尺度增长过程”。

在卫星云图上，最初，在 40°—50°N 中蒙边界有蒙古云团(mg)，从中分离出一个快速向东北方向移动的云团(mg_1)，余下的由两个对流云团(mg_2、mg_3)组成。在快速移动的 mg_1 和 mg_2 云团之间出现 γ 中尺度的小云团(MCSA)，MCSA 除了自身扩展的同时，还分别与东移的 mg_1 和 mg_2 云团合并，合并后迅速发展成为 α 中尺度 MCC。之后，MCC 又与西南方的新生云团合并，MCC 面积扩大，构成以“右后方”新生云团为最强发展中心的 MCC 演变。MCS 在形成 MCC 之前主要向东传播，MCC 成熟阶段主要向西南传播，其传播路径主要由北、西两条辐合线的移动方向和速度来决定，它们的交汇点位置随时间的变化决定了 MCS 的传播方向。在两条辐合线的交汇处，辐合明显增强，同时云团合并，雨峰最强。

在雷达图上，起初，在层状云周围，因为太阳辐射分布不均产生一系列 γ 中尺度对流单体，它们之间此消彼长，经过 50 min 左右的酝酿周期，发展成为逗点状的 β 中尺度对流风暴，其后，该风暴东移发展成为钩状的 β 中尺度强风暴。此时，形成 MCC，对应飑线形成前 β 中尺度对流系统发展演变过程。在 MCC 成熟或飑线形成阶段，具有钩状回波的强风暴在缓慢东移的同时向西南方向传播，即在系统移动方向的右后侧新生，由于强的西北风后侧入流，钩状回波形成弓形，在弓形回波南端出现不连续的线状对流风暴强回波带，弓形回波与南端不断延长的几个不连续的线状对流风暴构成飑线。

(2)飑线过境前后地面降水、温度、气压及风等气象要素发生显著变化。随着飑线的发展演变，降水具有跳跃性，随飑线向西南方向发展加强。在飑线形成前，β 中尺度对流风暴产生了 40～50 min 的降水，降水平均雨强超过 1.25 mm/min，最强达 2.8 mm/min。在 β 中尺度对流风暴东移并向西南传播过程中加强为强风暴，飑线开始形成。在飑线形成阶段(MCC 成熟阶段)，随着飑线在西南方延续，对流性降水也向西南方向跳跃发生，降水可持续 20～55 min，平均雨强可达 1.58 mm/min，最大雨强可达 4.9 mm/min。飑线过境前后，从温度峰值到温度谷值，峰、谷值气温变化幅度在 5～22 ℃，多站平均约 10 ℃；地温峰、谷值变化幅度在 11～41 ℃，多站平均约 26 ℃。飑线过境时，气压涌升。在逐分钟气压变化曲线上表现为前低压、雷暴高压、尾流低压和冷空气高压。尾流低压维持时间约 10 min，在天气图上很难体现出来。飑线过境时，地面转为偏北风，说明北风可能触发了对流的发生。

(3)利用逐分钟自动站资料和卫星、雷达探测资料获得了 MCC 的多尺度概念模型。成熟的 MCC 冷云盖内，在呈东北—西南向的长轴的南部由多个排列成线的 β 中尺度对流风暴组成，其西南端（即飑线南端）不断有新的对流风暴生成并入其中，北部具有宽广的层状云，层状云中包裹着次强回波云带。β 中尺度对流风暴前部，由于东南或偏南气流入流和辐合引起倾斜上升运动，形成前低压；风暴经过时出现强降水，强降水产生的下沉气流引起雷暴高压，气流下沉过程中雨滴蒸发导致地面冷堆，强降水阶段产生的雷暴高压包含着多个与 γ 中尺度降水峰值相对应的 γ 中尺度气压涌升；风暴后侧出流产生尾流低压。通过模拟揭示了 β 中尺度对流风暴中雨水、霰、云水、雪片、冰水的分布特征：霰分布在 600 hPa 以上，中心在对流层中高层最强上升运动区（300～400 hPa）（以下简称最强上升运动区）下方的 550 hPa 处；雨水分布在 600 hPa以下，中心在最强上升运动区下方的 700 hPa 附近，雨水（6.0×10^{-3} kg/kg）和霰（8.5×10^{-3} kg/kg）含量相当，它们在 600 hPa 附近共存；云水主要分布在中低层最大上升速度区附近（850～500 hPa），这里云水、雨水共存，含量相当；雪片主要分布在 200～300 hPa，最大值位于最强上升运动区上方的 250 hPa 附近，浓度比以上各项小一个量级（4×10^{-4} kg/kg）；冰水分布在 500 hPa 以上，一部分与最强上升运动区域吻合，中心浓度与雪片相当（2.0×10^{-4} kg/kg），另一部分在最强上升运动区的下风方，浓度相当，还有一部分在最强上升运动区顶部与雪片共存，含量小于雪片。

（4）通过雷达资料揭示了飑线不同发展阶段和不同部位的多样性结构特征。

在飑线形成前的 β 中尺度对流形成和加强阶段，β 中尺度对流风暴呈逗点状，风暴中心在逗点的尾部，随着风暴加强，逗点变为钩状，风暴中心在钩状附近。风暴中心的垂直结构由逗点阶段的低层入流方向的回波悬垂变为底部窄（约 4～5 km）、中间宽（8 km 高度附近宽约 25 km）、向上又变窄的双侧回波悬垂结构。

在飑线形成阶段，飑线中部和南部表现出不同的结构特征：飑线中部因对流层中层较强后向入流形成具有强风特性的弓形回波；而飑线南部因对流层低层较强偏南风入流形成具有强降水特性的线状回波。

在飑线中部，西北风中层入流和云底下沉气流出流都很强，造成地面强风，并使得云前东南风入流被抬得较高。在云前东南风入流与下沉出流辐合倾斜上升，边上升边向云前出流，构成云前回波悬垂和高层云砧，西北风中层下沉入流与云内近地面后向出流辐合上升，上升气流的一部分合并到东南入流的斜升气流中，一部分边上升边向云后出流，后向出流的云砧在雷达回波上约 4 km 处出现零度层（融化层）亮带和层状云降水。

在飑线南部，偏南风入流很强（大于 14 m/s），在较强偏南风入流的左侧，由于风切变产生一些 γ 中尺度的气旋性涡旋（或者中气旋），雷达回波强度梯度在低层入流一侧最大，风暴顶偏向于低层高反射率梯度一侧，中层雷达回波悬垂于低层弱回波区之上，形成有界弱回波区（WER）和中高层回波悬垂。飑线西南端的 β 中尺度对流风暴雷达回波结构与 Lemon（1980）得出的多单体强风暴或者超级单体强风暴的概念模型类似，只是强度介于它们之间。

（5）从东北冷涡扩散南下的冷空气可能是暴雨初始对流的触发机制。暴雨发生前暴雨区内高温、高湿能量迅猛增加，同时抬升凝结高度降低。利用观测资料和 WRF 数值模式模拟结果证实了从东北冷涡中扩散南下的偏北冷气流增强了地面的辐合，并迫使低层的暖湿空气抬升可能是暴雨初始对流的触发机制。初始对流发展为暴雨云团后，其强下沉气流沿近地面涌出加强了其传播方向的近地层辐合，触发新的对流发展。这种新老云团的代谢过程是后续暴雨的触发机制。

第 7 章利用 WRF 模式对 MCC 中尺度系统进行数值模拟分析，进一步讨论了 β 中尺度对流系统动力热力结构和发生、发展的物理成因，并揭示前低压、雷暴高压和尾流低压的结构特点。

(1)数值模拟验证了“060810”暴雨过程中基于观测资料的中尺度对流系统的多尺度结构和发生、发展过程特征分析及其触发机制的推测。利用WRF模式成功模拟了“060810”短历时暴雨过程。模拟结果真实地验证了观测事实，进一步揭示了β中尺度对流系统的前低压、雷暴高压和尾流低压，以及它的流场、动力、热力和云雨的更细致的结构特征。东北气流的入侵以及发展的暴雨系统产生的下沉出流增加了低层的切变辐合，触发了暴雨系统的不断新生。

(2)前低压、雷暴高压和尾流低压与中尺度垂直环流。

近地面辐合、辐散流场与前低压、雷暴高压和尾流低压之间的配置关系为：在东南风入流的辐合中心前是暖低压(前低压)；在辐合中心和云内下沉出流的辐散中心之间的锋区上对应雷暴高压，即对流性降水区；紧邻辐散中心后侧和后面的弱辐合区之间为尾流低压，当下沉辐散气流越强、后向出流(东北风分量)越明显时，尾流低压也越强、越明显。

中尺度垂直环流为：暴雨强盛时，在东南风入流和云内下沉出流的辐合处，辐合抬升，抬升气流沿着下沉出流上方倾斜上升一直到达200 hPa以上，其中，伴随着对流层中低层和对流层中上层较强上升运动。对流层中上层最大速度区的下方600 hPa以下是下沉气流。东南风入流边上升边向东南出流，向东南的出流一部分又汇入到600 hPa附近的入流中，形成云前垂直环流圈。同时云后对流层中下层西北风入流与云内下沉气流向后出流辐合，并沿着近地面后向出流气流的上方上升，上升气流的一部分合并到东南入流的倾斜上升气流中，一部分边上升边向云后高层后向出流，后向出流的一部分下沉与云后中层入流形成云后垂直环流圈。暴雨区发生在云前垂直环流圈与云后垂直环流圈之间。在这期间没有看到从云前的东南入流向云后高层的出流，这点与Houze等(1989)概念模型不同。暴雨减弱时，云内下沉气流和云前辐合入流高度都升高，下沉气流由暴雨强盛时的600 hPa升高到500 hPa，云前入流高度由700 hPa以下入流升高到600 hPa以下。暴雨消散时，云前入流高度和环流圈的位置升高到500 hPa，云内的下沉出流被环境的对流层中下层的下沉入流所取代。

另外，对流云内600 hPa以下存在两个垂直环流圈，东南风入流上升支与云内下沉出流形成一个垂直环流圈，中心位于850 hPa附近；云内后向下沉出流与云后西北风下沉入流形成另一个垂直环流圈。

前低压上空为较强的对流层中低层上升运动；雷暴高压对应对流层中上层较强上升运动和对流层中下层下沉气流；尾流低压对应对流层中下层弱上升运动。

8.2　东北冷涡引发的短波低槽对流性暴雨预报着眼点和预报思路

本书中普查了大量在东北冷涡背景下发生在该地区的对流性天气，并对典型个例进行了比较深入的研究，发现：虽然东北冷涡引发的短波低槽对流性暴雨没有明显的影响系统，前期征兆也不明显，而且因为发展快速，可提前预报时间有限，但仍有一些可预报的思路和预报着眼点。

(1)东北冷涡引发的短波低槽对流性暴雨是在一定的大尺度环流背景下发生的：青藏高原北部及中蒙边界附近对流层中下层暖空气强盛，对流层中上层高压很强，其北部出现高空急流；副热带高压脊线在30°—35°N稳定维持，南部有强台风西进；乌拉尔山东部有低涡稳定维持；东北冷涡加强或再生，并在南部出现短波低槽。在这样的大尺度环流背景中，应加强与强对流天气发生、发展有关的不稳定、抬升、风垂直切变等条件的判识，有两个预报着眼点：①高低纬相互作用不可忽视。远距离台风提供间接水汽条件，直接的水汽源地来自渤海湾附近，当南部海面或西太平洋洋面有强台风即将登陆时，在渤海附近有湿区和水汽通量向北输送，如果北部的东北冷涡加强或再生将有利于东北对流性暴雨发生。②高层和低层的配置很重要。对流层中低层西南暖湿气流虽然没有低空急流出现，但当风速中心出现6～8 m/s，其风速轴北端左侧的辐合区与高空急流东北侧强辐散区耦合时，可出现强对流。其中，强辐散的抽吸作用很重要。

(2)东北冷涡和其南部45°—50°N中蒙边界出现的短波低槽是该类暴雨明显的影响系统。中蒙边界短波槽和大兴安岭地形为下游平原地区MCC的发生、发展提供动力和热力条件，东北冷涡提供触发条件。乌拉尔山东侧的低涡降水产生的暖平流有利于贝加尔湖脊生成，也有利于东北冷涡再生。再生的东北冷涡引导西北气流和前一次过程东移的倒暖平流相遇形成强对流回波云带，这个强对流回波云带使西北气流改变方向，形成东北气流并向南和向低层入侵(东北部冷涌)触发地面辐合区对流发展。

(3)前期高温区和能量锋区提供有利的对流条件。能量锋区表现在CAPE锋区、对流层中层的密集等温线上的暖温度脊和槽前高压脊附近、高θ_{se}和K指数高脊区，即“Ω”型的北端。临近暴雨发生前几小时，暴雨区能量迅速升高、抬升凝结高度降低、北部站点有CAPE能量的迅速释放等可以提供暴雨临近预报参考。

(4)在暴雨发生前几小时卫星云图可以提供有益的线索。在高分辨率的可见光云图上可以观测到积云线发展，当积云线移动到能量锋区上时容易触发对流，如果有两条积云线相交，在交点附近有云团的合并容易发生强对流。所以，要密切关注地面的辐合线和云图积云线的配合以及它们的发展，警惕“人”字形或“T”和“J”字形辐合或切变线，或者，有不同的云系间的冷锋云系末端和暖锋云系前端云系交汇，交汇处容易发生强对流，而两条辐合切变线的移动方向和速度则决定了未来新生对流的位置。

(5)雷达图可以提供临近暴雨订正预报。根据雷达图做预报，可提前预报的时间很有限，主要用于临近预警。在满足前面分析的环境条件配置的区域，容易发生强风暴，强风暴过境造成强降水。强风暴在雷达图上表现为逗点状回波、钩状回波、弓形回波、线状回波和飑线。强天气容易发生在钩状回波的钩状附近、在弓形回波曲率最大处的前沿附近或在飑线增长方向的切面处。

对东北冷涡背景下中尺度系统的预报，还需要在实践中不断积累经验，并加强其形成机理的研究，相信通过大量的研究和实践积累，对此类暴雨预报的可能性和准确率将会大大提高。

参考文献

巴德 M J,1998. 卫星与雷达图像在天气预报中的应用[M]. 卢乃锰,冉茂农,谷松岩,等译. 北京:科学出版社,1-382.

白人海,1997. 东北冷涡加密观测的事实分析[J]. 黑龙江气象,(4):1-3.

白人海,陈立亭,孙永罡,2001. 1998 年夏季松花江、嫩江流域暴雨过程的天气气候特点[M]//1998 年长江、嫩江流域特大暴雨的成因及预报应用研究. 北京:气象出版社,440-446.

白人海,孙永罡,2001. 1998 年夏季松花江、嫩江流域大暴雨的水汽输送分析[M]//1998 年长江、嫩江流域特大暴雨的成因及预报应用研究. 北京:气象出版社,426-433.

白人海,谢安,1998. 东北冷涡过程中的飑线分析[J]. 气象,**24**(4):37-40.

陈力强,陈受钧,周小珊,等,2005. 东北冷涡诱发的一次 MCS 结构特征数值模拟[J]. 气象学报,**63**(2):173-183.

程麟生,冯伍虎,2002. 中纬度中尺度对流系统研究的若干进展[J]. 高原气象,**21**(4):337-347.

崔立国,邱海龙,2006. 2006 年盛夏东北地区北部两次 MCC 活动云场和环境场特征分析[J]. 黑龙江气象,(2):1-4.

邓莲堂,王建捷,2003. 新一代中尺度天气预报模式——WRF 简介[J]. 天气与气候,国家气象中心内部刊物.

丁一汇,1989. 天气动力学中的诊断分析方法[M]. 北京:科学出版社.

丁一汇,1994. 暴雨和中尺度气象学问题[J]. 气象学报,**52**(3):274-284.

丁一汇,2005. 高等天气学[M]. 北京:气象出版社.

段旭,张秀年,徐美玲,2004. 云南及其周边地区中尺度对流系统时空分布特征[J]. 气象学报,**26**(2):243-249.

方宗义,1986. 夏季长江流域中尺度云团的研究. 大气科学进展[J]. **2**(3):334-340.

方宗义,覃丹宇. 2006. 暴雨云团的卫星监测和研究进展[J]. 应用气象学报,**17**(5):583-593.

冯伍虎,2006. 强暴雨中尺度系统发展结构和机理的风静力数值模式模拟研究[D]. 兰州:兰州大学.

郭庆彤,陈丽芳,1998. 东北地区暴雨天气系统概述[J]. 东北水利水电,**164**:23-25.

《华北暴雨》编写组,1992. 华北暴雨[M]. 北京:气象出版社.

何立富,陈涛,周庆亮,等,2007. 北京"7·10"暴雨 β 中尺度对流系统分析[J]. 应用气象学报,**18**(5):655-665.

黑龙江省气象局,1998. 黑龙江省天气预报经验和方法[M]. 内部资料.

胡好莉,刘志刚,申延美,2008. 一次暴雨过程的新一代天气雷达回波分析[J]. 黑龙江气象,**25**(1):19-25.

姜学恭,孙永刚,沈建国,2001. 一次东北冷涡暴雨过程的数值模拟试验[J]. 气象,**27**(1):25-30.

蒋尚城,2006. 应用卫星气象学[M]. 北京:北京大学出版社,4-13.

李柏,2005. 多普勒天气雷达资料分析及同化在暴雨中尺度天气系统数值模拟中的应用研究[D]. 北京:中国气象科学研究院.

李兰,王晓明,谢静芳,等,1999. 影响吉林省的 MCC 特征分析及预报探讨[J]. 吉林气象,(3):9-12.

李玉兰,王婧容,郑新江,等,1989. 中国西南—华南地区中尺度对流复合体(MCC)的研究[J]. 大气科学,**13**(4):417-422.

廉毅,安刚,王琪,等,1997. 吉林省 40 年来气温和降水的变化[J]. 应用气象学报,**8**(2):197-204.

廉毅,安刚,1998. 东亚季风 El-Nino 与中国松辽平原夏季低温关系初探[J]. 气象学报,**56**(6):724-735.

廉毅，沈柏竹，高纵亭，等，2003. 东亚夏季风在中国东北地区建立的标准、日期及其主要特征分析[J]. 气象学报，**61**(5)：548-559.

刘景涛、孟亚里、康玲，2000. 1998 年嫩江松花江大暴雨成因分析[J]. 气象，**26**(2)：20-24.

卢娟，孟莹，潘静，等，2004. 近 42 年辽宁极端降水事件分析[J]. 辽宁气象，(4)：8-9.

陆汉城，2000. 中尺度天气学原理和预报[M]. 北京：气象出版社，103-134.

吕艳彬，郑永光，李亚萍，等，2002. 华北平原中尺度对流复合体发生的环境和条件[J]. 应用气象学报，**13**(4)：406-412.

吕美仲，彭永清，1990. 动力气象学教程[M]，北京：气象出版社.

马禹，王旭，陶祖钰，1997. 中国及其邻近地区中尺度对流的普查和时空分布特征[J]. 自然科学进展，**7**(6)：701-706.

倪允琪，周秀骥，张人禾，等，2006. 我国南方暴雨的试验与研究[J]. 应用气象学报，**17**(6)：690-704.

倪允琪，周秀骥，2004. 中国长江中下游梅雨锋暴雨形成机理以及监测与预测理论和方法研究[J]. 气象学报，**62**(6)：647-662.

乔枫雪，2007. 东北暴雨天气气候特征及东北低涡结构研究[D]. 北京：中国科学院大气物理研究所.

石定朴，朱文琴，王洪庆，1996. 中尺度对流系统红外云图云顶黑体温度的分析[J]. 气象学报，**54**(5)：600-611.

寿绍文，Houze R A Jr，1989. 一条具有宽阔尾随层状云区的中纬度飑线的中尺度结构[J]. 南京气象学院学报，**12**(2)：200-208.

寿绍文，陈学溶，林锦瑞，等，1978. 1974 年 6 月 17 日强飑线过程的成因[J]. 南京气象学院学报，(01)：16-23.

寿绍文，励申申，姚秀平，2003. 中尺度气象学[M]. 北京：气象出版社.

寿亦萱，许健民，2007a. "05. 6"东北暴雨中尺度对流系统研究Ⅰ：常规资料和卫星资料分析[J]. 气象学报，**65**(2)：160-170.

寿亦萱，许健民，2007b. "05. 6"东北暴雨中尺度对流系统研究Ⅱ：MCS 动力结构特征和雷达卫星资料分析[J]. 气象学报，**65**(2)：171-182.

孙力，1997. 东北冷涡持续活动的分析研究[J]. 大气科学，**21**(3)：297-307.

孙力，安刚，2001a. 1998 年松嫩流域东北冷涡大暴雨过程诊断分析[J]. 大气科学，**25**(3)：342-343.

孙力，安刚，沈柏竹，2001b. "98. 8. 9"嫩江流域东北冷涡局地特大暴雨过程的中尺度分析滤波分析[M]//1998 年长江、嫩江流域特大暴雨的成因及预报应用研究. 北京：气象出版社，464-469.

孙力，安刚，2002a. 1998 年夏季嫩江和松花江流域大暴雨的成因分析[J]. 应用气象学报，**13**(2)：156-162.

孙力，安刚，廉毅，等，2002b. 中国东北地区夏季旱涝的大气环流异常特征[J]. 气候与环境研究，**7**(1)：102-113.

孙力，安刚，丁立，2002c. 中国东北地区夏季旱涝的分析研究. 地理科学，**22**(3)：311-317.

孙力，安刚，2002d. 东亚地区春冬季与夏季大气环流异常之间相互关系的研究[J]. 应用气象学报，**13**(6)：650-661.

孙力，安刚，2003. 东亚地区夏季 850 hPa 南风异常与东北地区旱涝的关系[J]. 大气科学，**27**(3)：425-434.

孙力，安刚，2000a. 北太平洋海温异常对中国东北地区旱涝的影响[J]. 气象学报，**61**(3)：346-353.

孙力，安刚，唐晓玲，2000b. 中国东北地区旱涝的 OLR 特征分析[J]. 应用气象学报，**11**(2)：228-235.

孙力，汪秀清，吴基烈，1992. 东北夏季副高后部 MCC 暴雨的诊断分析[J]. 应用气象学报，**3**(2)：157-164.

孙力，王琪，唐晓玲，1995. 暴雨类冷涡与非暴雨类冷涡的合成对比分析[J]. 气象，**21**(3)：7-10.

孙力，郑秀雅，王琪，1994. 东北冷涡时空分布特征及其与东亚大型环流系统之间的关系[J]. 应用气象学报，**5**(3)：297-303.

陶诗言，1980. 中国之暴雨[M]. 北京：科学出版社.

陶诗言，张小玲，张顺利，2004. 长江流域梅雨锋暴雨灾害研究[M]. 北京：气象出版社.

陶祖钰，葛国庆，郑永光，等，2004. 2004 年 7 月北京和上海两次重大气象事件的异同及其科学问题[J]. 气象学报,**62**(6):882-887.

陶祖钰,黄伟,顾雷,1996. 常规资料揭示的中尺度对流复合体的环流结构[J]. 热带气象学报,**12**(4):372-379.

陶祖钰,王洪庆,王旭,等,1998. 1995 年中国的中-α尺度对流系统[J]. 气象学报,**56**(2):166-177.

王东海,钟水新,刘英,等,2007. 东北暴雨的研究[J]. 地球科学进展,**22**(6):549-560.

王建捷,李泽椿,2002. 1998 年一次梅雨锋暴雨中尺度对流系统的模拟与诊断分析[J]. 气象学报,**60**(2):146-155.

王晓明,王新国,秦元明,等,2003. 东北冷涡暴雨的天气概念模型[J]. 吉林气象,(1):1-5.

王晓明,杨志东,秦元明,等,2001. 1998 年 8 月 10 日嫩江流域大暴雨天气过程的中尺度分析//1998 年长江、嫩江流域特大暴雨的成因及预报应用研究[M]. 北京:气象出版社,456-463.

王元,倪允琪,2002. 中国致灾暴雨研究的进展和若干热点问题[J]. 科学技术与工程,**2**(6):88-91.

项续康,江吉喜,1995. 我国南方地区的中尺度对流复合体[J]. 应用气象学报,**6**(1):9-17.

谢静芳,王晓明,1995. 东北地区中尺度对流复合体的卫星云图特征[J]. 气象,**21**(5):41-44.

许秀红,王承伟,白人海,等,2001. 1998 年夏季松花江、嫩江流域大暴雨中尺度雨团活动分析[M]//1998 年长江、嫩江流域特大暴雨的成因及预报应用研究. 北京:气象出版社,164-172.

闫玉琴,韩秀君,毛贤敏,1995. 东北冷涡环流形势分类及其谱特征[J]. 辽宁气象,(4):3-6.

杨本湘,陶祖钰,2005. 青藏高原东南部 MCC 的地域特点分析[J]. 气象学报,**63**(2):236-242.

姚学祥,2004. 中尺度对流复合体的动力诊断和数值模拟研究[D]. 南京:南京气象学院.

游景炎,1983. 暴雨的中尺度特征[M]//北方暴雨中尺度天气分析文选. 石家庄:河北省气象科学研究所,1-12.

俞小鼎,王迎春,陈明轩,等,2005. 新一代天气雷达与强对流天气预警[J]. 高原气象,**24**(3):456-464.

俞小鼎,姚秀萍,熊廷南,等,2006. 多普勒天气雷达原理与业务应用[M]. 北京:气象出版社,185.

张春喜,王迎春,王令,等,2008. 一次短历时特大暴雨系统的高分辨率卫星图像[J]. 北京大学学报(自然科学版),**44**(4):647-650.

张继权,张会,韩俊山,2006. 东北地区建国以来洪涝灾害时空分布规律研究[J]. 东北师范大学学报(自然科学版),**38**(1):126-130.

张杰,2006. 中小尺度天气学[M]. 北京:气象出版社.

张立祥,2008. 东北冷涡中尺度对流系统研究[D]. 南京:南京信息工程大学.

张玲,李泽椿,2003. 1998 年 8 月嫩江流域一次大暴雨的成因分析[J]. 气象,**29**(8):7-12.

张人禾,2005. 我国南方致洪暴雨监测与预测的理论和方法研究[J]. 中国科技奖励,(1):74-77.

张晰莹,王承伟,2007. 高纬地区罕见的 MCC 卫星云图特征分析[J]. 南京气象学院学报,**30**(3):390-395.

张小玲,2002. 长江流域梅雨锋暴雨灾害的研究[D]. 北京:中国科学院大气物理研究所.

张小玲,陶诗言,张庆云,2002. 1998 年 7 月 20—21 日武汉地区梅雨锋上突发性中-β系统的发生发展分析[J]. 应用气象学报,**13**(4):385-397

张玉玲,1999. 中尺度大气动力学引论[M]. 北京:气象出版社.

赵思雄,陶祖钰,孙建华,2004. 长江流域梅雨锋暴雨机理的分析研究[M]. 北京:气象出版社.

郑秀雅,张延治,白人海,1992. 东北暴雨[M]. 北京:气象出版社.

中国科学院水利电力部水利水电科学研究所,1963. 中国水文图集(内部资料),37.

钟水新,2008. 一次东北冷涡暴雨过程的诊断分析与数值模拟研究[D]. 北京:中国气象科学研究院.

周军,1986. 天气学诊断分析[Z]. 南京:南京气象学院.

Anderson C J, Arritt R W, 1998. Mesoscale Convective Complexes and Persistent Elongated Convective Systems over the United States during 1992 and 1993[J]. *Mon. Wea. Rev.*, **126**:578-579.

Anthes R A, Keyser D, 1979. Tests of a fine-mesh model over Europe and the United States[J]. *Mon. Wea. Rev.*, **107**:963-984.

Augustine J A, Howard K W, 1988. Mesoscale convective complexes over the United States during 1985[J]. *Mon. Wea. Rev.*, **117**:685-700.

Augustine J A, Howard K W, 1991. Mesoscale convective complexes over the United States during 1986 and 1987[J]. *Mon. Wea. Rev.*, **119**:1571-1589

Austin P M, Houze R A Jr, 1972. Analysis of the structure of precipitation patterns in New England[J]. *Journal of Applied Meteorology*, **11**:926-935.

Bartels D L, Maddox R A, 1991. Midlevel cyclonic vortices generated by mesoscale convective systems[J]. *Mon. Wea. Rev.*, **119**(1):104-118.

Bjerknes J, 1919. On the structure of moving cyclones[J]. *Geofysiske Publikasjoner*, **1**(2):1-8.

Bjerknes J, Solberg H, 1922. Life cycles of cyclones and the polar front theory of atmospheric circulation[J]. *Geofysiske Publikasjoner*, **3**(1):3-18.

Blanchard D O, Cotton W R, Brown J M, 1998. Mesoscale Circulation Growth under Conditions of Weak Inertial Instability[J]. *Mon. Wea. Rev.*, **126**: 118-140.

Bluestein H B, Jain M H, 1985. Formation of mesoscale lines of precipitation: Severe squall lines in Oklahoma during the Spring[J]. *Journal of the atmospheric sciences*, **42**(16):1711-1732.

Bluestein H B, Marx G T, Jain M H, 1987. Formation of Mesoscale Lines of Precipitation Nonsevere Squall Lines in Oklahoma during the Spring[J]. *Mon, Wea. Rev.*, **115**:2719-2727.

Browning K A, 1977. The structure and mechanisms of hailstorms[J]. *Meteorol. Monogr.*, **16**(38):1-43.

Byers H R, Braham R R Jr, 1949. The Thunderstorm[M]. U. S. Government Printing Office, 287.

Chen S, 1986. Simulation of the stratiform region of a mesoscale convective system[D]. M. S. Thesis, Dep. Atmos. Sci., Colorado State Univ.

Cotton W R, Anthes R A, 1993. 风暴和云动力学[M]. 叶家东，范蓓芬，程麟生，等，译. 北京：气象出版社.

Cotton W R, George R J, Wetzel P J, et al, 1983. A long-lived mesoscale convective complex. Part Ⅰ: The mountain-generated component[J]. *Mon. Wea. Rev.*, **111**:1893-1918.

Cotton W R, Lin M S, McAnelly R A, et al., 1989. A composite model of mesoscale convective complexes[J]. *Mon. Wea. Rev.*, **117**:765-782.

Dudhia J, Moncrieff M W, 1987. A numerical simulation of quasi-stationary tropical convection bands[J]. *Q. J. R. Meteorol. Soc.*, **113**:929-967.

Dudhia J, Moncrieff M W, 1987. A numerical simulation of quasi-stationary tropical convection bands[J]. *Q. J. R. Meteorol. Soc.*, **113**:929-967.

Esbensen S K, Wang J T, 1984. Heat budget analysis and the synoptic environment of GATEcloud clusters[C]. Prepr., Conf. Hurricanes Trop. Metrorol., 15th, pp:455-460. Am. Meteorol. Soc., Miami, Fla.

Fortun M A, 1980. Properties of African squall lines inferred from time-lapse satellite imagery[J]. *Mon. Wea. Rev.*, **108**:153-168.

Frank W M, 1983. The cumulus parameterization problem[J]. *Mon. Wea. Rev.*, **111**:1859-1871.

Fritsch J M, Maddox R A, 1981a. Convectively driven mesoscale weather systems aloft. partⅠ: observations[J]. *Journal of Applied meteorology*, **20**:9-19.

Fritsch J M, Maddox R A, 1981b. Convectively driven mesoscale weather systems aloft. part Ⅱ: Numerical simulation[J]. *Journal of Applied meteorology*, **20**:20-26.

Fujita T, 1959. Precipitation and cold air production in mesoscale thunderstorm systems[J]. *Journal of meteorology*, **16**:454-466.

Fulks J R, 1951. Compendium of Meteorology[J]. (Ed. by T. F. Malone), *AMS*:647-654.

Gamache J F, Houze R A Jr, 1982. Mesoscale air motions associated with a tropical squall line[J]. *Mon. Wea. Rev.*, **110**:118-135.

Hack J J, Schubert W H, 1986. Nonlinear response of atmospheric vortices to heating by organized cumulus convection[J]. *J. Atmos. Sci.*, **43**: 1559-1573.

Houze R A Jr, 1982. Cloud clusters and large-scale vertical motion in the tropics[J]. *J. Meteorol. Soc. Jpn.*, **60**: 396-410.

Houze R A, Robert A, 1977. Structure and Dynamics of a Tropical Squall-Line System[J]. *Monthly Weather Review*, **105**(12): 1540-1567.

Houze R A, Hobbs P V, et al, 1977. Organization and structure of PreciPitation cloud systems[J]. *Advances in Geophysics*, 24.

Houze R A, Rutledge S A, Smull B F, 1989. Interpretation of Doppler weather radar displays of midlatitude mesoscale convective systems[J]. *Bull. Amer. Meteor. Soc.*, **70**(6): 608-619.

Houze R A, Smull B F, Dodge P, 1990. Mesoscale organization of springtime rainstorms in Oklahoma[J]. *Mon. Wea. Rev.*, **118**: 613-654.

Huschke R E, 1959. Glossary of Meteorology[J]. *AMS*: 534.

Jirak I L, Cotton W R, Mcanelly R L, et al, 2003. Satellite and radar survey of mesoscale convective system development[J]. *Mon. Wea. Rev.*, **131**: 2428-2449.

Johnson R H, 1982. Vertical motion of near-equatorial winter monsoon convection[J]. *J. Meteorol. Soc. Jpn.*, **60**: 682-690.

Johnston EC, 1981. MesoscaleVorticity Centers Induced by Mesoscale Convective Complexes[D]. Master's Thesis, University of Wisconsin.

Kessler E, 1991. 雷暴形态学和动力学[M]. 北京:气象出版社.

Koss W J, 1976. Linear stability of CISK-induced disturbances: Fourier component eigenvalue analysis[J]. *J. Atmos. Sci.*, **33**: 1195-1222.

Laing A G, Fritsch J M, 1993a. Mesoscale Convective Complexes in Africa[J]. *Mon. Wea. Rev.*, **121**: 2254-2263.

Laing A G, Fritsch J M, 1993b. Mesoscale Convective Complexes over the Indian Monsoon Region[J]. *Journal of Climate*, **6**(5): 911-919.

Laing A G, Fritsch J M, 2000. The large-scale environments of the global populations of mesoscale convective complexes[J]. *Mon. Wea. Rev.*, **128**: 2756-2776.

Leary C A, Houze R A Jr, 1979b. Melting and evaporation of hydrometeors in precipitation from the anvil clouds of deep tropical convection[J]. *J. Atmos. Sci.*, **36**: 669-679.

Leary C A, Houze R A Jr, 1979. Melting and evaporation of hydrometeors in precipitation from the anvil clouds of deep tropical convection[J]. *J. Atmos. Sci.*, **36**: 669-679.

Leary C A, Houze R AJr, 1979a. The structure and evolution of convection in a tropical cloud cluster[J]. *J. Atmos. Sci.*, **36**: 437-457.

Lemon L R, 1976. The Flanking line, a Severe Thunderstorm intensification Source[J]. *J. Atmos. Sci.*, **33**: 686-694.

Lemon L R, 1980. Severe thunderstorm radar identification techniques and warning criteria[M]. NOAA Tech. Memo. NWS NSSFC-3, Kansas City, Nation Severe Storms Forecast Center, 60.

Lempfert R G K, Corless R, 1910. Line-squalls and associated Phenomena[J]. *Quarterly Journal of the Royal Meteorological Society*, **36**: 135-164.

Ligda M G H, 1951. Radar Storm Observation[M]// Compendium of Meteorology. American Meteorological Society, Boston, MA: 1265-1282

Lilly D K, 1979. The dynamical structure and evolution of thunderstorms and squall lines[J]. *Annual Reviews in Earth and Planetary Sciences*, **1**: 117-161.

Lin M S,1986. The evolution and structure of composite meso-α-scale convective complexes[D]. Ph. D. Thesis, Colorado State Univ.

Maddox R A,1980. Mesoscale convective complexes[J]. *Bull. Amer. Meteor. Soc.* ,**61**(11):1374-1387.

Maddox R A,1983. Large-scale Meteorological Conditions Associated with Midlatitude,Mesoscale Convective Complexes[J]. *Mon. Wea. Rev.* ,**111**:1475-1492.

Maddox R A,Perkey D J,Fritsch J M,1981. Evolution of upper tropospheric features during the development of a mesoscale convective complex[J]. *J. Atmos. Sci.* ,**38**:1664-1674.

Matthews,David A, 1983. Analysis and classification of mesoscale clouds and precipitation systems[D]. Ph. D. Thesis,Dep. Atmos. Sci. ,Colorado State Univ.

McAnelly R l ,Cotton W R,1989. The precipitation life cycle of mesoscale convective complexes over the central United states[J]. *Mon. wea. Rev.* ,**117**(4):784-808.

McAnelly R L,Cotton W R ,1992. Early Growth of Mesoscale Convective Complexes:A Meso-β-Scale Cycle of Convective Precipitation[J]. *Mon. wea. Rev.* ,120(9):1851-1877.

McAnelly R L,Cotton W R,1986. Meso-beta-scale characteristics of an epidsode of meso-alphe-scale convective complexes[J]. *Mon. Wea. Rev.* ,114:1740-1770.

McAnelly R L,Cotton W R,1986. Meso-β-scale Characteristics of an Episode of Meso-α-scale Convective Complexes[J]. *Mon. Wea. Rev.* ,**114**:1740-1770.

McAnelly R L,Nachamkin J E,Cotton W R ,et al ,1997. Upscale evolution of MCSs: Doppler radar analysis and analytical investigation[J]. *Mon. Wea. Rev.* ,**125**: 1083-1110.

McBride J L, Gray W M, 1980. Mass divergence in tropical weather systems. Ⅰ: Diurnal variations[J]. *Q. J. R. Meteorol. Soc.* ,**106**:501-515.

Menard R D, Fritsch J M, 1988. A mesoscale convective complex-generated inertially stable warm core vortex. *Mon. wea. Rev.* ,**117**:1237-1260.

Miller D A,Sanders F,1980. Mesoscale conditions for the severe condition of 3 April 1974 in the east-central United States[J]. *J. Atmos. Sci.* ,**37**:1041-1055.

Miller D,Fritsch J M,1991. mesoscale convective complexes in the western Pacific region[J]. *Mon. Wea. Rev.* , **119**:2978-2992.

Miller L J,Kropfli R A,1975. Thunderstorm Flow Patterns in Three Dimensions [J]. *Monthly Weather Review*,**103**(1):70-71.

Nachamkin J E,McAnelly R L,Cotton W R,1994. An Observation analysis of a developing mesoscale convective complex[J]. *Mon. Wea. Rev.* ,**122**:1168-1188.

Nachamkin J E,McAnelly R L,Cotton W R,1994. An observational analysis of a developing mesoscale convective complex[J]. *Mon. Wea. Rev.* , **122**:1168-1188.

Nehrkorn T,1985. Wave-CISK in a baroclinic basic state[D]. Ph. D. Thesis,Mass. Inst. Technol.

Ogura Y, Chen Y L, 1977. A life history of an intense mesoscale convective storm in Oklahoma[J]. *J. Atmos. Sci.* ,**34**:1458-1476.

Ogura Y,Juang H M,Zhang K S,and Soong S T,1982. Possible triggering mechanisms for severe storms in SESAMEAVEIV(9-10 May 1979)[J]. *Bull. Am. Meteorol Soc.* ,**63**:503-515

Ogura Y,Liou M T,1980. The structure of a midlatitude squall line:a case study [J]. *J. Atmos. Sci.* ,**37**: 553-567.

Ooyama K 1969. Numerical Simulation of the Life Cycle of Tropical Cyclones[J]. *J. Atmos. Sci.* ,**26**(1):3-40

Orlanski I, Ross B B, 1984. The evolution of an observed cold front. Part Ⅱ. Mesoscaledynamics[J]. *J. Atmos. Sci.* ,**41**:1669-1703.

Orlanski L,1975. A rational subdivision of scales for atmospheric processes[J]. *Bull. Amer. Meteor. Soc.* ,**56**:

527-530.

Parker M D, Johnson R H, 2000. Organizational modes of midlatitude mesoscale convective systems[J]. *Won. Wea. Rev.*, **128**(10): 3413-3436.

Purdom J F W, 1976. Some uses of high-resolution GOES imagery in the mesoscale forecasting of convection and its behavior[J]. *Mon. Wea. Rev.*, **104**: 1474-1483.

Raymond D J, 1984. A wave -CISK model of squall lines[J]. *J. Atmos. Sci.*, **40**: 1946-1958.

Raymond D J, 1987. A forced gravity-wave model of self-organizing convection[J]. *J. Atmos. Sci.*, **44**: 3528-3543.

Ross B B, 1987. The role of low-level convergence and latent heating in a simulation of observed squall line formation[J]. *Mon. Wea. Rev.*, **115**: 2298-2321.

Rotunno R, Klemp J B, Weisman M L, 1988. A theory for strong long-live squall lines[J]. *J. Atmos. Sci.*, **45**: 463-485.

Silva-Dias M F, Betts A K, Stevens D E, 1984. A linear spectral model of tropical mesoscale systems: Sensitivity studies[J]. *J. Atmos. Sci.*, **41**: 1704-1716.

Simmonds B I D H, Hope P, 1999. Atmospheric Water Vapor Flux and Its Association with Rainfall over China in summer[J]. *Journal of climate*, **12**: 1353-1367.

Smull B F, Houze R A Jr, 1985. A Midlatitude Squall Line with a Trailing Region of Stratiform Rain: Radar and Satellite observation[J]. *Won. Wea. Rev.*, **113**: 117-132.

Song J L, 1986. A numerical investigation of Florida's sea breezecumnlonimbusinteraction[D]. PH. D. thesis, Dep. Atmos. Sci. Colorado State Univ.

Thorpe A J, Miller M J, Moncrieff M W, 1982. Two-dimensional convection in non-constant shear; A Model of mid-latitude squall lines[J]. *Q. J. R. Meteorol. Soc.*, **108**: 739-762.

Tripoli G J, 1986. A numerical investigation of an orogenicmesoscale convective system[D]. Ph. D. Thesis, Dep. Atmos. Sci. Colorado State Univ.

Uccellini L W, Johnson D R, 1979. The coupling of upper and lower tropospheric jet streaks and implications for the development of severe convective storms[J]. *Mon. Wea. Rev.*, **107**: 682-703.

Velasco L, Fritsch J M, 1987. Mesoscale convective complexes in the Americas [J]. *J. Geophys. Res.*, **92**: 9591-9613.

Weisman M L, 1988. Structure and evolution of numerically simulated squall lines[J]. *J. atmos. Sci.*, **45**(14): 1990-2013.

Wetzel P J, Cotton W R, McAnelly R L, 1983. A long lived mesoscaleconvecive complex. Part Ⅱ: Evolution and structure of the mature complex[J]. *Mon. Wea. Rev.*, **111**: 1991-1937

Wilson J W, Muller C K, 1993. Nowcasts of thunderstorm initiation and evolution [J]. *Weather Forecasting*, **8**: 113-131.

Wilson J W, Schreiber W E, 1986. Initiation of convective storms by radar observed boundary layer convergent lines[J]. *Mon. Wea. Rev.*, **114**: 2516-2536.

Yamasaki M, 1968. Mumerical simulation of tropical cyclone development with the use of primitive equation[J]. *J. Meteorol. Soc. Jpn.*, **46**: 178-201.

Yoshizaki M, Kato T, Muroi C, et al, 2002. Recent activities of field observation on Mesoscale convective systems(MCSs)over East China Sea and Kyushu in the Baiu season and over the Japan Sea in winter[C]. *International Conference on Mesoscale Convective* Systems and Heavy rainfall, Tokyo, Japan, 80-85.

Zhang D L, Fritsch J M, 1986. Numerical simulation of the meso-β-scale structure and evolution of the 1977 Johnstown Flood. Part Ⅰ: Model description and verification[J]. *J. Atmos. Sci.*, **43**: 1913-1943.

Zhang Da-Lin, Fritsch J M, 1987. Numerical simulation of the meso-β-scale structure and evolution of the 1977

Johnstown Flood. part Ⅱ: Inertially stable warm-core vortex and the mesoscale convective complex[J]. *J. Atmos. sci.*, **44**(18):2593-2612.

Zhang Da-Lin, Fritsch J M, 1988a. A numerical investigation of a convectively generated, inertially stable, extratropical warm-core mesovortex over hand. Part Ⅰ: structure and evolution [J]. *Mea. Rea. Rev.*, **116**: 2660-2687.

Zhang Da-Lin, Fritsch J M, 1988b. Numerical Sensitivity Experiments of Varying Model Physics on the Structure, Evolution and Dynamics of Two Mesoscale Convective Systems[J]. *J. Atmos. sci.*, **45**(2):261-293.

Zipser E J, 1977. Mesoscale and convective scale downdrafts as distinct components of squall-Line structure[J]. *Monthly Weather Review*, **105**(12):1568.

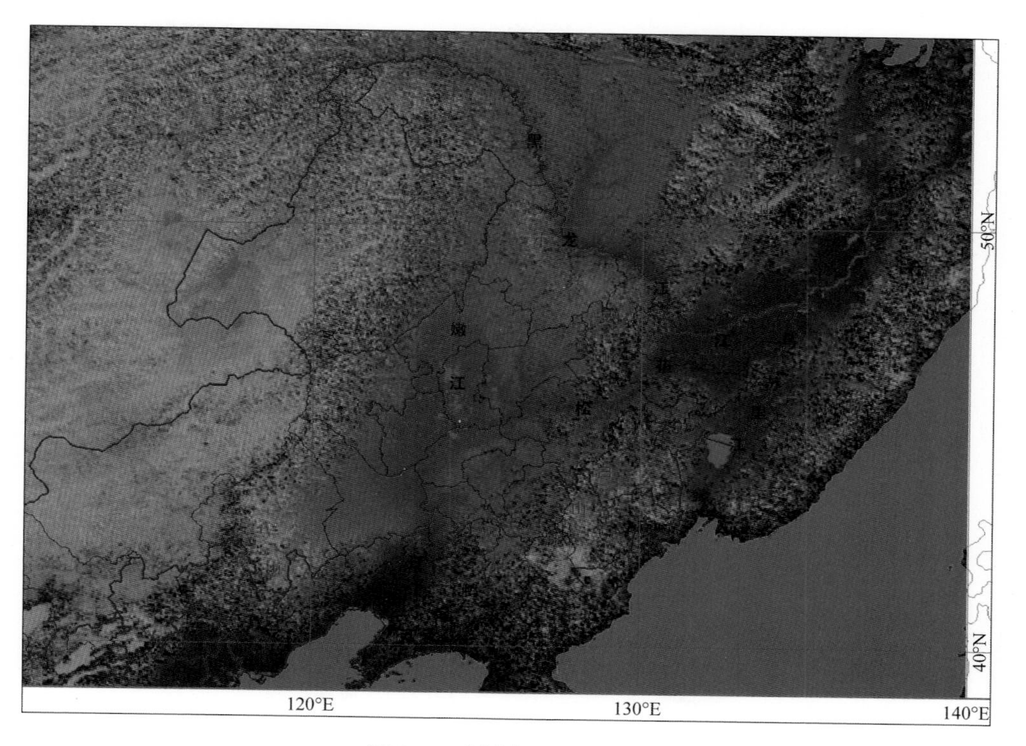

图1.1 中国东北地区地形

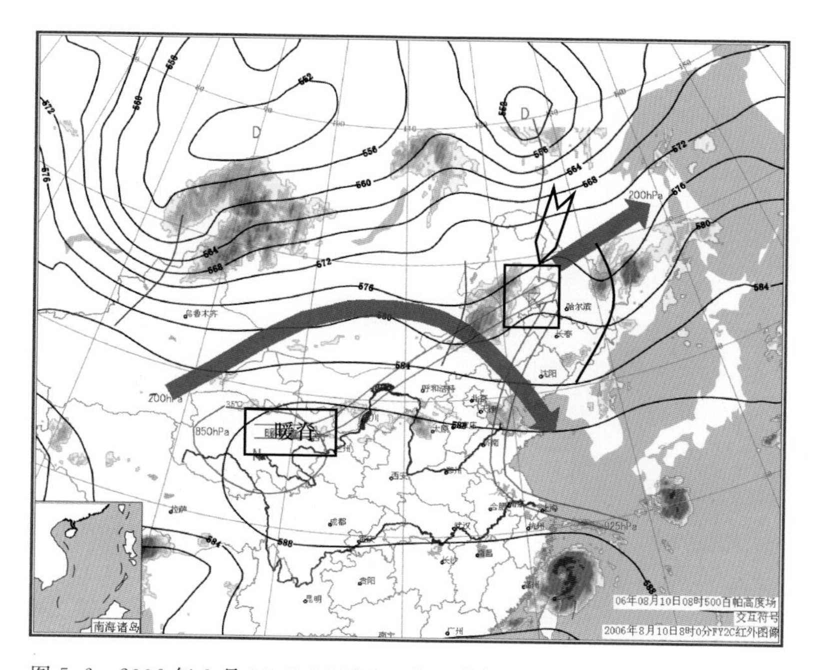

图5.6 2006年8月10日08时500 hPa分析和云图、200 hPa高空急流、925 hPa暖湿输送气流叠加显示

[黑色实线:500 hPa等高线(单位:dagpm,间隔4 dagpm),蓝色实箭头:200 hPa高空急流,蓝色空箭头:925 hPa暖湿输送带,红线和空心红色箭头:35 ℃暖中心和850 hPa暖温度脊,棕色实线:槽线,燕尾空心箭头:对流层中低层干舌]

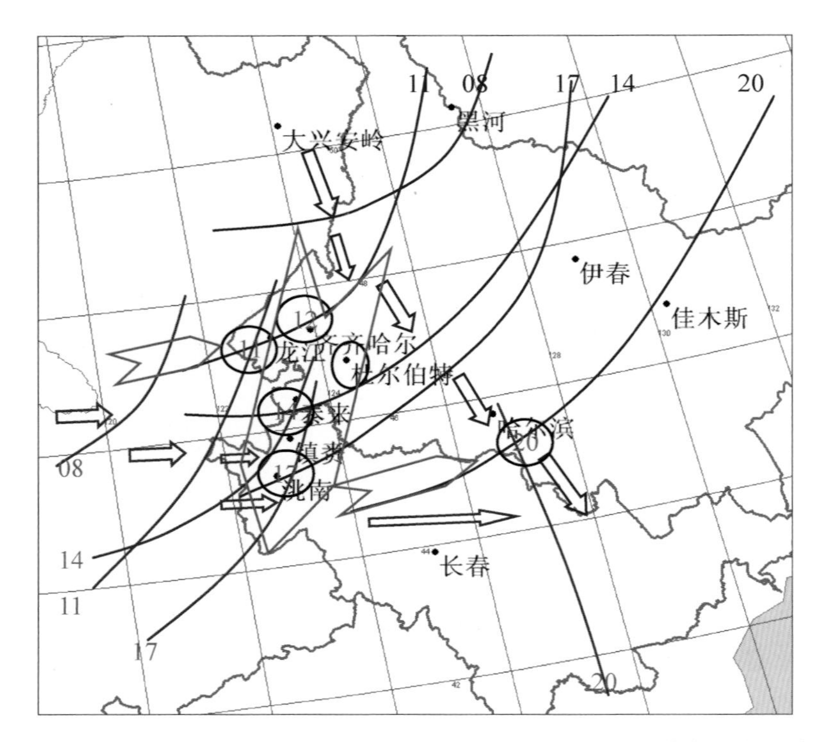

图 5.12 2006 年 8 月 10 日 08—20 时 北(上,蓝色实线)、西(下,棕色实线)两条辐合线及其交点(绿色空心圆)随时间演变

(蓝色箭头为北支辐合线的移动方向,棕色箭头为西支辐合线的移动方向,红色燕尾空心箭头为两条辐合线交点随着时间的变化)

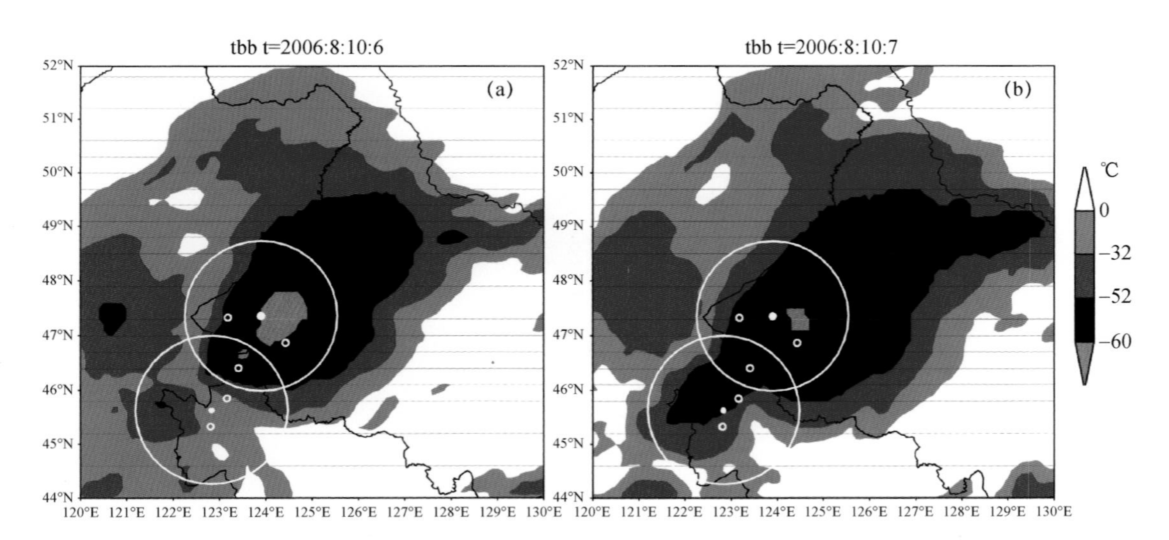

图 6.1 2006 年 8 月 10 日 14 时(a)和 15 时(b)TBB

[两个大圆分别为齐齐合尔(上)和白城(下)雷达有效探测范围(半径 150 km),实心圆分别为齐齐哈尔(上)和白城(下)雷达观测点位置,其余的几个空心圆分别为其他 5 个暴雨站点,其中泰来为两部雷达都能观测到的暴雨点]

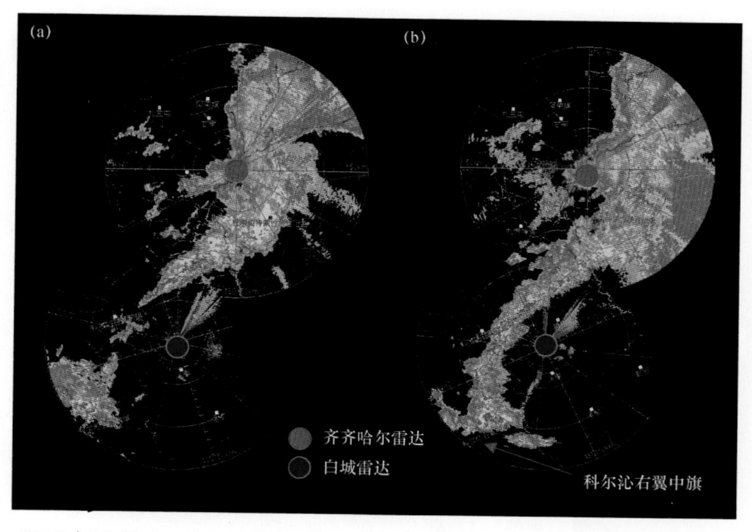

图 6.2　2006 年 8 月 10 日 14 时(a)和 15 时(b)1.5°仰角齐齐哈尔和白城雷达回波拼图

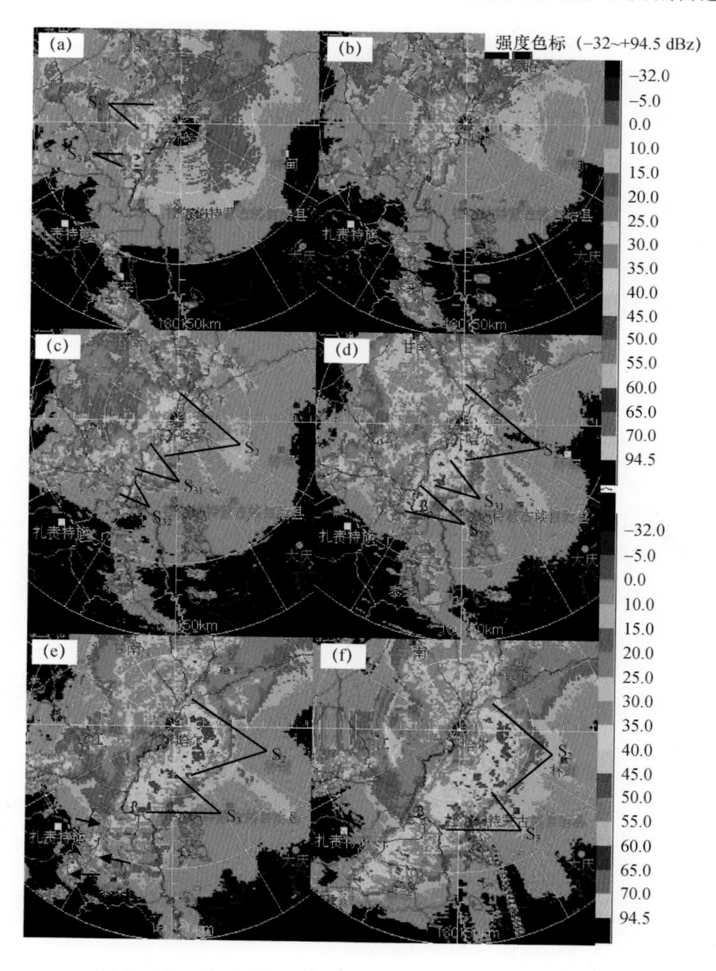

图 6.16　2006 年 8 月 10 日 12:01—13:17 齐齐哈尔雷达探测的组合反射率[第一飑段(S_2+S_3)]

(a)12:03,(b)12:20,(c)12:32,(d)12:43,(e)13:00,(f)13:17

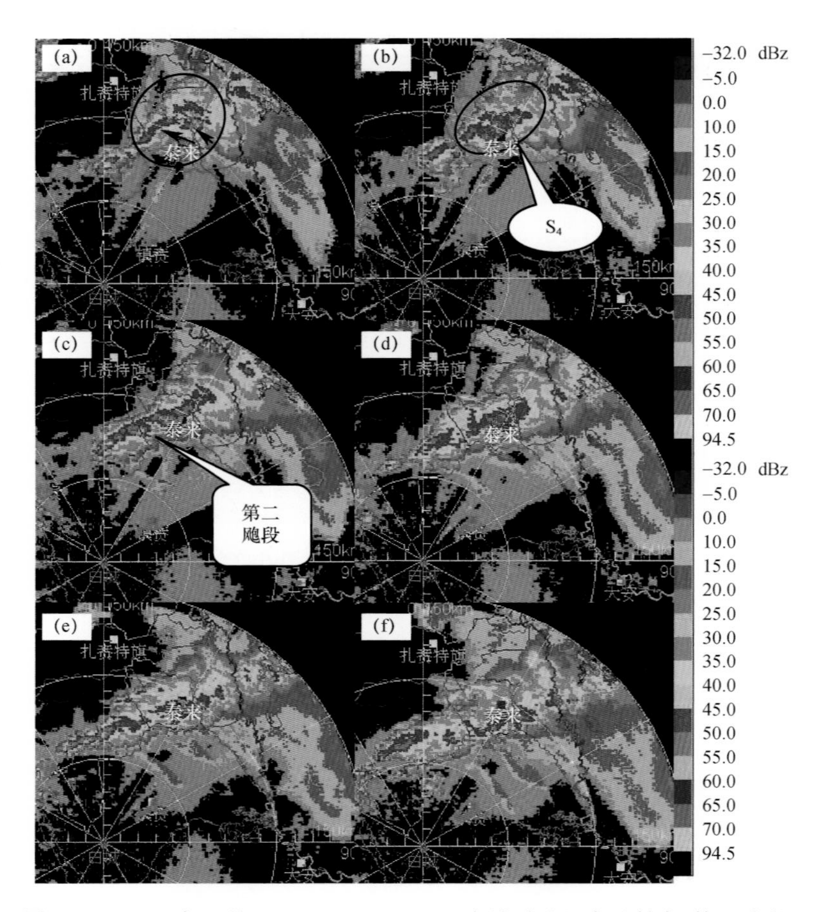

图 6.17　2006 年 8 月 10 日 13:13—14:18 白城雷达组合反射率(第二飑段)
(a)13:13,(b)13:24,(c)13:34,(d)13:50,(e)14:00,(f)14:18

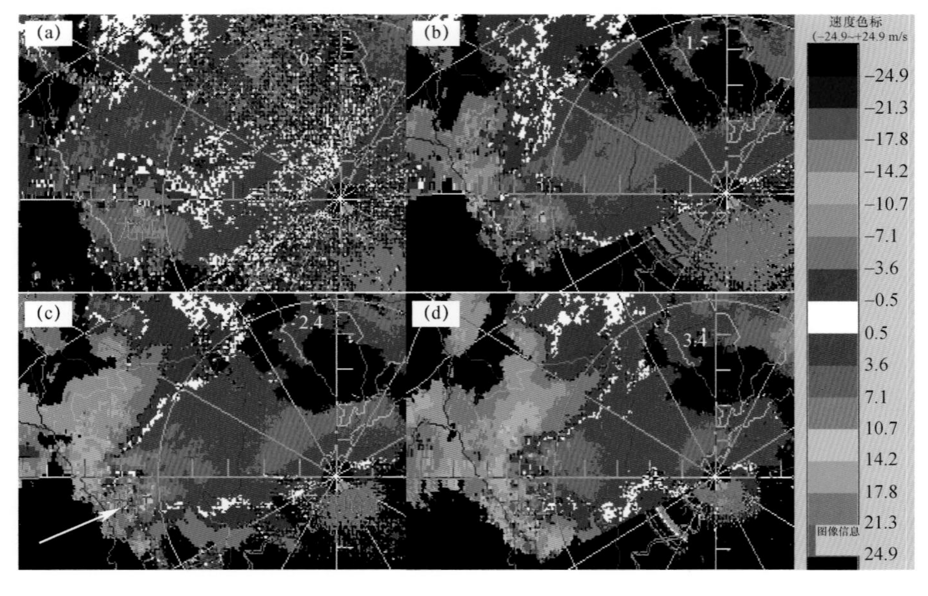

图 6.21　2006 年 8 月 10 日 10:45(a)0.5°、(b)1.5°、(c)2.4°、(d)3.4° 4 个仰角的雷达速度回波图

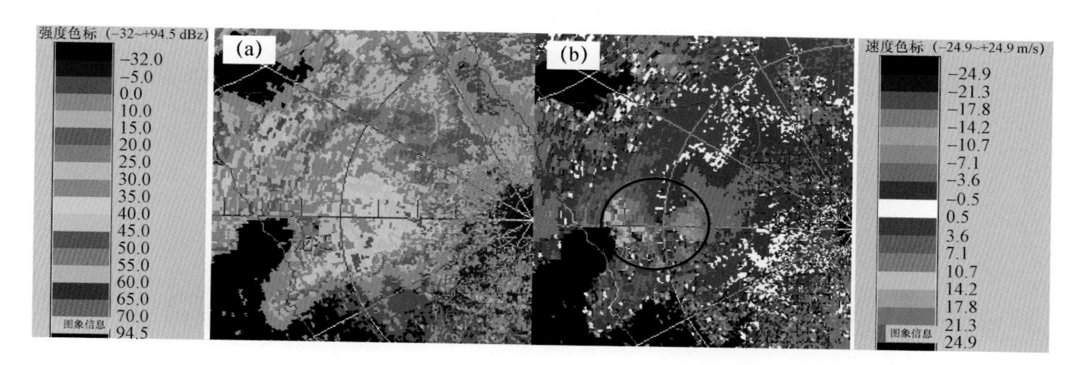

图 6.22　2006 年 8 月 10 日 11:13(a)0.5°仰角雷达强度和(b)速度回波图

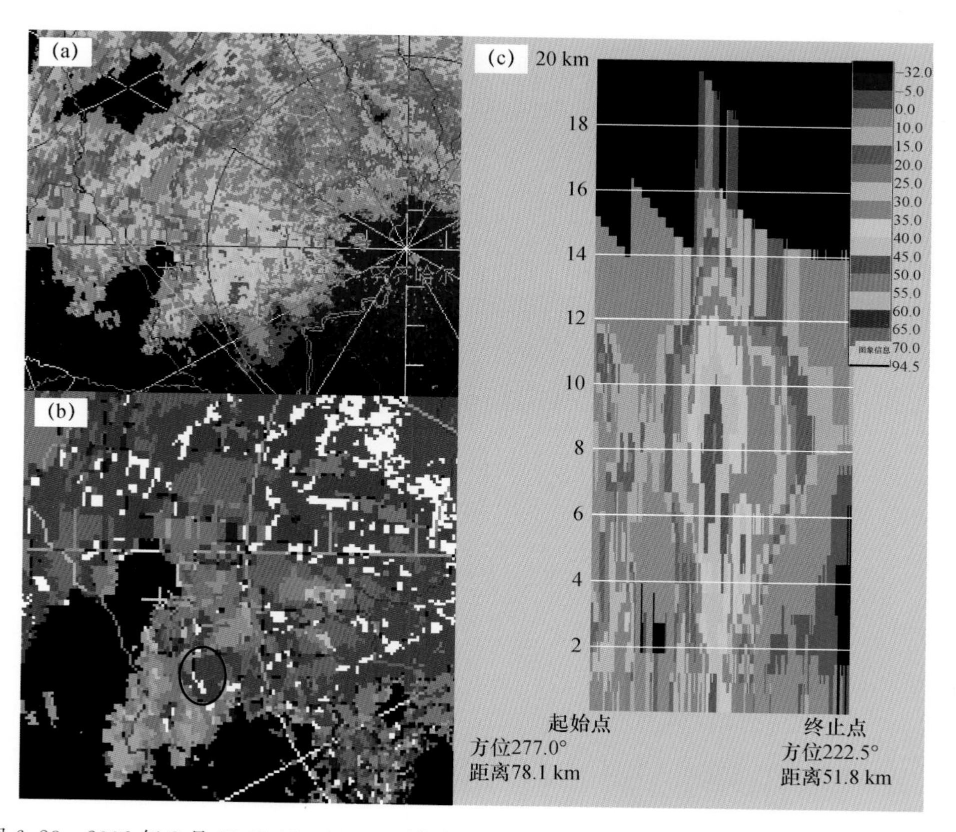

图 6.23　2006 年 8 月 10 日 11:18(a)1.5°仰角强度(单位:dBz)和(b)速度(单位:m/s)回波图及(c)沿着东南入流方向垂直剖面图

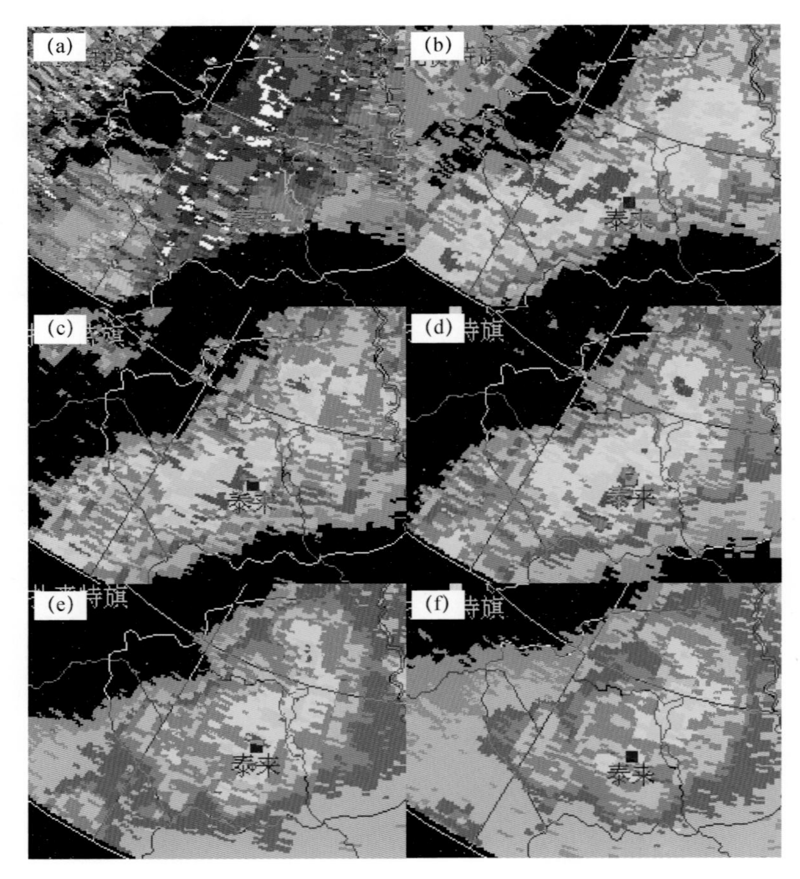

图 6.27　2006 年 8 月 10 日 13:56　S_4 多层显示

(a)0.5°仰角速度场(单位:m/s),(b)0.5°,(c)1.5°,(d)2.4°,(e)3.4°,(f)4.3°仰角强度场(单位:dBz)